普通高等教育"十一五"国家级规划教材

职业技术教育类工程图学系列教材

园林制图 第二版

吴机际 编著

U0396525

华南理工大学出版社
SOUTH CHINA UNIVERSITY OF TECHNOLOGY PRESS

·广州·

图书在版编目(CIP)数据

园林制图/吴机际编著. —2 版. —广州:华南理工大学出版社,2015.2(2020.12重印)

(职业技术教育类工程图学系列教材)

ISBN 978-7-5623-4443-8

Ⅰ.①园… Ⅱ.①吴… Ⅲ.①园林设计-建筑制图 Ⅳ.①TU 986.2

中国版本图书馆 CIP 数据核字(2014)第 259064 号

园林制图

吴机际 编著

出 版 人:卢家明

总 发 行:华南理工大学出版社

(广州五山华南理工大学 17 号楼,邮编 510640)

E-mail:scutc13@scut. edu. cn   http://www. scutpress. com. cn

营销部电话:020 - 87113487   87111048(传真)

责任编辑:王魁葵

印 刷 者:广州市新怡印务股份有限公司

开　　本:787mm×1092mm　1/16　印张:21.75　字数:571 千

版　　次:2015 年 2 月第 2 版　2020 年 12 月第 8 次印刷

印　　数:14 001 ~ 15 000 册

定　　价:36.00 元

内 容 简 介

　　本书系吴机际教授在其荣获教育部"2000 年度中国高校科学技术奖科技教材提名"与"第五届广东省高等教育省级成果二等奖"的《园林工程制图》的基础上,结合高职、高专、中职、中专学校的学制、培养目标及教学特点,以培养实用型、技能型人才为目的,突出对学生读图和绘图的能力培养为目标编写而成。本书主要内容包括:制图基本知识、投影基础、立体及表面交线、轴测投影、组合体、形体的表达方法、园林建筑图、园林工程图、透视投影、阴影、计算机辅助园林设计软件简介等。每章末有"本章小结",易于教,利于学。

　　本书全部内容采用最新的建筑及风景园林制图、图示及有关国家和行业标准、规范。

　　与本书配套的《园林制图习题集》第二版同时出版,可供选用。

　　本书适用于少学时本科、高职、高专、中职、中专及电大、函授、成大、高级技工学校、中级技工学校、职业高中等风景园林、园林、景观、园艺、草业科学、花卉与景观设计、艺术设计和城市规划等有关专业使用。也可作为土建类专业师生和从事建筑和园林设计的工程技术人员的参考书。

第二版前言

本书是普通高等教育"十一五"国家级规划教材。本书第一版出版后,在教学实践中取得了良好的使用效果。为了更好地适应图学课程教学改革新发展的需要,结合广大读者的反馈意见和近年来教学改革的经验,对教材进行了修订。

本书第二版在保持原书的基本结构和风格的基础上,对内容做了适当的调整、压缩及必要的充实。高等职业教育培养学生具备与高等教育相适应的基本理论、知识和技能,掌握相应的新知识、新理论和新技能,使学生面向生产一线,具有较强的实践操作能力、解决生产实际问题的能力。此次修订主要考虑教学内容更加适合高等职业教育,以培养实用型、技能型人才为目的,突出对学生能力的培养。其修订主要考虑以下几方面:

1. 对教材内容的理论知识方面,根据培养应用型人才的特点,尽量做到求精不求全、浅而实在、学以致用,删减部分内容和图例。具体删减了"制图工具及仪器的使用""直线与平面、平面与平面的相对位置"和"结构施工图识图"等章节内容,并对"亭的表示方法"和"园林小品"章节的图例作了进一步的审阅、修正和删减。

2. 采用现行的国家和行业相关设计规范和制图标准,全面更新相关的内容和图例。

3. 为更加有利于教学与学生掌握,对"透视投影"及"阴影"相关内容做了必要调整和充实。

4. 对全书的文字叙述、插图作了全面的审阅、修正,力求文字更为精练简明,图样更为精确完美。

5. 为使配套习题集与教材的变化相匹配,习题集也作了相应的调整与修订。

本书适用于少学时本科,高职、高专和中职、中专及电大、函授、成大、高级技工学校、中级技工学校、电视中专、职业高中等风景园林、园林、景观、园艺、草业科学、花卉与景观设计、艺术设计和城市规划等专业作为专业基础课程教材,也可供有关工程技术人员及土建类专业师生作为参考书。

本教材中筛选了一些相关著作及国家和行业标准、规范的图例,并修正选用了一些实际园林设计施工图。在本教材的编写过程中,江厚祥先生对书稿再次作了仔细的审校。还有吴洪毅、洪德梅、王羿翔、郝彤琦、俞龙、吴慕春、徐湘华、翟颂彬、薛秀云、陈惠辉、张月明等同志绘图。在此,向为本书付出辛勤劳动的编辑及有关同志表示谢意。

限于水平,不妥或疏漏之处在所难免,欢迎读者不吝指正。

编 者

2015 年 1 月

目　　录

绪　论

一、本课程的研究对象

在工程技术上,将按一定的投影方法和技术规定,准确地表示机器、仪器及建筑物、构筑物和园林造园要素的形状、尺寸及技术要求的图形,称为图样。图样是制造机器、仪器和进行建筑工程、园林造园工程施工的主要依据,也是人们表达设计意图和交流技术思想的工具,是工程界的一种技术语言。

园林是一种有明确构图意识的空间造型。传统的园林佳作,集科学性、技术性和艺术性于一体,将山、水、植物和建筑等园林要素组合、配置成为有机的整体,从而创造出丰富多彩、富有情趣、诗情画意的园林景观,给人们以赏心悦目的美的享受。优美的园林建造有赖于精美的设计和高超技艺的施工,其设计内容和施工方法、要求,通常按一定的投影方法和制图标准及工程技术规定表示在图纸上,称园林工程图。不论是构思成型——设计,还是体现成物——施工,图纸是园林工程建设必不可少的重要技术资料,从事工程技术的人员必须掌握绘图和读图的技能。

二、本课程的主要任务和要求

“园林制图”是一门研究用投影法,以及工程技术的规定和知识来绘制和阅读园林工程图样的学科,是一门既有系统理论又有较强实践性的重要技术基础课。

(1)主要掌握正投影法图示空间物体的基本理论、基本知识和基本方法;掌握绘制轴测图和透视图的基本方法。

(2)能绘制和识读中等复杂程度的园林工程图及园林建筑施工图。

(3)掌握仪器绘图和徒手绘图的方法,并对计算机绘图有初步的了解。

(4)培养和发展学生的空间想象力和空间思维能力。

(5)培养学生具有严谨细致的工作作风和严肃认真的工作态度。

三、本课程的基本内容

(1)制图基础:介绍正确的制图方法和国家标准中有关制图的基本规定。学习基本制图标准,培养制图的操作技能、技巧及常用几何作图方法。

(2)图示基础:介绍用投影法图示空间几何要素和物体,以及图解空间几何问题的基本理论和方法。

(3)投影制图:介绍用投影图表达物体的内外形状和大小的绘图有关规定和方法,培养学生的绘图和读图能力。

(4)专业制图:主要介绍园林工程图、园林建筑工程图的绘制和识读方法,培养绘制、识读园林工程图和园林建筑工程图图样的基本能力。

(5)介绍计算机辅助园林设计的一般知识和有关软件,使读者对计算机辅助园林设计有初步的了解。

四、本课程的学习方法

(1)教学相长,掌握理论

投影理论是本课程的理论基础。投影理论系统性强、抽象难懂,特别初学时,必须坚持认真预习、专心听讲、深入理解。坚持做到善于思考,掌握基本概念、基本理论、基本方法,加强提高自学能力。

(2)学以致用,培养能力

投影理论实践性强。在学习投影原理和方法时,应注重理论联系实际,通过大量的画图和读图,运用形象思维结合逻辑思维,坚持从空间到平面、再从平面返回空间的反复思考、透彻分析、归纳理解,注重掌握基本概念、基本规律和基本作图方法,培养和发展空间分析能力和空间思维能力,以及对空间几何问题的图解能力。

(3)勤学苦练,熟能生巧

培养、提高绘图和识图能力,需要通过一定数量的练习才能达到。一方面,应严格认真,一丝不苟,精益求精,结合练习运用投影规律进行投影分析、形体分析和线面分析,以掌握运用基本分析方法,分析、解决识读和绘图中的问题;另一方面,严格遵守、认真贯彻国家制图标准和行业标准中的有关规定,将仪器画图和徒手画图的基本方法技能与投影理论紧密结合,提高绘图的速度和精度,为掌握计算机绘图新技术,应用计算机辅助风景园林设计打下良好的基础。通过严格训练,勤学苦练,熟能生巧,达到提高读图和绘图能力的目的。

(4)严肃认真,严谨细致

工程图样是"工程界的技术语言",是工程技术中十分重要的技术资料。为了避免生产中的损失,要求绘图和读图不能出现任何差错。要求学生在学习过程中,注重培养严肃认真的工作态度和一丝不苟、严谨细致的工作作风。

第1章　制图基本知识

1.1　国家标准的基本规定

工程图不仅包括按投影原理绘制的表明构造物形状的图形,还包括工程材料、做法、尺寸和有关文字说明等。所有这一切,都由国家指定专门机关负责组织制定有关的标准规定,称为"国家标准",代号是"GB"。如《房屋建筑制图统一标准》编号"GB/T 50001—2010",其中:"GB"表示"国家标准";"GB/T"表示推荐性国家标准;"50001"表示标准的批准顺序号;"2010"表示该标准发布的年份。下面介绍的国家标准还有:总图制图标准(GB/T 50103—2010)、建筑制图标准(GB/T 50104—2010)、建筑结构制图标准(GB/T 50105—2010)。此外,还有范围较小的"部颁标准",如建筑工程方面的标准,代号"GBJ";"行业标准",如园林工程方面的行业标准,代号"CJJ";以及地区性的地区标准。由"国际标准化组织"制定的国际标准,代号"ISO"。

制图标准基本内容包括:图幅、字体、图线、比例、尺寸标注、专用符号、代号、图例、图样画法(包括投影法、规定画法、简化画法)、专用表格等项目。从某种意义上,制图标准反映了国家的科学技术水平和科技政策。所以,工程技术人员必须全面掌握、严格执行制图标准,以保证工程图真正起到技术语言的作用。

1.1.1　图纸幅面和格式(GB/T 50001—2010)

1.1.1.1　图纸幅面的尺寸

绘制建筑工程和园林工程图样时,应优先采用表1-1所规定的基本幅面。必要时 A0～A3 幅面长边尺寸可加长,加长尺寸必须按照国家标准 GB/T 50001—2010 规定,但图纸的短边尺寸不应加长。

表 1-1　图纸幅面及周边尺寸

尺寸代号	幅面代号				
	A0	A1	A2	A3	A4
$b \times l$	841×1189	594×841	420×594	297×420	210×297
c	10			5	
a	25				

3

从表 1-1 可见, A0 图幅对裁是 A1, A1 图幅对裁是 A2, 其余类推。其幅面与尺寸的关系及图纸的剪裁见图 1-1。

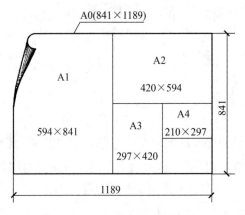

图 1-1　基本幅面的尺寸关系

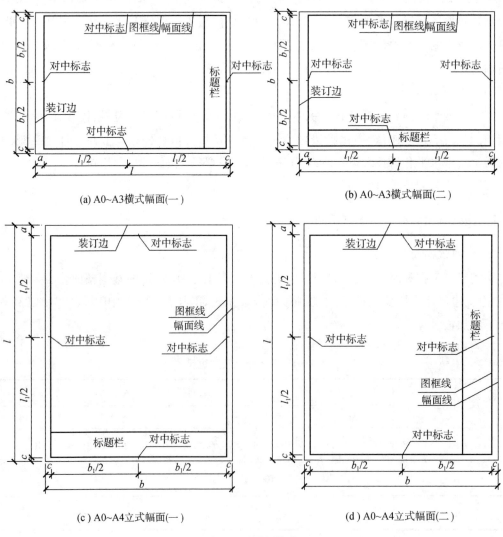

(a) A0~A3横式幅面(一)　　　　(b) A0~A3横式幅面(二)

(c) A0~A4立式幅面(一)　　　　(d) A0~A4立式幅面(二)

图 1-2　图框格式

1.1.1.2 图框格式

图纸以短边作为垂直边称为横式,以短边作为水平边称为立式。一般 A0 ~ A3 图纸宜横式使用,必要时也可立式使用;A4 图纸必须立式使用。在图纸上必须用粗实线画出图框(图 1 - 2),图框的尺寸按表 1 - 1 中的规定,其线宽应按表 1 - 2 规定。对中标志应画在图纸内框各边长的中点处,线宽应为 0.35 mm,并伸入内框,在框外为 5 mm(图 1 - 2)。

表 1 - 2 图框线、标题栏外框线及标题栏分格线的宽度

幅面代号	图框线	标题栏外框线	标题栏分格线
A0、A1	b	$0.5b$	$0.25b$
A2、A3、A4	b	$0.7b$	$0.35b$

1.1.1.3 标题栏(GB/T 50001—2010)

标题栏位于图纸的右边或下边,每张图纸都必须画标题栏,标题栏的外框线用粗实线绘出,其右边和底边与图框线重合(图 1 - 2),看图的方向与标题栏的方向一致。标题栏应符合图 1 - 3 的规定,并根据工程的需要选择确定其尺寸、格式及分区。标题栏的线宽如表 1 - 2 所示。签字栏应包括实名列和签名列,并应符合国家标准的有关规定。

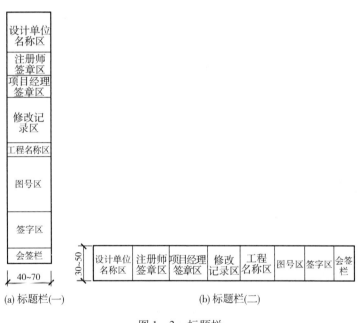

图 1 - 3 标题栏

1.1.2 比例(GB/T 50001—2010、GB/T 50103—2010、GB/T 50104—2010)

图样的比例,应为图形与实物相对应的线性尺寸之比。比值为 1 的比例为原值比例,即 1∶1;比值大于 1 的比例为放大比例,如 2∶1;比值小于 1 的比例为缩小比例,如 1∶2。

1.1.2.1 比例的系列

在按比例绘制图样时,应在表 1-3 中规定的比例系列中选取适当的比例。

表 1-3 常用比例及可用比例

图　名	常用比例	可用比例
总体规划、总体布置、区域位置图	1:2000、1:5000、1:10000、1:25000、1:50000	
总平面图、竖向布置图、管线综合图、土方图、铁路、道路平面图	1:300、1:500、1:1000、1:2000	1:10000
场地园林景观总平面图、场地园林景观竖向布置图、种植总平面图	1:300、1:500、1:1000	
铁路、道路纵断面图	垂直 1:100、1:200、1:500 水平 1:1000、1:2000、1:5000	
建筑物或构筑物的平面图、立面图、剖面图、道路横断面图、结构布置图、设备布置图	1:50、1:100、1:150:1:200、1:300、1:400	
场地断面图	1:100、1:200、1:500、1:1000	
建筑物或构筑物的局部放大图	1:10、1:20、1:25、1:30、1:50	
详图	1:1、1:2、1:5、1:10、1:20、1:30、1:50、1:100、1:200	1:15、1:25

注:屋面平面图、工业建筑中的地形平面图等的内容,一般比较简单。

1.1.2.2 比例的标注方法

比例符号以“:”表示,如 1:1,1:5,2:1 等。比例一般标注在标题栏中的比例栏内,也可在视图名称的下方或右侧标注。在右侧标注时,字的基准线应取平;比例的字高宜比图名的字高小一号或二号(图 1-4)。

图 1-4 比例注写

特殊情况下可自选比例,这时除注出绘图比例外,还必须在适当位置绘制出相应的比例尺。

1.1.2.3 使用比例时应注意的问题

(1)一个图样一般应选用一种比例。若专业制图需要,同一图样可选用两种比例。

(2)不论采用原值比例还是放大比例或缩小比例所绘制的图样,图中的尺寸均按形体实际尺寸标出,与图中采用的比例无关。

1.1.3 字体（GB/T 50001—2010）

1.1.3.1 基本要求

（1）图纸上所需书写的文字、数字或符号等，均应：笔画清晰、字体端正、排列整齐；标点符号清楚正确。

（2）字体的号数（以字体高度 h 表示）的公称尺寸系列为：3.5,5,7,10,14,20 mm。字高大于 10 mm 的文字宜采用 Truetype 字体。如果书写更大的字体，其高度按 $\sqrt{2}$ 的倍数递增。

1.1.3.2 汉字

汉字，宜采用长仿宋体或黑体，同一图纸字体种类不应超过两种。长仿宋体的高度不应小于 3.5 mm，其高宽关系应符合表 1-4 的规定（字宽一般为 $h/\sqrt{2}$），黑体字的宽度与高度应相同。汉字的简化字书写应符合国家有关汉字简化方案的规定。

表 1-4 长仿宋体字高宽关系

字 高	20	14	10	7	5	3.5
字 宽	14	10	7	5	3.5	2.5

书写长仿宋体汉字的要领是：横平竖直，注意起落，结构均匀，填满方格。示例见图 1-5。

10 号字

字体工整 笔画清楚 间隔均匀 排列整齐

7 号字

横平竖直注意起落结构均匀填满方格

5 号字

技术制图机械电子汽车航空船舶土木建筑矿山井坑港口纺织服装

3.5 号字

螺纹齿轮端子接线飞行指导驾驶舱位挖填施工引水通风闸阀坝棉麻化纤

图 1-5 长仿宋体汉字例

1.1.3.3 字母和数字

字母和数字的字高应不小于 2.5 mm，可写成直体或斜体。当需写成斜体字时，其斜度应是从字的底线逆时针向上倾斜 75°，其高度和宽度与相应的直体字相等。图 1-6 是字母和数字的字样。

abcdefghijklmnopq

rstuvwxyz

（b）小写拉丁字母（斜体）

ABCDEFGHIJKLMNOP

QRSTUVWXYZ

（a）大写拉丁字母（斜体）

abcdefghijklmnopq

rstuvwxyz

（d）小写拉丁字母（直体）

ABCDEFGHIJKLMNOP

QRSTUVWXYZ

（c）大写拉丁字母（直体）

0123456789

（f）阿拉伯数字（直体）

0123456789

（e）阿拉伯数字（斜体）

ABΓΔEZHΘ αβγδεζηθ

（h）希腊字母（斜体）

ⅠⅡⅢⅣⅤⅥⅦⅧⅨⅩⅪⅫ

（g）罗马数字（斜体）

图1-6 字母和数字字体

数量与数值的注写应采用正体阿拉伯数字。各种计量单位凡前面有量值的,均应采用国家颁布的单位符号以正体字母注写。分数、百分数和比例数均应采用阿拉伯数字和数学符号注写。

1.1.4 图线(GB/T 50001—2010)

1.1.4.1 图线的型式及应用

绘图时应根据图纸的功能,采用国家标准规定的图线线型。依据国家标准《GB/T 50001—2010 房屋建筑制图统一标准》、《GB/T 50103—2010 总图制图标准》和《GB/T 50104—2010 建筑制图标准》中图线的有关规定,对各种图线的名称、线型、线宽以及在图上的一般应用摘录列于表 1-5。在绘图时可根据图纸的功能和有关规定选用。

表 1-5 线型

名称		线 型	宽度	用 途
实线	粗	———	b	①主要可见轮廓线 ②平、剖面图中被剖切的主要建筑构造(包括构配件)的轮廓线 ③建筑立面图或室内立面图的外轮廓线 ④详图中主要部分的断面轮廓线和外轮廓线 ⑤平、立、剖面图的剖切符号
	中粗	———	$0.7b$	①平、剖面图中被剖切的次要建筑构造(包括构配件)的轮廓线 ②建筑平、立、剖面图中建筑构配件的轮廓线 ③详图中的一般轮廓线
	中	———	$0.5b$	①总平面图中新建构筑物、道路、桥涵、边坡、围墙等及其他设施的可见轮廓线和区域分界线 ②小于 0.7 的图形线、尺寸线、尺寸界线、索引符号、标高符号、详图材料做法引出线、粉刷线、保温层线、地面、墙面的高差分界线等
	细	———	$0.25b$	①图例填充线、家具线 ②总图中新建建筑物 ±0.00 高度以上的可见建筑物、构筑物轮廓线 ③总图中原有建筑物、构筑物、原有窄轨、铁路、道路、桥涵、围墙的可见轮廓线 ④总图中新建人行道、排水沟、坐标线、尺寸线、等高线

名称		线　型	宽度	用　途
虚线	粗		b	①总图中新建建筑物、构筑物地下轮廓线 ②结构图中不可见钢筋及螺栓
	中粗		$0.7b$	①一般不可见轮廓线 ②建筑构造详图及建筑构配件不可见轮廓线 ③平面图中的起重机(吊车)轮廓线 ④拟建、扩建建筑物轮廓线
	中		$0.5b$	①投影线、小于 $0.5b$ 的不可见轮廓线 ②总图中计划预留扩建的建筑物、构筑物、铁路、道路、运输设施、管线、建筑红线及预留用地各线 ③图例线
	细		$0.25b$	①总图中原有建筑物、构筑物、管线的地下轮廓线 ②图例填充线、家具线
单点长画线	粗		b	起重机(吊车)轨道线
	中		$0.5b$	土方填挖区的零点线
	细		$0.25b$	分水线、中心线、对称线、定位轴线
双点长画线	粗		b	用地红线
	中粗		$0.7b$	地下开采区塌落界限
	中		$0.5b$	建筑红线
	细		$0.25b$	假想轮廓线、成型前原始轮廓线
折断线	细	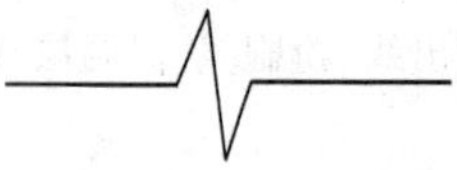	$0.25b$	断开界线
波浪线	细		$0.25b$	①新建人工水体轮廓线 ②断开界线

注:图线在各专业图中的具体应用,详见第八、九章。

　　图线的宽度 b,应根据图样的复杂程度和比例大小,从下列线宽系列中选取: 1.4、1.0、0.7、0.5、0.35、0.25、0.18、0.13 mm。图线宽度不应小于 0.1 mm。确定粗实线线宽 b 之后,再选用表 1-6 中相应的线宽组。

表 1-6 线宽组

线宽比	线宽组			
b	1.4	1.0	0.7	0.5
$0.7b$	1.0	0.7	0.5	0.35
$0.5b$	0.7	0.5	0.35	0.25
$0.25b$	0.35	0.25	0.18	0.13

注:① 需要微缩的图纸,不宜采用0.18 mm及更细的线宽。

②同一张图纸内,各不同线宽中的细线,可统一采用较细的线宽组的细线。

1.1.4.2 图线画法的注意事项

(1)在同一图样中,同类线宽应基本一致。虚线、点画线及双点画线的线段长度和间隔应各自大致相等。

(2)各种图线的衔接处或相交处应画成线段,而不应当是空隙。但虚线是实线的延长线时,相交处应留间隔(表1-7)。

表 1-7 图线交接画法正误对比

画 法 说 明	图 例	
	正 确	错 误
点画线相交时,应在线段部分相交,点画线的起始与终了应为线段		
圆心应以中心线的线段交点表示 中心线应超出圆周约5 mm;当圆直径小于12 mm时,中心线可用细实线画出,超出圆周约3 mm		
圆与圆或圆与其他图线相切时,在切点处的图线应正好是单根图线的宽度		
虚线与虚线或虚线与其他图线相交时,应以线段相交		
虚线与虚线或虚线与其他图线相交于垂足处为止时,垂足处不应留有空隙		
虚线在实线的延长线位置时,虚线与实线间应留有空隙,不应相接,以表示两种图线的分界线		

11

（3）点画线、双点画线的两端应是线段而不是点。它们相互之间，或与虚线及其他图线相互之间，在相交处应为线段相交，都不应留有间隔。点画线的线段长度应大致相等，约等于20～30 mm。

（4）虚线的线段应保持长短一致，等于3～6 mm；线段间间距适宜，约等于0.5 mm。

（5）对称图形的对称线应超出其轮廓线2～5 mm；在较小的图形上绘制点画线、双点画线有困难时，可用细实线来代替。

（6）图线不得与文字、数字或符号重叠、混淆，不可避免时，应首先保证文字的清晰。

1.1.5 尺寸标注（GB/T 50001—2010）

尺寸是图样中的重要内容之一，是工程施工的直接依据，也是图样中指令性最强的部分。

1.1.5.1 标注尺寸的基本规则

（1）形体的真实大小应以图样上所注的尺寸数值为依据，与图形的大小及绘图的准确度无关。

（2）图样中的尺寸单位，除标高及总平面图以米（m）为单位外，其他必须以毫米（mm）为单位。

（3）图样上尺寸的标注应整齐、划一，数字应写得工整、端正、清晰，以方便看图。

1.1.5.2 尺寸的组成

完整的尺寸标注应由尺寸界线、尺寸线、尺寸数字、尺寸起止符号等组成（图1-7）。

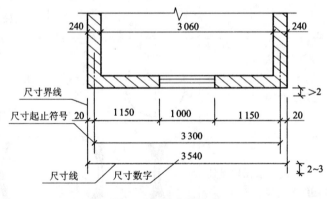

图1-7 尺寸的组成

1. 尺寸界线

尺寸界线用来表示尺寸的范围。

（1）尺寸界线用细实线绘制，一般与被注长度垂直，其一端应离开图样轮廓线不小于2 mm，另一端宜超出尺寸线2～3 mm（图1-7）。

（2）总尺寸的尺寸界线，应靠近所指部位（离开图样轮廓线不小于2 mm），中间部分尺寸的尺寸界线可稍短，但其长度应相等（图1-7）。

（3）必要时可采用图形轮廓线、对称线、中心线、轴线及它们的延长线作尺寸界线（图1-7）。

2. 尺寸线

尺寸线用来表示尺寸度量的方向。

（1）尺寸线用细实线绘制，应与被注长度平行（图1-7）。

（2）图样轮廓线以外的尺寸线，距图形最外轮廓线之间的距离不宜小于10 mm；平行排列的尺寸线的距离宜为 7～10 mm,并保持一致(图 1-7)。

(3)图样本身的任何图线均不得用作尺寸线。

3.尺寸起止符号

尺寸起止符号用以表示尺寸的起止。尺寸线与尺寸界线的交点为尺寸的起止点,尺寸起止符号应画在起止点上(图 1-7)。

(1)尺寸起止符号用中粗斜短线绘制,其倾斜方向应与尺寸界线成顺时针 45°角,长度宜为 2～3 mm(图 1-8b)。

(2)半径、直径、角度与弧长的尺寸起止符号,宜用箭头表示(图 1-13)。

(3)箭头的画法如图 1-8a 所示。

4.尺寸数字

尺寸数字用以表示所注尺寸的大小。

(1)尺寸数字的方向,应按图 1-9 的规定标注。

(2)若尺寸数字在图 1-9 所示的 30°斜线区内,宜按图 1-10 的形式标注。

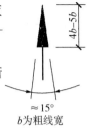
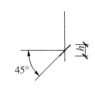

b为粗线宽　　　　h为字高

(a) 箭头符号画法　　(b) 中粗斜短线符号画法

图 1-8　尺寸起止符号

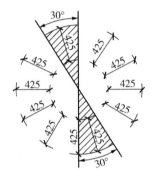

图 1-9　尺寸数字的注写方向

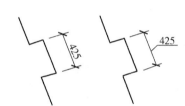

图 1-10　尺寸数字的注写方向的特例

(3)尺寸数字一般应依据其方向,注写在靠近尺寸线的上方中部。如没有足够的注写位置,最外边的尺寸数字可注写在尺寸界线的外侧(图 1-11),中间相邻的尺寸数字可错开注写,引出线端部用圆点表示标注尺寸的位置。

(4)图上标注尺寸时,一般采用 3.5 号数字,最小不得小于 2.5 号数字。同一张图纸上,尺寸数字字号应一致。

(5)尺寸宜标注在图样轮廓线之外,不宜与图线、文字及符号相交;任何图线不得穿过尺寸数字,当不能避免时,应将尺寸数字处的图线断开(图 1-12)。

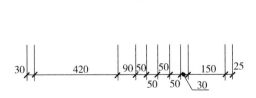

图 1-11　尺寸界线较密时的尺寸标注形式举例

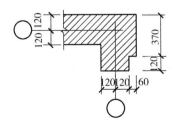
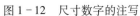
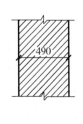

图 1-12　尺寸数字的注写

1.5.5.3 半径、直径、球的标注

如图1-13所示,标注半径、直径、球的尺寸起止符号是箭头。图中"R"表示半径;"φ"表示直径(图1-13a、b);"R"或"φ"前面加"S",则表示其尺寸为球的直径或半径,如"SR""Sφ"(图1-13c)。较小圆的直径尺寸,可标注在圆外。

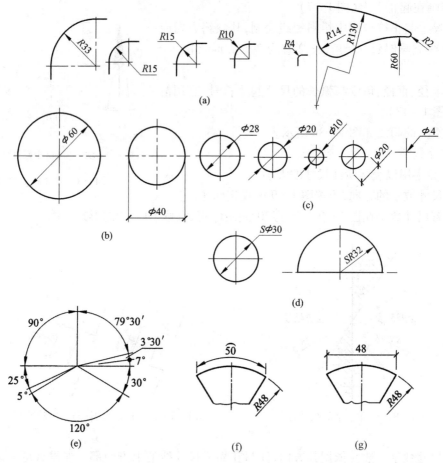

图1-13 半径、直径、角度、弧度、弧长、弦长等的尺寸标注方法

1.1.5.4 角度、弧长、弦长的标注

如图1-13所示,标注角度、弧度、球的尺寸起止符号是箭头;标注弦长的尺寸起止符号为45°斜中粗短线。

1. 角度的标注

角度的尺寸线应以圆弧表示。该圆弧的圆心应是该角的顶点,角的两条边为尺寸界线。起止符号应以箭头表示,如没有足够位置画箭头,可用圆点代替。角度数字一律水平方向注写(图1-13e)。

2. 弧长的标注

标注圆弧的弧长时,其尺寸线应以该圆弧同心的圆弧线表示;尺寸界线应垂直于该圆弧的弦;起止符号用箭头表示;数字上方应加注圆弧符号"⌒"(图1-13f)。

3. 弦长的标注

标注圆弧的弦长时,其尺寸线应以平行于该弦的直线表示;尺寸界线应垂直于该弦;起止

14

符号用45°中粗斜短线表示(图1-13g)。

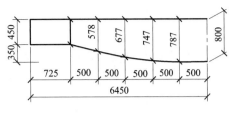

图1-14 用坐标形式标注曲线

1.1.5.5 非圆曲线和复杂图形的尺寸标注

(1)对非圆曲线的构件,可用坐标形式标注尺寸(图1-14)。

(2)复杂的图形,可用网格形式标注尺寸(图1-15)。

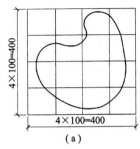
(a)

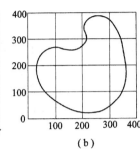
(b)

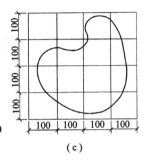
(c)

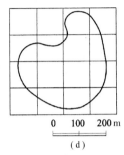
(d)

图1-15 网格形式尺寸标注形式

1.1.5.6 坡度的标注

标注坡度时,应加注坡度符号"←"(图1-16a、b),该符号为单面箭头,箭头应指向下坡方向。

坡度也可用直角三角形形式标注(图1-16c)。

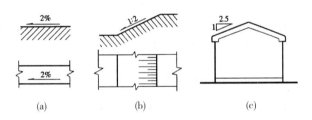

(a)　　　　　(b)　　　　　(c)

图1-16 坡度标注方法

1.1.5.7 薄板厚度、正方形的尺寸标注

1.薄板厚度的标注

在薄板面标注板厚的尺寸时,应在厚度数字的前面加注厚度符号"t"(图1-17)。

2.正方形尺寸标注

标注正方形的尺寸,可用"边长×边长"的形式,也可在边长数字前加正方形符号"□"(图1-18)。

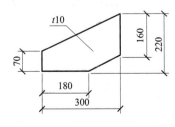

图1-17 薄板厚度标注方法

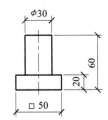

图1-18 标注正方形尺寸

1.1.5.8 尺寸的简化标注

1. 桁架结构、钢筋以及管线等的单线图的标注

如桁架简图、钢筋简图、管线简图等,其杆件或管线的长度尺寸数字,可直接沿杆件或管线的一侧注写(图1-19)。尺寸数字的读数方向,则仍按前面所阐明的规定注写。

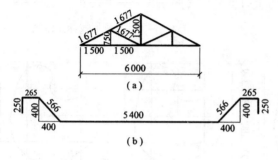

图1-19 单线图尺寸标注方法

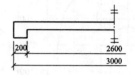

图1-20 对称构配件尺寸标注方法

2. 对称构件的标注

对称构配件采用对称省略画法时,尺寸线应略超过对称符号,仅在尺寸线的一端画尺寸起止符号,尺寸数字应按整体全尺寸注写,其注写位置宜与对称符号对齐(图1-20)。

3. 相似构配件尺寸标注

数个构配件,如仅某些尺寸不同,这些有变化的尺寸数字可用拉丁字母注写在同一图样中,另列表格写明其具体尺寸(图1-21)。

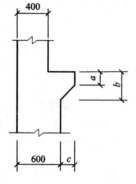

构件编号	a	b	c
Z-1	200	200	200
Z-2	250	450	200
Z-3	200	450	250

图1-21 相似构配件尺寸表格式标注方法

4. 等长尺寸简化标注方法

连续排列的等长尺寸,可用下列两种简化的形式标注。

(1)"等长尺寸×个数=总长"(图1-22a);

(2)"等分×个数=总长"(图1-22b)。

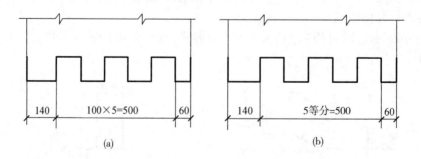

图1-22 等长尺寸简化标准方法

1.2　平面图形

绘制工程图样,应首先掌握常见几何图形的作图原理和方法,以及图形与所标注尺寸间的相互依存关系。

1.2.1　基本作图方法

1.2.1.1　直线

1.作平行线和垂直线

(1)用几何作图方法,过直线外一点作直线的平行线(图 1-23)。

① 以已知点 C 为圆心,取大于点 C 到已知直线 AB 距离的任意长度为半径作圆弧,交直线 AB 于点 D;

② 以点 D 为圆心,取半径等于 CD 作圆弧,交直线 AB 于点 E;

③ 以点 D 为圆心,取半径等于 CE 作圆弧,交圆弧 DF 于点 F;

④ 过点 C 作直线与点 F 连接,则所得直线 CF 即为所求。

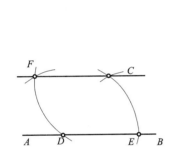

图 1-23　用几何作图方法过直线外一点作直线的平行线

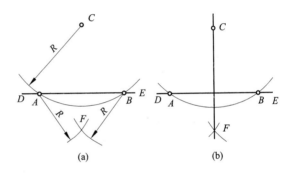

图 1-24　用几何作图方法过直线外一点作直线的垂直线

(2)用几何作图方法,过线外一点作直线的垂直线(图 1-24)。

① 以已知点 C 为圆心,取大于点 C 到已知直线 DE 的距离为半径作圆弧,交直线 DE 于两点 A、B(图 1-24a);

② 分别以 A、B 为圆心,大于 $AB/2$ 为半径作圆弧交于点 F(图 1-24a);

③ 连接 C、F,则直线 CF 即为所求。

2.作直线段的垂直平分线

采用几何作图法,作直线段的垂直平分线(图 1-25)。

① 分别以已知直线 AB 两端点 A、B 为圆心,大于 $AB/2$ 为半径作圆弧,得两交点 C、D(图 1-25a)。

② 连接 C、D,则直线 CD 即为所求作之直线段 AB 的垂直平分线(图 1-25b)。

3.直线段的任意等分

一般采用平行线法作图。如图 1-26 所示,采用平行线法五等分直线段。

4.平行线间距离的任意等分

如图 1-27 所示,利用直尺刻度作两平行线间的六等分距直线。

17

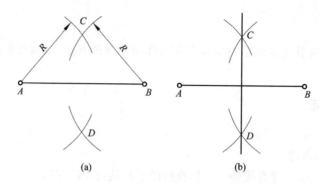

图 1-25　用几何作图方法画直线的垂直平分线

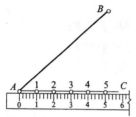

(a)过点 A 作任意直线 AC,用尺在 AC 上截取所
要求的等分数(本例为五等分),得点 1、2、3、4、5

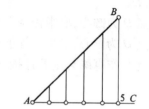

(b)连 B5,过其余各点分别作 B5 的平行
线，它们与 AB 的交点就是所求的等分点

图 1-26　等分已知直线段

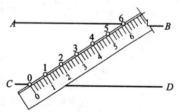

(a)将直尺上的刻度 0 点放在 CD 线上,摆动直尺,
使刻度 6 落在 AB 线上(本例为六等分),记下点 1,2,3,4,5,6

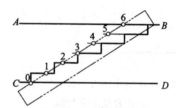

(b)过各刻度点作 AB(或 CD)的
平行线,即得所求的等分距

图 1-27　作两平行线间的等分距直线

1.2.1.2　角度的任意等分

任意等分一已知角,一般采用近似作法。以图 1-28 所示五等分已知角 ∠AOB 为例说明:

(1)以 O 为圆心,任意长度(图中以 AO)为半径,作半圆弧分别交 AO 延长线于 C,交 BO 延长线于 B;

(2)分别以 A、C 为圆心,AC 为半径作圆弧,交于点 D;

(3)连接 BD 交 AC 于 E;

(4)五等分 AE(采用上述平行线法),得等分点 1′、2′、3′、4′、5′;

(5)过点 D 分别与点 1′、2′、3′、4′、5′连接,并延长交圆弧 AB 于 B_1、B_2、B_3、B_4;

(6)过点 O 分别与点 B_1、B_2、B_3、B_4、B 连接,即得各等分角。

1.2.1.3　等分圆周作内接正多边形

圆内接等边三角形、正方形、正六边形和正八边形,都可运用 45°、60°、30°的三角板配合丁

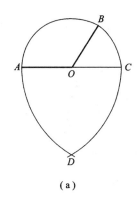
（a）

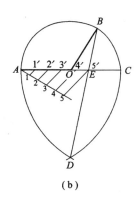
（b）

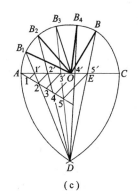
（c）

图 1-28　角的任意等分

字尺直接作图（见图 1-30b）。正六边形亦可运用其边长等于外接圆的半径的特征，直接等分圆周作图（见图 1-30a）。下面举例说明作正五边形和正六边形任意等分圆周的画法。

1. 已知圆的半径为 R，作圆的内接五边形（图 1-29）

（1）将圆的水平半径 OA 等分，得中点 O_1；

（2）以 O_1 为圆心，O_1B（B 为圆的垂直半径端点）为半径作圆弧交 OA 延长线于点 C；

（3）以 B 为圆心，BC 为半径作圆弧交圆周于 D，则 BD 等于圆内接正五边形的边长；

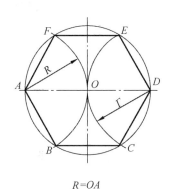

图 1-29　五等分圆周的画法

（4）以边长 BD 依次在圆周上截取等分点，并依次连线得正五边形。

2. 已知正六边形的外接圆，作圆的内接正六边形（图 1-30）

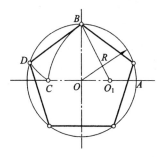

$R=OA$

(a) 用 R 划分圆周为六等份，按
顺序连接各等分点即为所求

(b) 用丁字尺和三角板画正六边形

图 1-30　作圆内接正六边形

已知正六边形的外接圆，作圆的内接正六边形有两种方法：

（1）因圆内接正六边形的边长等于外接圆的半径，故以圆的半径为边长分圆周为六等份，依次连各等分点,得正六边形(图 1 - 30a)。

(2)如图 1 - 30b 所示,借助丁字尺和三角板配合作圆内接正六边形。具体作图步骤不再赘述。

3. 作已知圆的内接任意边数的正多边形

如图 1 - 31 所示,作已知圆的内接正七边形:

(1)采用平行线法将已知圆的垂直直径 CD 等分为七等份;

(2)以 D 为圆心,DC 为半径作圆弧交于水平直径 AB 的延长线上得点 S、S₁;

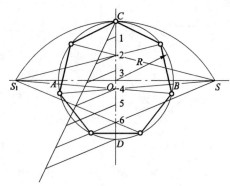

图 1 - 31 任意等分圆周的画法

(3)分别过点 S、S₁ 连接 CD 上的各偶数点 2、4、6 ,并延长与圆周相交得对应点;

(4)顺次连接所得点,即得圆的内接正七边形。

1.2.1.4 椭圆的画法

1. 同心圆法画椭圆

同心圆法精确画椭圆如图 1 - 32 所示。

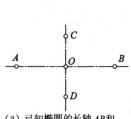

(a)已知椭圆的长轴 AB 和短轴 CD,交点 O 为椭圆中心

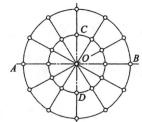

(b)分别以 AB 和 CD 为直径作大小两圆,并等分两圆周为若干份,例如 12 等份

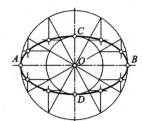

(c)从大圆各等分点作竖直线,与过小圆各对应分点所作的水平线相交,得椭圆上各点。用曲线板连接起来,即为所求

图 1 - 32 根据长、短轴用同心圆法作椭圆

2. 四心圆法画椭圆

四心圆法近似画椭圆如图 1 - 33 所示。

1.2.2 线段连接

用一条线(直线或圆弧)光滑地连接相邻两线段的作图方法,称为线段连接。连接点为切点,圆弧称为连接弧。

1.2.2.1 圆弧连接的基本作图原理

(1)与已知直线相切的半径为 R 的圆,其圆心轨迹是与已知直线距离为 R,且平行于已知直线的直线。其切点为自圆心 O 向已知直线所作垂线的垂足(图 1 - 34)。

(2)与已知圆弧(圆心为 O₁,半径为 R₁)相切,且半径为 R 的连接圆弧,其圆心轨迹为已知圆弧的同心圆,该圆的半径 O₁O 根据相切条件而定。

①两圆外切(图 1 - 35a)时,$O_1O = R_1 + R$;

20

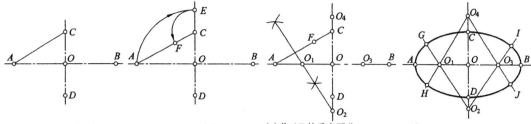

(a) 已知长、短轴
  AB 和 CD,交点
  O 为椭圆中心

(b) 以 O 为圆心,OA 为半
  径作圆弧,交 CD 延长
  线于点 E。以 C 为圆心,
  CE 为半径,作 $\overset{\frown}{EF}$ 交
  CA 于点 F

(c) 作 AF 的垂直平分
  线,交长轴于 O_1,又
  交短轴(或其延长
  线)于 O_2。在 AB 上
  截 $OO_3=OO_1$,又在
  CD 延长线上截 OO_4
  $=OO_2$

(d) 分别以 O_1、O_2、O_3、O_4 为圆
  心,O_1A、O_2C、O_3B、O_4D 为
  半径作圆弧,使各弧在
  O_2O_1、O_2O_3、O_4O_1、O_4O_3 的
  延长线上的 G、I、H、J 四
  点处连接

图 1-33 根据长、短轴用四心圆法作近似椭圆

②两圆内切(图 1-35b)时,$O_1O=|R_1-R|$。

两圆心的连线 O_1O 或 O_1O 的延长线与已知圆的交点 K 即为连接点(切点)。

从上述对线段连接的基本作图原理的分析归纳可得:

①作图的实质是连接线段与已知线段两两相切;

②作图的关键是找出圆心和切点;

③作图的依据是上述两条基本几何原理。

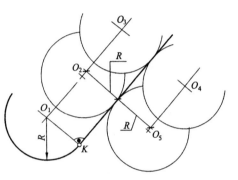

图 1-34 作圆弧与直线连接

1.2.2.2 线段连接常见的四种情况

(1)直线—直线:用圆弧连接;

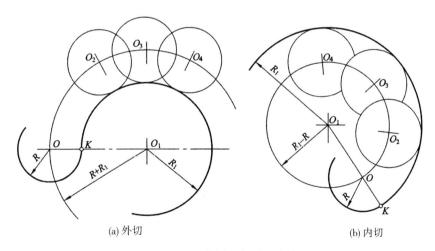

(a) 外切

(b) 内切

图 1-35 作圆弧与圆弧连接

(2)直线—圆弧:用圆弧连接;

(3)圆弧—圆弧:用直线连接(即内、外公切线);

(4)圆弧—圆弧:用圆弧连接(内接、外接、内外接)。

1.2.2.3 线段连接的作图方法和步骤

线段连接的具体作图方法,见表1-8。

表1-8 线段连接的作图方法与步骤

连接要素	作 图 方 法 和 步 骤		
	求圆心 O	求切点 K_1、K_2	画连接圆弧
连接相交两直线	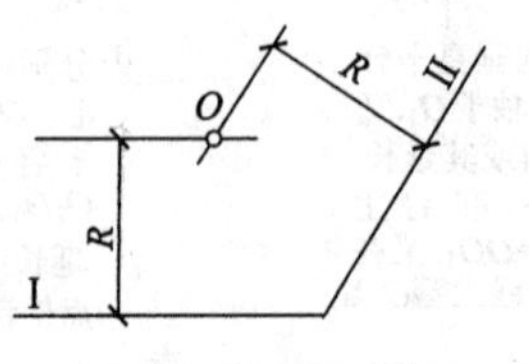	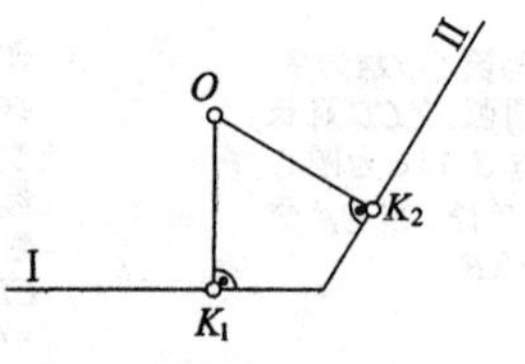	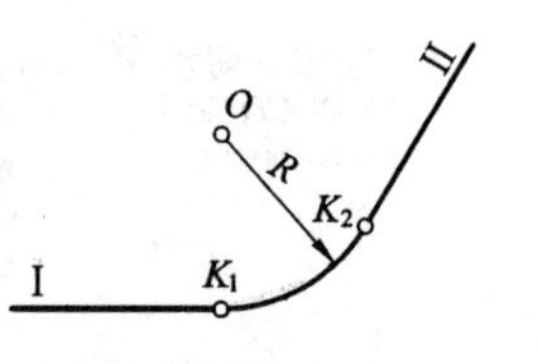
连接一直线和一圆弧	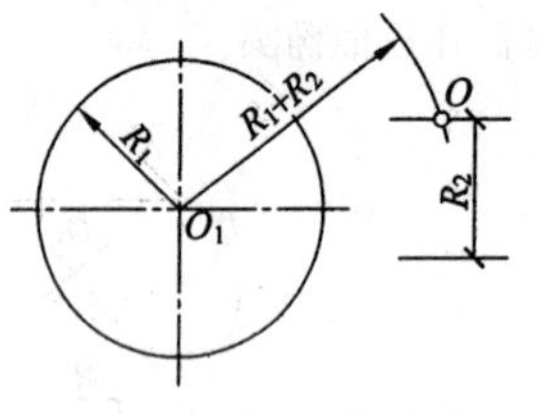	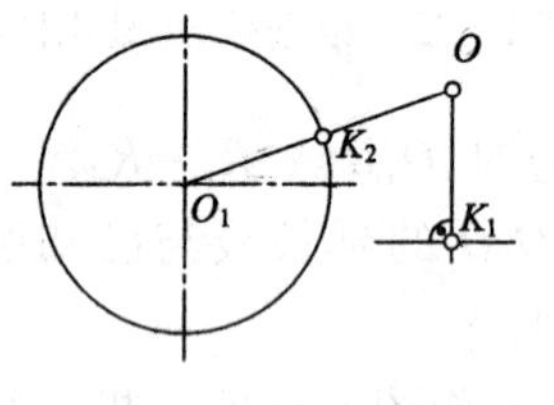	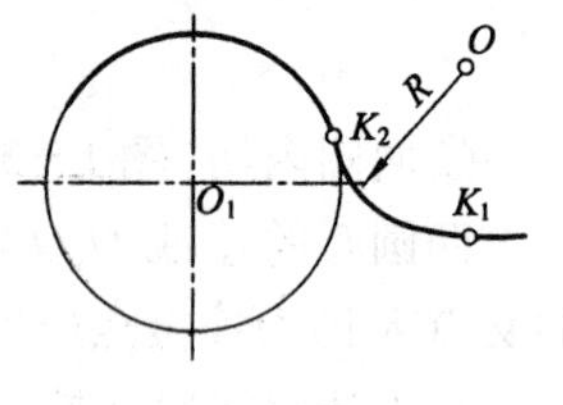
外接两圆弧	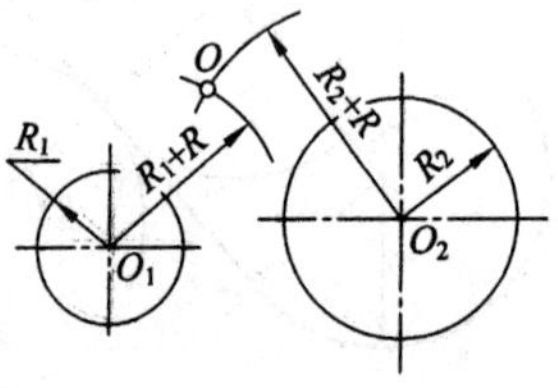	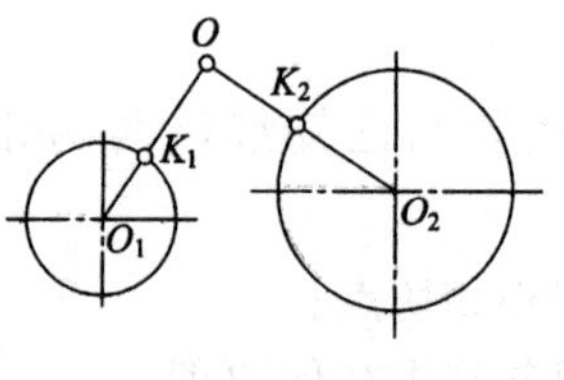	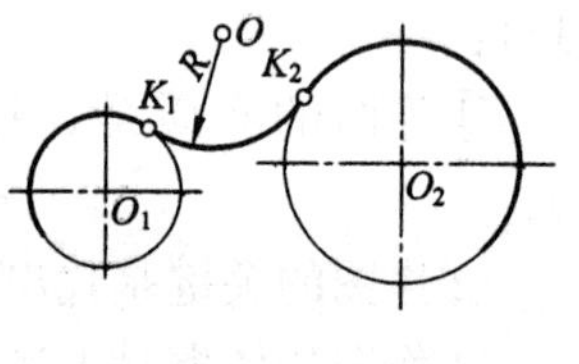
内接两圆弧	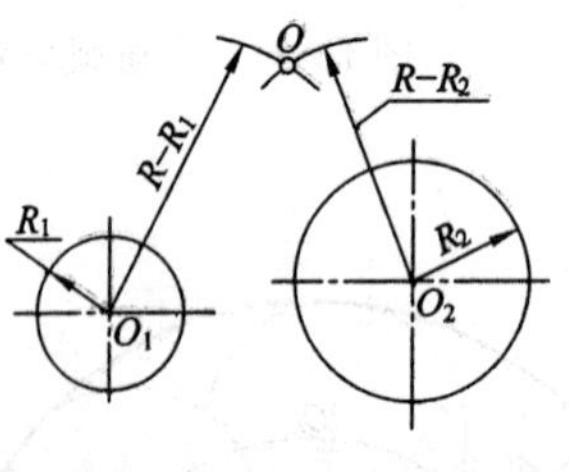	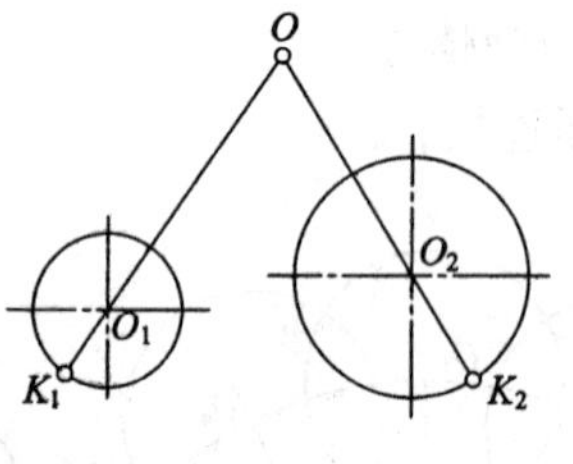	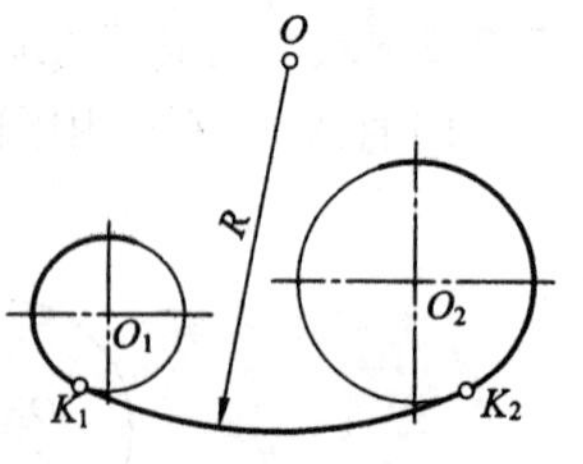
内接外接两圆弧	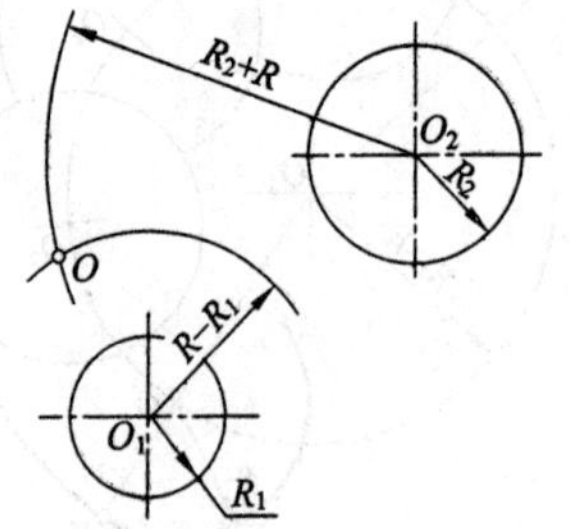	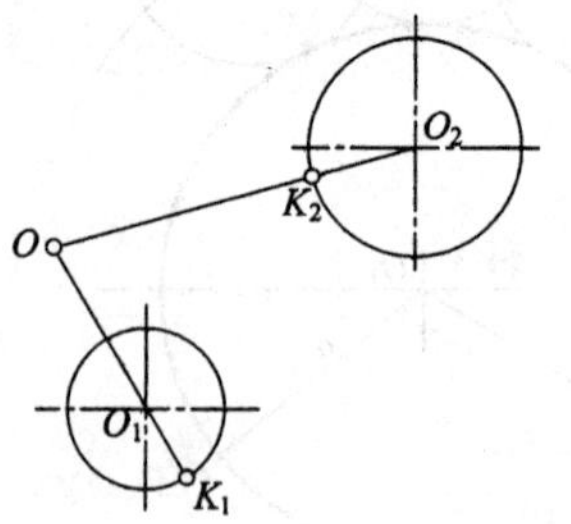	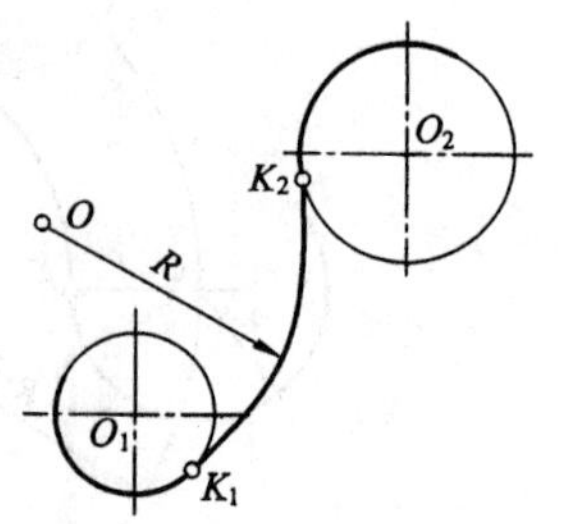

1.2.3 平面图形的画法

1.2.3.1 平面图形的尺寸分析

平面图形由若干线段连接而成,这些线段之间的相对位置和连接关系,靠给定的尺寸来确定。只有通过分析尺寸和线段间的关系,才能明确线段的种类,从而确定该平面图形能否绘

22

图,应从何处着手绘图,以及按怎样的顺序作图。

线段的大小和相对位置,根据图中所注尺寸确定。平面图形中的尺寸按其作用可分为两类:

1. 定形尺寸

用于确定平面图形各几何要素的大小的尺寸,如线段的长度、圆弧的半径(或圆的直径)和角度大小等的尺寸,称为定形尺寸。图 1 – 36 中的 R450、R360、R300、R1500 就是定形尺寸。

2. 定位尺寸

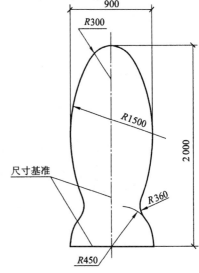

图 1 – 36 平面图形

用于确定线段在平面图形中所处位置的尺寸,称为定位尺寸。如图 1 – 36 中的尺寸 2000,R300 的圆心位置就是由 2000 – 300 = 1700 和对称线确定;尺寸 900 是确定 R1500 圆心的条件之一。

如图 1 – 36 所示,在标注平面图形的尺寸时,一般给出尺寸基准,很多尺寸线都以相当于坐标轴线的基准线作为出发点进行标注。

定位尺寸可以为 O(如圆心在基准线上),也可以为同一方向的尺寸相加(减)而得。

1.2.3.2 平面图形的线段分析

根据平面图形中所标注尺寸和线段间的连接关系,线段可以分为三类:

1. 已知线段

标注出定形尺寸和完全的定位尺寸(具有两个定位尺寸),可独立画出的线段。如图 1 – 36 中,圆弧 R450 和 R300 均为已知线段。

2. 中间线段

标注有定形尺寸和不完全的定位尺寸,作图时还需根据与已知线段的连接关系,用几何作图的方法画出的线段。如图 1 – 36 中的圆弧 R1500,作图时除定位尺寸 900 可确定它的圆心相对于对称线的距离外,还必须以其与圆弧 R300 内切的几何关系确定圆心位置。

3. 连接线段

只注定形尺寸、没注定位尺寸的线段,作图时需根据与另两条已画出线段的连接关系,采用几何作图的方法画出。如图 1 – 36 中,圆弧 R360,作图时根据它与 R1500 和 R450 外切的几何条件确定圆心(图 1 – 37c)。

从以上分析可得:画图时,应先画已知线段,再画中间线段,最后画连接线段。

1.2.3.3 平面图形的画图举例

画平面图形,首先分析图形的尺寸及线段,确定已知线段、中间线段和连接线段,拟定具体作图顺序和作图步骤,然后作图。先绘制底稿再描深,绘底稿时按照先画已知线段、再画中间线段、最后画连接线段的作图顺序,用 HB 铅笔尽量画得轻、细。完成底稿,检查无误后就可描深。描深图线时可遵循先粗后细、先曲后直、先水平后垂斜的顺序。最后标注尺寸、填写标题栏等,完成作图。其具体的画图步骤如图 1 – 37 所示。

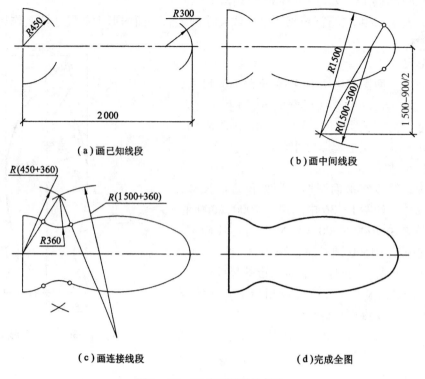

图 1-37　画平面图形的方法

1.2.4　平面图形的尺寸标注

　　根据上述分析及画图可得出线段连接中标注尺寸的一般规律:在两条已知线段之间,可以有任意条中间线段,但只有而且必须有一条连接线段,各类线段有其相应的尺寸数量。

　　标注平面图形的尺寸时,应对图形进行必要的分析,选定尺寸基准,确定图形中各线段的类别,根据它们所需要尺寸的数量,完整、合理地标注出各种线段的尺寸。

1.3　徒手绘图的方法

　　徒手图也称草图,是工程技术人员进行交流、记录、构思、创作的有力工具,也是工程技术人员必备的一项重要的基本技能。尤其在园林工程图中,因树木花草、山石、水体等造园要素的外形及质感是活泼、生动、自由变化的,徒手画线条能更贴切地表达出自然要素的性质。所以,要求掌握线条的运行、轻重、粗细的运笔控制技巧,使运笔自如、轻重适度,线条粗细匀称、灵活多变、自然和富有情感,将园林之自然意境充分表达。

　　画草图并不是画潦草的图。画草图的要求:①画线要稳,图线要清晰;②目测尺寸要准(尽量符合实际),各部分比例匀称;③绘图速度要快;④标注尺寸无误,字体工整。画草图的铅笔要软些,例如用 B 或 2B 铅笔。铅笔要削成圆锥形,画粗实线时笔尖要粗些,画细实线时笔尖要细些。

1.3.1 握笔的方法

画草图时,手握笔的位置要高一些,手放松一些,这样画起来比较灵活。笔杆与纸面成45°～60°角,执笔稳而有力(图1-38、图1-39)。

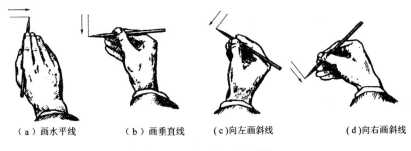

(a)画水平线　　(b)画垂直线　　(c)向左画斜线　　(d)向右画斜线

图1-38　徒手绘图的手势

1.3.2 运笔的方法

运笔时,手腕靠着纸面,沿着画线方向移动,保证图线画得直;眼视画线方向终点,便于控制图线。画水平线时,铅笔要放平些,如图1-38a所示;画垂直线时,要自上而下运笔,如图1-38b所示,但持铅笔稍高些;斜线一般不太好画,故画图时可以转动图纸,使欲画的斜线正好处于顺手方向,如图1-38c、d所示。画短线常以手腕运笔;画长线时则以手臂动作。绘较大面积图面时其运笔手势如图1-39所示。为了便于控制图形大小比例和各图形间的关系,可利用方格纸画草图。

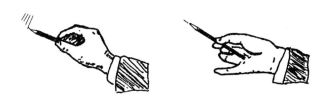

图1-39　绘较大面积图面时的手势

徒手绘图时握笔和运笔应做到:目测准确而肯定,目手配合自然而准确;执笔稳而轻松,起落轻而妙巧,运笔匀而灵活。应注意:

(1)握笔的位置要高一些,以利目测控制方向。

(2)起落动作要轻,起落笔要肯定、准确,有明确的始止,以达线条起止整齐。下笔笔杆垂直纸面,再略向运动方向倾斜,方便笔在纸上滑动,便于行笔。

(3)运笔时,根据线条深浅要求用力;注意行笔自然流畅、灵活;线条间断和起止要清楚利索,不含糊;驳接短线条,中间深两端淡;表示不同层次,要达到整齐而均匀地衔接。

(4)绘线时,小手指可微触纸面,以控制方向。

1.3.3 徒手绘图基本手法练习方法

徒手绘图,需要用目测估计形体各部分尺寸和比例。因此,要绘好图,首先要目测尺寸准确,估计比例正确;下笔不要急于绘细部,要先考虑大局,注意图形长、宽及整体与细部比例。

下面举例说明徒手绘图的方法。

(1)各种方向成组的平行线绘法及等分线段

可按图1-40所示练习目测画成组平行线(图示为绘水平线)及等分线段。

(2)角度线的画法

对30°、45°、60°等常见角度,可根据两直角边的比例关系定出终点,然后连接始点(顶点)与终点,即为所求的角度线;也可如图1-41所示用等分直角的方法作出45°、60°、30°线。如画10°、15°、22.5°等角度线,可先画出30°、45°角度线后再等分求得。

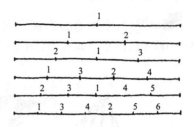

图1-40 练习绘平行线并分成不同的等份

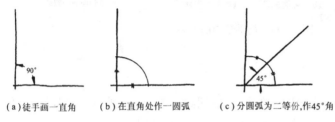

(a)徒手画一直角　　(b)在直角处作一圆弧　　(c)分圆弧为二等份,作45°角　　(d)分圆弧为三等份,作30°和60°角

图1-41 徒手绘角度

(3)圆的画法

画圆时先徒手画出两条互相垂直的中心线,定出圆心,再根据圆的直径,用目测估计半径的大小相同,在中心线上截得四点,然后徒手将各点连接成圆周。当画直径较大的圆周时,可如图1-42所示先画出圆的外切正方形及其对角线,按图1-42c所示取得对角线上的半径端点,通过八点并与外切正方形相切连接成圆周(图1-42)。

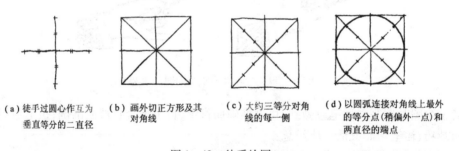

(a)徒手过圆心作互为垂直等分的二直径　　(b)画外切正方形及其对角线　　(c)大约三等分对角线的每一侧　　(d)以圆弧连接对角线上最外的等分点(稍偏外一点)和两直径的端点

图1-42 徒手绘圆

(4)椭圆画法

如图1-43所示,先徒手画出椭圆的长、短轴,然后画出外切矩形及其对角线,如图1-43b所示取得对角线上椭圆一对共扼直径的端点,通过八点并与矩形相切连接成椭圆(图1-43)。

1.3.4　园林植物绘图的基本笔法

在园林工程图中,对形态复杂、姿态万千的树木花草等园林植物的表示,是用抽象的方法,经过推敲简化描绘出来的。常见的习惯基本笔法如图1-44所示。

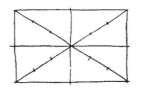
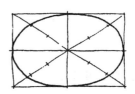

（a）徒手画出椭圆的长、短轴　　（b）画外切矩形及其对角线，三等分　　（c）以圆滑曲线连对角线上的最外
　　　　　　　　　　　　　　　　　　对角线的每一侧　　　　　　　　等分点（稍偏外一点）和长、短
　　　　　　　　　　　　　　　　　　　　　　　　　　　　　　　　　轴的端点

图 1-43　徒手绘椭圆

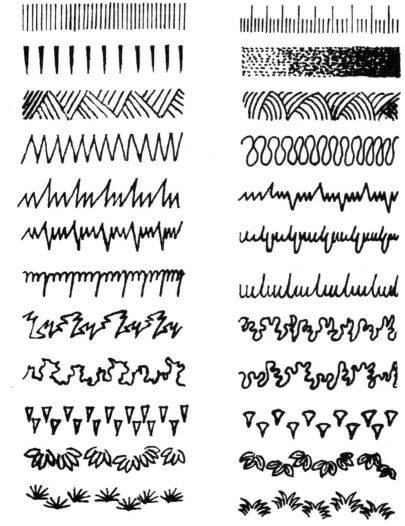

图 1-44　园林植物表示常见惯用基本笔法

本章小结

一、国家标准规定

(1)图幅尺寸、格式。

(2)比例及其标注和选择规定。

(3)图样中汉字、数字、字母等字体的书写方法及有关规定。

(4)各种线型的名称、型式、代号、宽度和画法及应用。

(5)尺寸标注的基本规定。

二、平面图形

(1)基本作图方法。

(2)平面图形的尺寸分析和线段分析,线段有三类:已知线段、中间线段、连接线段。在两条已知线段之间,可以有任意条中间线段,但只有而且必须有一条连接线段。

(3)平面图形绘图,按先画已知线段,再画中间线段,最后画连接线段的先后顺序绘出。

(4)平面图形的尺寸标注,根据线段的类别与平面图形作图的顺序完整、合理标注。

三、徒手绘图

(1)握笔和运笔的方法。

(2)直线、角度、圆、椭圆的绘图方法。

(3)园林植物绘图的基本笔法。

第2章 投影法与三面正投影图

2.1 投影的基本知识

2.1.1 投影法概念

投影法是工程上各种图示方法的基础,是人类对光线照射空间物体在平面上产生影像现象进行科学抽象的结果。

如图 2－1 所示,设空间有定点 S 和不通过该点的定平面 P 及空间任意点 A(图示点 A 在 S 和 P 之间),连接 SA 并延长交 P 面于 a,则 a 称为空间点 A 在 P 面上的投影,点 S 为投射中心,平面 P 为投影面,SA 为投射线。投射中心、空间几何原形和投影面称为投影三要素。同理,图 2－1中,b 是空间点 B(图示投影面 P 在 S 和 B 之间)在投影面 P 上的投影。

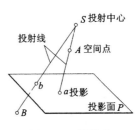

图 2－1 投影法

所谓投影法,就是投射线通过物体向选定的面(投影面)投射,并在该面得到图形的方法。由于一条直线只能和一个面相交于一点,因此空间一点按上述投影法进行投影时,在一个投影面上必有唯一确定的投影与之一一对应。

所以,求作空间点在投影面上的投影的作图实质,就是作出通过该点的投射线与投影面的交点。

2.1.2 投影法分类

根据投影中心与投影面的相对位置,投影法分为两大类:中心投影法与平行投影法。

2.1.2.1 中心投影法

如图 2－2 所示,当投射中心距离投影面为有限远时,投射线汇交于一点(投射中心),这种投影法称为中心投影法。在该图中,H 面上的 $\triangle abc$ 就称为空间平面 $\triangle ABC$ 的中心投影。如图 2－2 中,若改变空间平面 $\triangle ABC$ 对投射中心 S 的距离,则所得投影 $\triangle abc$ 的大小将发生变化,也就是中心投影不能反映空间几何原形的实形。因此,这种投影法在工程图样中较少使用,但却是绘制效果图的一种常用图示方法(见图 2－4)。

2.1.2.2 平行投影法

如图 2－3 所示,当投影中心距离投影面为无限远时,投射线都相互平行,这种投射线都相互平行的投影法,称为平行投影法。

在平行投影法中,因为投射线都是相互平行的,若改变空间几何原形对投影面之间的距离,所得投影之形状与大小均不变。

如图 2－3 所示,在平行投影法中,按投影方向与投影面所成角度,又可分为两种:

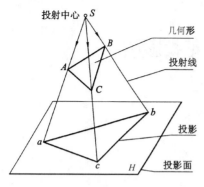

图 2-2　中心投影法

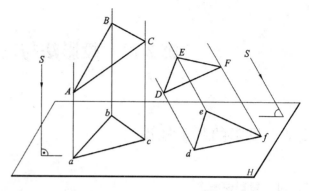

图 2-3　平行投影法

1. 正投影法

投射线与投影面相垂直的平行投影法称正投影法,所得的图形称为正投影(正投影图)。

由于正投影法的投射线相互平行且垂直于投影面,所以,当空间平面图形平行于投影面时,其投影将反映平面图形的真实形状和大小,即使改变它与投影面之间的距离,其投影形状和大小也不会改变。因此,绘制工程图样主要采用正投影法。

2. 斜投影法

投射线与投影面相倾斜的平行投影法称斜投影法,所得的图形称为斜投影(斜投影图)。

正投影法中采用的投影面又有单面和多面之分。前者常用于画轴测投影(见图 2-5)和标高投影(见图 2-6);后者用于画正投影(见图 2-7、图 2-8)。

2.1.3　工程中常用的几种投影图

2.1.3.1　透视投影

透视投影属中心投影法,如图 2-4 所示,用中心投影法将物体投射在单一投影面上所得到的图形,称为透视投影(透视图)。图示得出建筑物的透视图。由于透视投影接近于人的视觉映像,逼真,直观性强,所以,在土建和风景园林工程设计中常用来绘制效果图,以便研究其造型和空间处理。

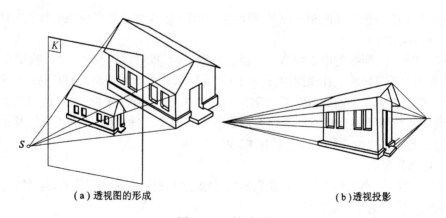

（a）透视图的形成　　　　　　　　　　　　　　　（b）透视投影

图 2-4　透视投影

2.1.3.2 轴测投影

轴测投影是用平行投影法绘制的,即通常所称的立体图。轴测投影是把空间形体连同确定该形体位置的空间直角坐标系一起,沿不平行于任一坐标面的方向,用平行投影法将其投射到单一投影面上所得到的图形。其中,用正投影法绘制的轴测投影,称为正轴测投影;用斜投影法绘制的轴测投影,称为斜轴测投影。轴测图立体感强,在一定条件下也可以直接度量,所以常用它作为多面正投影图的补充。这种投影法的缺点是手工绘制较麻烦。图2-5所示为几何形体的轴测图。

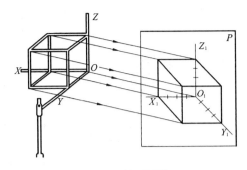

图 2-5 轴测投影

2.1.3.3 标高投影

标高投影是用正投影法把物体投射在一个水平投影面上,加注某些特征面、线以及控制点的高程数值和比例的单面正投影。通常用物体的一系列等高线的水平投影表示,如图2-6所示为山峰的标高投影:假定山峰被一系列高度差相等的水平面所截切,其交线必是一些封闭的不规则曲线,由于每一曲线上的点的高度都一样,所以这些曲线称为等高线;所标数字为等高线对投影面的距离,亦称为标高。标高投影主要用于绘制地形图和土工结构物的投影图。

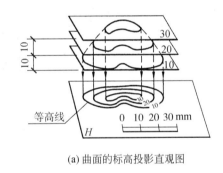 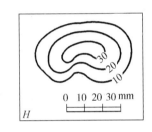

(a) 曲面的标高投影直观图   (b) 曲面的标高投影

图 2-6 标高投影

2.1.3.4 多面正投影

如图2-7、图2-8所示,利用正投影法,把形体投影在两个互相垂直的投影面,或两个以上的投影面(其中相邻两个投影面必须相互垂直),并按规定的方法将投影面连同其上的正投影展开到一个平面上,所得到的就是多面投影图。正投影图作图简便,度量性好,但直观性较差。多面正投影是工程上应用最广的投影图。

2.2 正投影图及其特性

由于正投影图能完整地、真实地表达空间形体的形状和大小,不仅度量性好,而且作图简便。因此,它是工程中应用得最广的一种图示法,也是本课程学习的主要内容。在以后的章节(除透视投影、阴影、轴测投影和标高投影外),凡称"投影",一般指正投影。

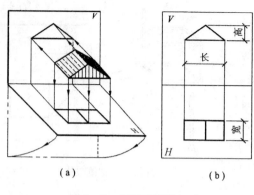
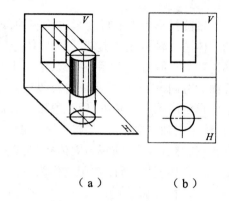

（a）   （b）   （a）   （b）

图2-7　多面正投影(一)   图2-8　多面正投影(二)

2.2.1　单面正投影

几何元素或物体在单一投影面上的投影,称为单面投影。如图2-9所示。

如图2-10所示,正投影的单面投影图一般不能确定形体的形状和大小。例如,在平行于形体正面的投影面上投影仅反映了该形体正面的投影形状及其长度和高度,而该形体的顶面、侧面……的投影形状及其宽度均未能表达出来。所以,在工程图样中,为了准确、完整、清晰地表达形体的形状和大小,一般采用多面正投影图表达,设置正投影图的多少,需根据表达形体的复杂程度而定。

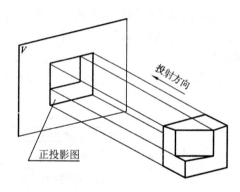

图2-9　单面投影

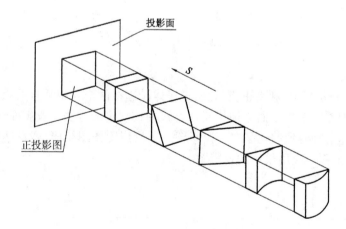

图2-10　单面投影不能确定形体的形状和大小

2.2.2　三面正投影图

通常将形体正放在三个互相垂直的投影面体系中,形体的位置处在人与投影面之间,然后从形体不同的方向分别对各个投影面进行投影,就得到三个投影图。这样,三面投影图相互配合就能反映物体的长、宽、高三度量方向的尺寸及上下、左右、前后等六个方向的投影形状(图2-11)。

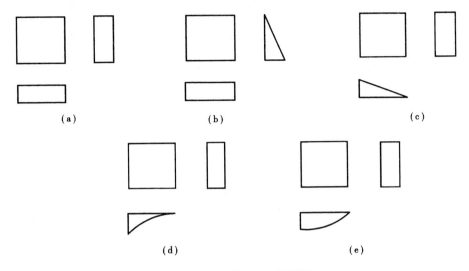

(a)　　　　　　　(b)　　　　　　　(c)

(d)　　　　　　　(e)

图2-11　形体的三面投影图

2.2.2.1　三面正投影图的形成

1. 三投影面体系的建立

如图2-12所示,三投影面体系由三个相互垂直的投影面所组成。它们分别是:

正立投影面,简称正面,用 V 表示;

水平投影面,简称水平面,用 H 表示;

侧立投影面,简称侧面,用 W 表示。

两个相互垂直的投影面的交线,称为投影轴,它们分别表示物体的长、宽、高三度量方向。具体如下:

OX 轴(简称 X 轴),是 V 面与 H 面的交线,表示长度方向,确定左右位置;

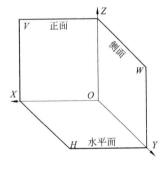

图2-12　三个投影面的
名称和标记

OY 轴(简称 Y 轴),是 H 面与 W 面的交线,表示宽度方向,确定前后位置;

OZ 轴(简称 Z 轴),是 V 面与 W 面的交线,表示高度方向,确定上下位置。

三根投影轴相互垂直相交,其交点 O 称为原点。

2. 三面正投影图的形成

如图2-13所示,将物体置于三投影面体系中,并使物体的主要表面或对称平面平行于投影面,采用正投影法分别按图示方向向各投影面进行投射,即得到物体的三面正投影图,称为三面投影图。它们分别是:

正面投影(V 面投影),是由前向后投射,形体在正立投影面(V 面)上所得到的投影图;

水平投影(H 面投影),是由上向下投射,形体在水平投影面(H 面)上所得到的投影图;

侧面投影(W 面投影),是由左向右投射,形体在左侧立投影面(W 面)上所得到的投影图。

3. 三投影面的展开

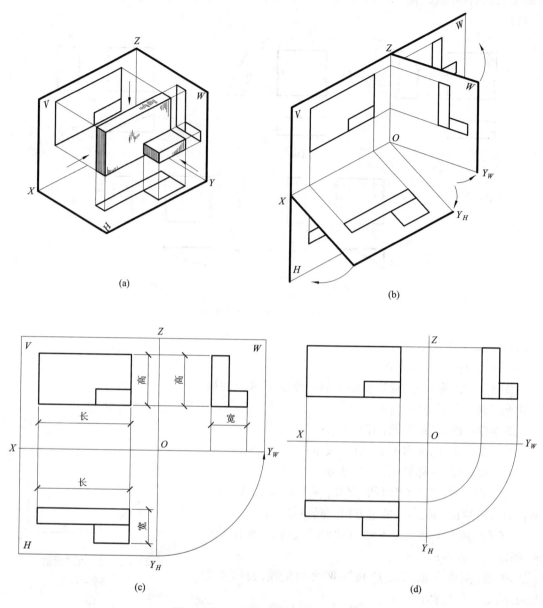

(a)

(b)

(c)

(d)

图 2-13 三投影面体系和三面投影图

    为了画图方便,需将两两相互垂直的三个投影面摊平在同一个平面上,并保持它们之间的投影对应关系。如图 2-13b 所示,规定:正立投影面不动,将水平投影面绕 OX 轴向下旋转 $90°$,将左侧立投影面绕 OZ 轴向右旋转 $90°$,分别重合到正立投影面上(图 2-13c)。这时,OY 轴被分于两处,分别用 OY_H(在 H 面上)和 OY_W(在 W 面上)表示。同时,由于投影面的大小并不影响形体在投影面所得正投影图的形状,故在实际绘图时不必画出投影面的框线,而根据投影图的大小及投影图之间的距离(间隔)确定图纸幅面的大小(图 2-13d)。画出投影轴时,用细实线表示。

2.2.2.2 三面正投影图之间的对应关系

    三面正投影图分别表示形体的三个侧面投影,所以三个投影图之间既有区别又有联系。

34

按上述规定形成的三面正投影图有以下对应关系：

1. 三面正投影图的位置关系

如图 2-13d 所示，三面正投影图的位置关系为：正面投影为准，水平投影在正面投影的下方，并且对正；侧面投影在正面投影的右方，并且相互平齐。

2. 三面正投影图的投影关系

如图 2-13c 所示，从形成的三面正投影图可见：

正面投影反映形体的长度(x)和高度(z)，以及形体上平行于正立投影面的平面的实形；

水平投影反映形体的长度(x)和宽度(y)，以及形体上平行于水平投影面的平面的实形；

侧面投影反映形体的高度(z)和宽度(y)，以及形体上平行于左侧立投影面的平面的实形。

由于每对相邻投影图同一个方向的尺寸相等，由此归纳可得：

"长对正"这是由于正面投影与水平投影均反映形体的长度，且展开后两个投影左右对齐，故称为正面投影与水平投影"长对正"。

"高平齐"，这是由于正面投影和侧面投影均反映形体的高度，展开后两个投影上下对齐，故称为正面投影和侧面投影"高平齐"。

"宽相等"，这是由于水平投影和侧面投影均反映形体的宽度，故称水平投影和侧面投影"宽相等"。

上述是形体上的长、宽、高尺寸在三面正投影图间的对应关系。所以，无论是整个形体，还是形体的局部，其三面投影都必须符合"长对正、高平齐、宽相等"的"三等"关系。在画图、读图、度量及标注尺寸时都要注意遵循和应用它。

3. 三面正投影图与形体六方位的关系

如图 2-14 所示：

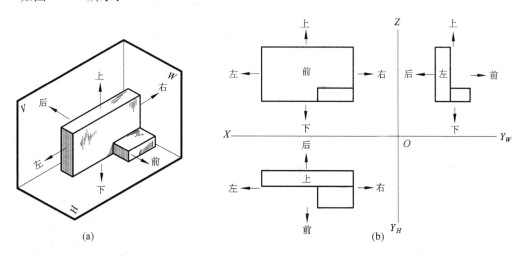

(a)　　　　　　　　　　　(b)

图 2-14　在投影图上形体方向的反映

正面投影反映形体的上、下和左、右；

水平投影反映形体的左、右和前、后；

侧面投影反映形体的上、下和前、后。

初学者应特别注意对照直观图和平面图，熟悉展开和还原过程，以便在平面图中准确判断形体的前后方位。由图 2－14 可见:水平投影、侧面投影靠近正面投影的一边(里边),均表示形体的后面,远离正面投影的一边(外边),均表示形体的前面。在画图和看图量取"宽相等"时,既要注意量取的起点(基准),也要注意量取的方向,即水平投影上(下)方和侧面投影的左(右)方都反映形体的后(前)方。

2.2.2.3 形体的三面正投影图绘图方法与步骤

上述"长对正、高平齐、宽相等"三等关系是正投影图重要的投影对应关系,是正投影图绘图和读图时进行投影分析的依据。在绘图时,以铅垂线保证正面投影与水平投影各对应部分"长对正";以水平线保证正面投影与侧面投影"高平齐";保证水平投影与侧面投影之间的"宽相等",可用分规或直尺和三角板直接量取;也可按以下作图方法作图。

(1)利用圆规作图。以原点为圆心作圆弧,将水平投影与侧面投影的宽度相互转移(见图 2－13d);

(2)利用 45°三角板作图。45°斜角线的作法如图 2－15a 所示,先要定出宽度在 Y_H(或 Y_W)轴上的对应点,再过对应点用 45°三角板引 45°斜线,得宽度在 Y_W(或 Y_H)轴上的对应点;或如图 1－15b 所示以 45°斜角线为辅助作图线,保证水平投影与侧面投影"宽相等"(图 2－15a、b)。

做练习时,辅助作图线用细实线画出。

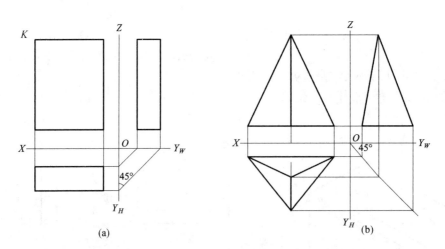

(a)　　　　　　　　　(b)

图 2－15　三面正投影的作图方法

下面举例说明形体三面投影图的画法。

例 2－1　图 2－16 所示为一形体的立体图(轴测图),画其三面正投影图。

1. 分析

该形体由左右两块长方体垂直相交成弯板形,弯板的左端以前后对称面为基准开了一个方形槽,右边长方体的前上角被切去一个三棱柱(切角)。

2. 作图

(1)首先,应将形体位置放正。即将形体的主要表面或对称平面置于平行对应投影面的位置,并使其投影尽量反映形体的形状特征,选定正面投影。

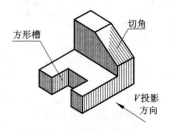

图 2－16　弯板立体图

（2）定位置、画投影图。应先定出各投影图的位置,画出作图基准线,如对称线、底面与侧面的投影轮廓线。各投影图之间应留有适当间隔。

（3）根据投影关系画底稿。底稿应画得轻而细,以便修改。画底稿先画反映弯板形状特征的正面投影,然后根据投影规律绘出水平投影与侧面投影(图2-17a)。

（4）绘细部结构的投影。

①从反映方形槽的水平投影着手,画左端方形槽的三面投影(图2-17b)。

② 从右边前上切角平面具有积骤性投影的侧面投影着手,画出右边前切角的三面投影(图2-17c)。

（5）加深图线,得三面投影图。一般不需要画投影面的边框线与投影轴,采用无轴画图。

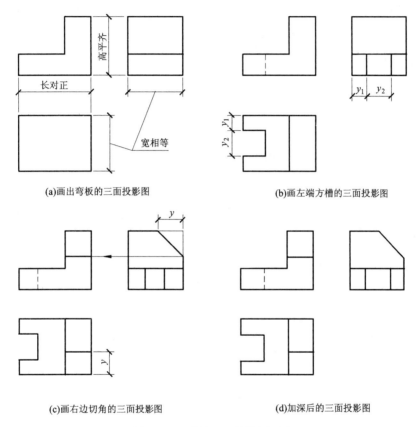

(a)画出弯板的三面投影图   (b)画左端方槽的三面投影图

(c)画右边切角的三面投影图   (d)加深后的三面投影图

图2-17　形体三面投影图画法

在投影图中,形体投影的叮见轮廓线画成粗实线,不可见轮廓线画成中虚线,对称线、中心线画成细单点长画线。当粗实线和中虚线或点画线重合时,应画成粗实线;当中虚线与点画线重合时,则应画成中虚线。

本章小结

本章从感性认识出发,从形体入手,重点介绍:

一、投影法概念

(1)投射线汇交于一点的投影法,称为中心投影法。它不能反映实形,适用于绘制建筑物与园林的效果图——透视。

(2)投射线相互平行的投影法,称为平行投影法。它有斜投影法与正投影法两种。正投影法又有单面投影与多面投影之分,单面投影用于轴测图与标高投影图;多面正投影图作图简便,能反映物体的真实形状,所以,适用于工程图样的表达。

二、三面正投影图的形成及投影规律

三面正投影图之间的相互关系有:

(1)尺寸关系。每个投影图表示形体两个方向的尺寸:

正面投影反映形体的长度(x)和高度(z);

水平投影反映形体的长度(x)和宽度(y);

侧面投影反映形体的高度(z)和宽度(y)。

(2)投影关系。每对相邻投影图同一个方向的尺寸相等:

正面投影与水平投影"长对正";

正面投影与侧面投影"高平齐";

水平投影与侧面投影"宽相等"。

(3)方位关系。每个投影图反映形体四个方位:

正面投影反映形体上下、左右位置关系;

水平投影反映形体左右、前后位置关系;

侧面投影反映形体上下、前后位置关系。

第3章 点、直线和平面

形体是由基本的几何元素点、线、面等按照一定的几何关系构成的。所以,研究空间形体的图示法,首先必须研究点、直线、平面的投影,以作为正确表达形体和解决空间几何问题的理论依据和分析手段。

3.1 点的投影

点是最基本的几何元素。为了正确图示形体,必须掌握点的投影规律。

3.1.1 点的三面投影

如图 3-1 所示,空间点 A 在三投影面体系中分别向三个投影面 V、H、W 作投射线,投射线在三投影面上的垂足 a、a'、a'' 分别为空间点 A 的 H 面投影、V 面投影、W 面投影。

如图 3-1b 所示,为三投影面体系展开后,摊平在一个平面得到的空间 A 点的三面投影。图中,空间点用大写字母表示,例如"A"。点的投影用相应的小写字母表示,例如:空间点 A 水平投影用"a"、正面投影用"a'"、侧面投影用"a''"表示。而点 a_X、a_Y、a_Z 分别为点的投影之间的连线与投影轴 OX、OY、OZ 的交点。

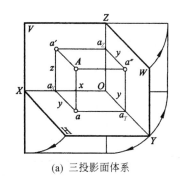
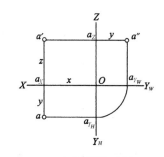
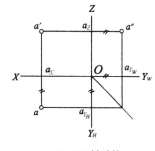

| (a) 三投影面体系 | (b) 点的投影与坐标 | (c) 45°辅助线 |

图 3-1 点的投影与坐标

3.1.2 点的三面投影与坐标关系

点的空间位置可以用直角坐标来表示。如图 3-1a 所示,将投影面当作坐标面,投影轴当作坐标轴,O 即为坐标原点。空间点 A 的坐标就是该点到坐标面(投影面)的距离,也就等于点的投影相应到投影轴的距离。

点的坐标与点的投影有如下关系:

点 A 的 x 坐标 $x_A = aa_Y = a'a_Z$(即点 A 到 W 面的距离 Aa'')

点 A 的 y 坐标 $y_A = aa_X = a''a_Z$(即点 A 到 V 面的距离 Aa')

点 A 的 z 坐标 $z_A = a'a_X = a''a_Y$(即点 A 到 H 面的距离 Aa)

点 A 的三面投影坐标分别是:

H 面投影 $a(aa_Y, aa_X)$，反映点 A 的 x、y 坐标值；

V 面投影 $a'(a'a_Z, a'a_X)$，反映点 A 的 x、z 坐标值；

W 面投影 $a''(a''a_Z, a''a_Y)$，反映点 A 的 y、z 坐标值。

所以，点的一个投影由两个坐标值确定。点的任意两个投影反映该点的三个直角坐标值，也就是点的任两个投影完全确定该点的空间坐标。

3.1.3　点的三面投影规律

如图 3-1b、c 所示，通过上述点的三面投影和坐标关系的分析，可归纳出点的三面投影规律：

（1）点的正面投影和水平投影的连线垂直于 OX 轴，即 $aa' \perp OX$；

（2）点的正面投影和侧面投影的连线垂直于 OZ 轴，即 $a'a'' \perp OZ$；

（3）点的水平投影到 OX 轴的距离等于侧面投影到 OZ 轴的距离，即 $aa_X = a''a_Z$。

点在三面投影中的投影关系，是作点的三面投影图所必须遵循的基本规律。

3.1.4　点的作图举例

3.1.4.1　根据点的两面投影，求作第三面投影

例 3-1　如图 3-2a 所示，已知点 B 的正面和侧面投影，求作水平投影 b。

1. 分析

根据点的三面投影规律，所求点 B 的水平投影 b 与正面投影 b' 的连线垂直于 OX 轴，且 b 到 OX 轴之距离等于侧面投影 b'' 到 OZ 轴的距离。

2. 作图

（1）由 b' 作 OX 轴的垂直线 $b'b_X$，如图 3-2b；

（2）过原点 O 作 45° 的作图辅助线，由 b'' 作 OY_W 轴的垂直线交辅助线，过其交点作 OY_H 轴的垂直线与 $b'b_X$ 的延长线相交于 b，则 b 即为所求点 B 的水平投影，如图 3-2c 所示。

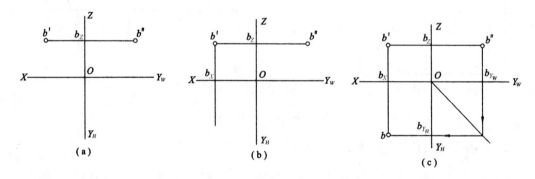

图 3-2　已知点的两面投影求第三投影

3.1.4.2　根据点的坐标，求作点的三面投影

例 3-2　已知点 $A(15, 10, 15)$，求作点 A 的三面投影，如图 3-3 所示。

1. 分析

点的一个投影由点的两个坐标确定，根据点的两个坐标就可作出点的一个投影。

2. 作图

（1）作投影轴，并在 OX 轴上自点 O 向左方量取 $x=15$ mm，得 a_X（图3-3a）。

（2）过 a_X 作 OX 轴垂直线，并在该垂直线上从 a_X 向下量取 $y=10$ mm 得水平投影 a，向上量取 $z=15$ mm 得正面投影 a'（图3-3b）。

（3）自 a' 作 OZ 轴的垂直线交 a_Z 并延长，自 a_Z 向右量取 $y=10$ mm 得侧面投影 a''（图3-3c）。

也可先求出 a、a'，再由 a、a' 利用45°辅助线作出 a''。

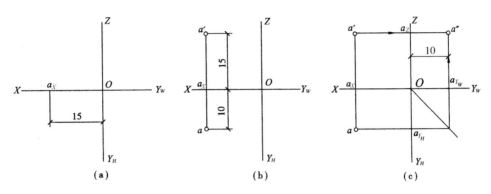

图3-3 已知点的坐标作点的投影图

3.1.4.3 求作点的轴测图

有关轴测图的作图方法将在第5章中详细介绍。为了有利于培养空间几何元素投影的空间概念，这里仅对点的轴测图画法作简单介绍。

例3-3 已知点 $A(x_A, y_A, z_A)$，求作空间点 A 及其三面投影的轴测图，如图3-4所示。

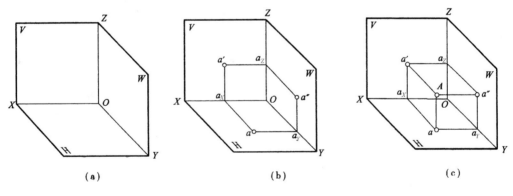

图3-4 点的轴测图画法

1. 分析

已知空间点的三个坐标就可确定点的空间位置。根据点的两个坐标就可作出点的投影；根据点的两面投影，就可作出空间点的轴测图。

2. 作图

（1）画出三面投影体系

自原点 O 作铅垂线得 OZ 轴；自 O 作水平线得 OX 轴；作 OY 轴与 OX 轴成45°。作投影面的边框线与相应投影轴平行。

（2）画出轴测图中点 A 的三面投影

自原点 O 分别在 OX、OY、OZ 轴上量取 x_A、y_A、z_A 得 a_X、a_Y、a_Z。再分别从 a_X、a_Y、a_Z 作对应投影轴的平行线,所作平行线分别在三个投影面上两两相互相交,其交点 a、a'、a'' 即为点 A 分别在三投影面上的投影。

(3)画出轴测图中点 A 的空间位置

分别自 a、a'、a'' 作 OZ、OY、OX 的平行线(即投影面的垂直线),则所得轴向平行线的交点即为点 A 的轴测图。

这一作图过程,实际上是由空间点作三面投影图的逆过程。

3.1.5 两点的相对位置

3.1.5.1 两点的相对位置

如图 3-5 所示,两点在空间的相对位置由两点的坐标差来确定:

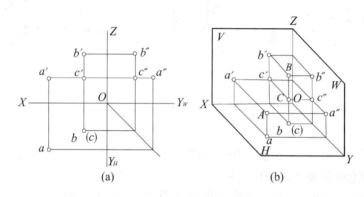

图 3-5 点在空间的相对位置

两点 A、B 的左、右相对位置,由两点在 V 面或 H 面上的同面投影(即同一投影面上的投影)所反映的 X 轴方向坐标差($x_A - x_B$)确定,由于图示 $x_A > x_B$,所以点 A 在点 B 的左方;

两点 A、B 的前、后相对位置,由两点在 H 面或 W 面上的同面投影所反映的 Y 轴方向坐标差($y_A - y_B$)确定,由于图示 $y_A > y_B$,所以点 A 在点 B 的前方;

两点 A、B 的上、下相对位置,由两点在 V 面或 W 面上的同面投影所反映的 Z 轴方向坐标差($z_B - z_A$)确定,由于图示 $z_A < z_B$,所以点 A 在点 B 的下方。

故此,点 A 在点 B 的左、前、下方;反过来说,点 B 在点 A 的右、后、上方。

3.1.5.2 重影点及可见性

位于同一条投射线上的空间两点,在该投影面上之投影重合,则这两个空间点被称为对该投影面的一对重影点。如图 3-5 中,两个点 B、C 有两个坐标相等,因而其水平投影 b、c 重合(重影)。空间这两个点就是对水平投影面的一对重影点。

重影点的可见性,需根据这两个点的不重影的同面投影所反映的坐标大小来判别。在图 3-5 中,由 b' 与 c' 的位置判别,知 $z_B > z_C$,可判定点 B 在点 C 上方,故 b 为可见点的投影,c 为不可见点的投影,在图中标记成 $b(c)$。

重影点的可见性判别,归纳如下:

当两点在 V 面的投影重合时,需由其 H 面或 W 面的同面投影判别,若某点在前(Y 轴方向的坐标大)则可见,反之为不可见。

当两点在 H 面的投影重合时,需由其 V 面或 W 面的同面投影判别,若某点在上(Z 轴方向的坐标大)则可见,反之为不可见。

当两点在 W 面的投影重合时,需由其 H 面或 V 面的同面投影判别,若某点在左(X 轴方向的坐标大)则可见,反之为不可见。

把视线作为垂直于投影面的投射线,因此重影点有可见与不可见之分,也可以说可见的点遮挡了另一点。可见性的判别就是判定某一视线(投射线)方向上两点的可见或不可见,对它们的重合投影要加以区分,可见点的投影称可见投影,不可见点的投影称不可见投影(标记加括号)。重影点的可见性判别是形体表面及其交线可见性判别的基础。

3.1.6 特殊位置点的投影

特殊情况下,点可处于投影面上、投影轴上或原点上,如图 3-6 所示。

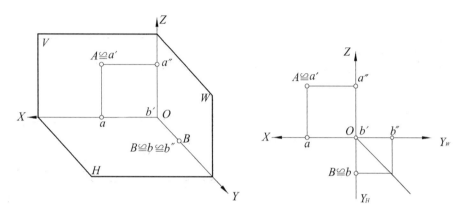

图 3-6 特殊位置点的投影

若点在投影面上,即点的一个坐标值为零。这时,点的一个投影在点所在的投影面上与空间点重合,另两个投影分别在投影轴上。如图 3-6 中,点 A 在 V 面上,$y_A = 0$,$A \cong a'$,a、a'' 分别在 OX 与 OY 轴上。

若点在投影轴上,即点的两个坐标值为零。这时,点的两个投影在点所在的投影轴上,与空间点重合,另一个投影与原点重合。如图 3-6 中,点 B 在 OY 轴上,$x_B = 0$、$z_B = 0$,b 在 OY_H 上,b'' 在 OY_W 上,b' 在原点。

若点在原点,即点的三个坐标值为零。这时,点的三个投影与空间点都重合在原点上。

3.2 直线的投影

3.2.1 直线的投影

1. 直线的投影

直线的投影一般仍为直线。直线的投影可由直线上两个点的同面投影(即同一投影面上的投影)确定。

空间两点可确定一条直线,故直线的投影可由该直线上两个点的投影决定。由此可得作直线三面投影的基本方法,即分别做出直线上两个点的三面投影,然后将其同面投影连线即得直线的三面投影,如图 3-7b 所示。

直线对投影面的倾角,就是该直线和它在该投影面上的投影所夹的角,如图3-7a所示,并以 α、β、γ 分别表示对 H、V、W 面的倾角。

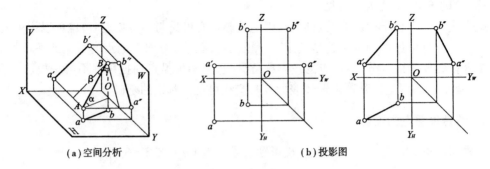

(a)空间分析　　　　　　　　　　　　(b)投影图

图3-7　直线的投影

2.直线的轴测图作图

直线的轴测图作法与点的轴测图作法同理,如图3-8所示。

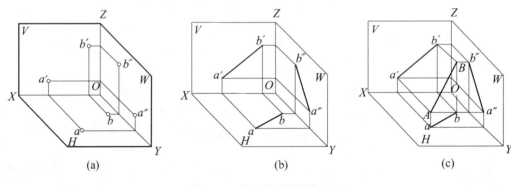

(a)　　　　　　　　　　(b)　　　　　　　　　　(c)

图3-8　直线的轴测图作法

(1)根据给定的直线上两点的坐标,分别确定该直线段两端点的投影(图3-8a);

(2)连直线段两端点的同面投影,分别得该直线段的三面投影(图3-8b);

(3)由两点的三面投影向空间引投射线(作投影面垂直线),投射线汇交点即为该点的空间位置;

(4)将所得空间点 A、B 连线,即为所求该直线段的轴测图(图3-8c)。

3.2.2　直线上的点

1.直线上任一点的投影必在该直线的同面投影上

如图3-9所示,在直线 AB 上有一点 C,根据点在直线上的从属性质和点的三面投影规律,可知点 C 的三面投影 c、c'、c″ 必定分别在直线 AB 的同面投影 ab、a'b'、a″b″上,而且符合同一个点的投影规律。

反之,如果点 C 的三面投影中只要有一面投影不在直线 AB 的同面投影上,则该点就一定不在直线 AB 上。

2.直线上的点分割线段之比等于其投影之比

图3-9中,点 C 在直线 AB 上,则:

$$AC:CB = ac:cb = a'c':c'b' = a''c'':c''b''$$

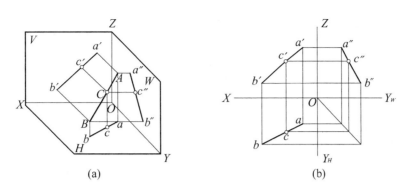

图 3-9　直线上的点

上述直线上点的投影特性,可用来求作直线上的点的投影,也可用来判断点是否在直线上。下面举例说明。

例 3-4　如图 3-10 所示,已知直线 AB 和点 K 的 V 面与 H 面投影,试判别点 K 是否在直线上。

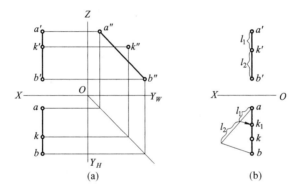

图 3-10　判断点是否在直线上

1. 分析

因为直线 AB 平行 W 面,因此需要画出其侧面投影,判断点 K 的侧面投影是否在直线 AB 的侧面投影上,若在,则说明点 K 在 AB 上;反之,则点 K 不在 AB 上。也可用定比方法进行判断。

2. 作图判断

(1)画出直线 AB 与点 K 的侧面投影,看 k'' 是否在 $a''b''$ 上,如图 3-10a 所示,由于 k'' 不在 $a''b''$ 上,故点 K 不在 AB 上。

(2)将直线 AB 的水平面投影 ab 分成两段,使其比值等于 $a'b'$ 上线段 l_1 与 l_2 之比,得 k_1。从图 3-10b 可见,由于 k_1 与 k 不重合,因此,点 K 不在直线 AB 上。

下面举例说明应用直线上点的投影特性绘制形体的投影图。

例 3-5　试完成图 3-11b 所示立体的水平投影图,并绘出侧面投影图。

1. 分析

图示立体为一正三棱锥被从上部斜切去一块后形成。其斜面是 △Ⅰ Ⅱ Ⅲ,三角形的顶点 Ⅰ、Ⅱ、Ⅲ 分别为三棱锥三条棱线上的点(图 3-11a)。在正面投影图中,棱锥三条棱线上的点

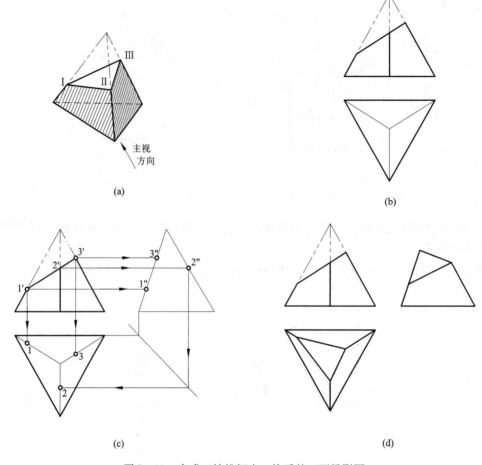

图 3 - 11　完成三棱锥切去一块后的三面投影图

Ⅰ、Ⅱ、Ⅲ的投影分别为1′、2′、3′。据此,应用直线上点的投影特性就可分别求出1、2、3 和1″、2″、3″,并完成三棱锥斜切去一块后的水平投影与侧面投影。

2. 作图

(1)画出完整三棱锥的侧面投影图;

(2)应用直线上点的投影特性,由△ⅠⅡⅢ各顶点的正面投影,分别求得各顶点的水平投影与侧面投影(图3-11c);

(3)将各顶点的水平投影与侧面投影分别依次连接得三角形(图3-11c);

(4)分别画出各棱线的投影,并描深图线完成作图(图3-11d)。

3.2.3　各种位置直线的投影特性

直线在三投影面体系中,根据其对投影面的相对位置,可分为三种情况:一般位置直线、投影面平行线和投影面垂直线。后两种直线称为特殊位置直线。

3.2.3.1　一般位置直线

对三个投影面都倾斜的直线,称为一般位置直线。一般位置直线对三个投影面 H、V、W 的倾角分别表示为 α、β、γ。如图 3-7 所示,直线 AB 为一般位置直线。其投影特性有:

46

（1）在各投影面上的投影都倾斜于投影轴；

（2）在各投影面上的投影都短于直线段实长。

3.2.3.2 特殊位置直线

1. 投影面平行线

（1）空间位置

平行于一个投影面而与另外两个投影面倾斜的直线称为投影面平行线。投影面平行线分为三种，即：

平行于 H 面，而与 V、W 面倾斜的直线，称为水平线；

平行于 V 面，而与 H、W 面倾斜的直线，称为正平线；

平行于 W 面，而与 H、V 面倾斜的直线，称为侧平线。

投影面平行线对所平行的投影面的倾角为 $0°$。

（2）投影特性

直线在所平行的投影面上的投影与投影轴线倾斜，它反映线段的实长及对另两投影面的倾角；

另外两个投影都短于线段实长，且分别平行于相应的投影轴，它们到投影轴的距离等于线段到所平行的投影面的实距。

各种投影面平行线的投影图、投影特征及投影特性如表 3－1 所示。

表 3－1　投影面平行线

位置	两投影图	三投影图	特征	特性	空间情况
水平线			正面投影平行于 OX 轴，侧面投影平行于 OY_W 轴	$ab = AB$ ab 与 OX 轴夹角反映 β，ab 与 OY_H 轴夹角反映 γ	
正平线			水平投影平行于 OX 轴，侧面投影平行于 OZ 轴	$a'b' = AB$ $a'b'$ 与 OX 轴夹角反映 α，$a'b'$ 与 OZ 轴夹角反映 γ	
侧平线			正面投影平行于 OZ 轴，水平投影平行于 OY_H 轴	$a''b'' = AB$ $a''b''$ 与 OY_W 轴夹角反映 α，$a''b''$ 与 OZ 轴夹角反映 β	

①直线在所平行的投影面上的投影，反映该线段的实长和对其他两个投影面的倾角

②直线在其他两个投影面上的投影，分别平行于相应的投影轴，且都短于该线段的实长

2. 投影面垂直线

（1）空间位置

垂直于一个投影面的直线称为投影面垂直线。由于三个投影面相互垂直，故垂直于一个投影面的直线必平行于另外两个投影面。投影面垂直线分为三种，即：

垂直 H 面的直线，称为铅垂线；

垂直 V 面的直线，称为正垂线；

垂直 W 面的直线，称为侧垂线。

（2）投影特性

直线在所垂直的投影面上的投影积聚为一点；

另外两个投影平行于相应的投影轴，并反映该线段实长。

各种投影面垂直线的投影图、投影特征及投影特性如表 3－2 所示。

表 3－2　投影面垂直线

位置	二投影图	三投影图	特征	特性	空间情况
正垂线			正面投影积聚为一点	$ab = a''b''$ $= AB$ $ab \perp OX$ $a''b'' \perp OZ$	
铅垂线			水平投影积聚为一点	$a'b' = a''b''$ $= AB$ $a'b' \perp OX$ $a''b'' \perp OY_W$	
侧垂线			侧面投影积聚为一点	$ab = a'b'$ $= AB$ $ab \perp OY_H$ $a'b' \perp OZ$	

①直线在所垂直的投影面上的投影积聚成一点
②直线在其他两个投影面上的投影分别垂直于相应的投影轴，且反映该线段的实长

3.2.4　两直线的相对位置

两直线在空间的位置有三种情况：平行、相交和交叉。前两种位置的直线为共面两直线，后一种为异面两直线。

3.2.4.1　两直线平行

空间相互平行的两直线,它们的各组同面投影必定相互平行;反之,若两直线之各组同面投影都相互平行,则这两条直线也一定相互平行。

如图3-12所示,对于两一般位置直线,只要两组同面投影相互平行,则该两直线在空间必定相互平行。图中,因为 $ab/\!/cd,a'b'/\!/c'd'$,故 $AB/\!/CD$。

如图3-13所示,由于两直线同是某投影面平行线,则须判断两直线在三投影面的各组同面投影是否相互平行:若三组同面投影相互平行,则两直线在空间相互平行,反之,不平行。图中,因为 $d''e''\times f''g''$("×"表示相交),故 DE 与 FG 于空间相互不平行,为异面两直线。

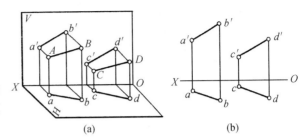

图3-12　平行两直线的投影

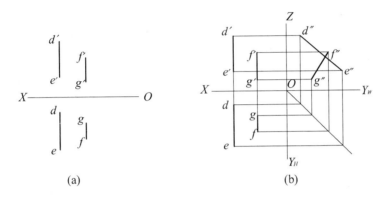

图3-13　DE 不平行 FG

3.2.4.2　两直线相交

如果空间两直线相交,则此两直线的各组同面投影也必定相交,且交点的投影必定符合空间点的投影规律。反之,如果两直线的各组同面投影相交,且交点的投影符合空间点的投影规律,则此两直线在空间必定相交。

如图3-14所示,因为 $ab\times cd,a'b'\times c'd'$,且 $kk'\perp OX$,故 $AB\times CD$。

如图3-15所示,若两直线之一为侧平线,则还须看该直线所平行的投影面的同面投影是否相交。若相交,且交点之投影又符合点的投影规律,则两直线于空间相交。反之,不相交。图3-15中,CD 为侧平线,在 W 面上虽然它们的投影也相交,但其交点不符合点的投影规律,故可知 AB 和 CD 在空间不相交。

3.2.4.3　两直线交叉

在空间既不平行又不相交的两直线,称为交叉两直线。交叉两直线的各同面投影既不符合平行两直线的投影特性,也不符合相交两直线的投影特性。

交叉两直线各组同面投影也可能相交,但交点不符合点的投影规律,是重影点重合投影。即各组同面投影的交点为分别属于这两条直线的两个点的重合投影。如图3-16所示,AB、CD 两直线之 H 面和 V 面的同面投影相交,但交点不符合点的投影规律,是交叉两直线。其

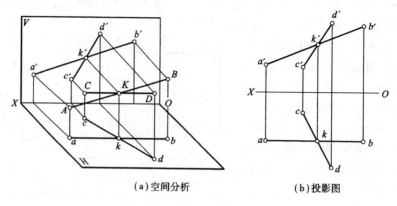

(a)空间分析　　　　　　(b)投影图

图 3-14　相交两直线的投影

实,H 面投影的交点是直线 AB 上的点 M 和直线 CD 上的点 N 的重影,V 面投影的交点是直线 CD 上的点 E 和直线 AB 上的点 F 的重影。

可见性判别:自 H 面上之重影 $m(n)$,作投影连线垂直 OX,并延长分别交两直线之 V 面投影,得 m'(直线 AB 上点 M 的投影)和 n'(直线 CD 上点 N 的投影),由于 $z_M > z_N$,故 m 为可见点的投影,n 为不可见点的投影,即 $m(n)$。同理,由于 $y_E > y_F$,故可判定 e' 为可见点的投影,f' 为不可见点的投影,即 $e'(f')$。

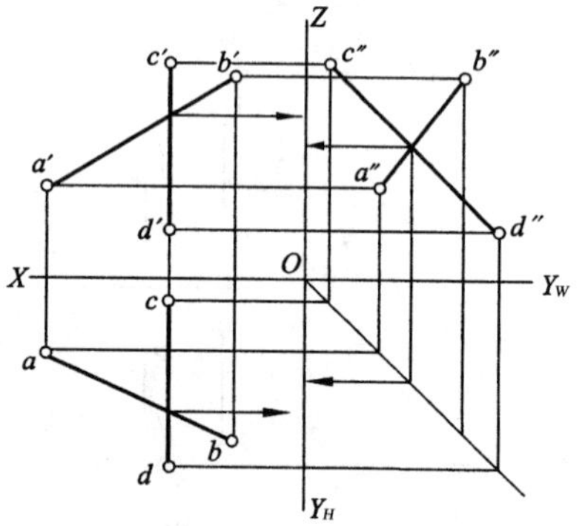

3.2.5　直角投影定理

当两直线相交(或交叉)成直角,且两直线同时平

图 3-15　两直线之一为投影面平行线时是否相交的判别

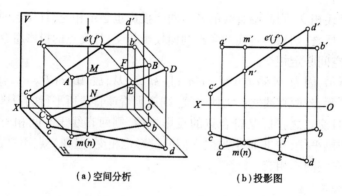

(a)空间分析　　　　　　(b)投影图

图 3-16　交叉两直线的投影

行于一投影面时,则在该投影面上的投影必为直角;

当两直线均不平行于投影面时,则其投影必定不是直角。

直角投影定理:如果两直线相交(或交叉)成直角,其中一条直线与某一投影面平行,则此直角在该投影面上的投影必定是直角;

50

如图 3-17 所示,已知垂直相交两直线 $AB \perp BC$,且 $BC /\!/ H$ 面,根据直角投影定理:$\angle abc$ $=90°$,即 $ab \perp bc$。

如图 3-18 所示,已知垂直交叉两直线 $MN \perp BC$,且 $BC /\!/ H$ 面,根据直角投影定理:$mn \perp bc$。
定理证明从略。

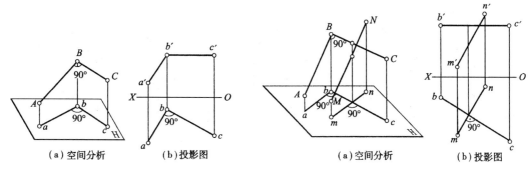

图 3-17　一边平行于一投影面的直角的投影　　　　图 3-18　两直线成垂直交叉

3.3　平面的投影

平面这一概念,一般都是指无限的平面。平面的有限部分,一般用平面图形表示。

3.3.1　平面的表示法

3.3.1.1　用几何要素表示

1.用几何要素表示平面

不属于同一直线的三点可确定一个平面。所以,平面可由下列既相互联系又可互相转化的任一组几何要素确定。在投影图上也可以用它们的投影来表示平面。

(1)不在同一直线上的三点(图 3-19a);

(2)一条直线和线外一点(图 3-19b);

(3)两相交直线(图 3-19c);

(4)两平行直线(图 3-19d);

(5)任意平面图形(如三角形、圆或其他图形),图 3-19e 以三角形表示。

2.平面图形的投影图画法

从图 3-19e 可见,平面图形的边和顶点,是由一些线段(直线段或曲线段)及其交点组成。因此,平面图形的投影,就是组成平面图形的线段及其顶点的投影。画平面图形的投影图,如图 3-20 所示。

(1)根据给定的各顶点的坐标值,先画出平面图形各顶点的投影;

(2)然后将各顶点的同面投影依次连线,即为平面图形的投影。

3.平面图形的轴测图画法

平面图形的轴测图,实质上是组成平面图形的各线段及其顶点的轴测图。

作平面图形的轴测图,如图 3-21 所示,可采用坐标法分别作出平面图形各顶点的空间位置,然后连接各顶点即得:

(1)根据给定的各顶点的坐标值,作出平面图形各顶点的投影;

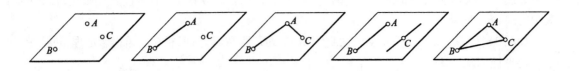

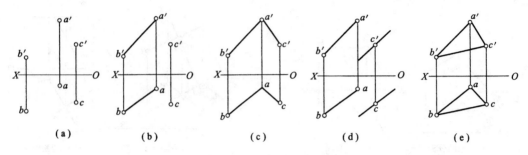

图 3-19　几何要素表示平面

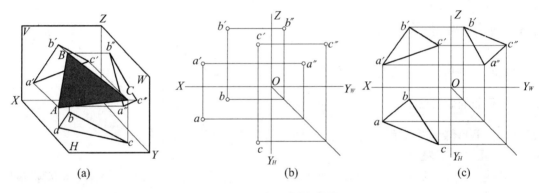

图 3-20　平面图形的投影

（2）用直线依次连接各顶点的同面投影，再由三面投影返回空间，求出平面图形各顶点的轴测图；

（3）用直线依次连接所得各顶点的轴测图，即得平面图形的轴测图。

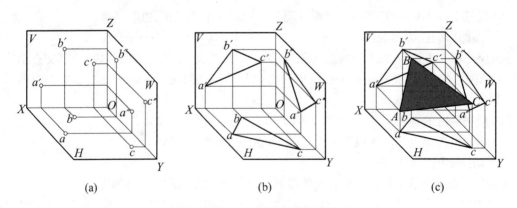

图 3-21　平面图形的轴测图作法

3.3.1.2 用迹线表示平面

空间平面与投影面的交线,称为平面的迹线。用迹线表示的平面叫作迹线平面。平面的迹线是投影图中用以表示平面空间位置的另一种方法。

如图 3-22a 所示,空间平面 P 与 H 面的交线,称为平面 P 的正面迹线,用 P_V 表示;平面 P 与 H 面的交线,称为平面 P 的水平迹线,用 P_H 表示;平面 P 与 W 面的交线,称为平面 P 的水平迹线,用 P_W 表示。平面 P 与投影轴的交点,也就是两条迹线的交点,称为迹线集中点,它们对应 OX、OY、OZ 轴的交点分别用 P_X、P_Y、P_Z 表示,它们分别是平面 P 与其中两投影面的三面共有点。

迹线是在投影面上的直线。因此,在三面投影中,迹线的一个投影在该投影面上与迹线自身重合,另两投影在投影轴上。用迹线表示平面,一般只将各迹线与其自身重合的那个投影画出,并用符号标记,如图 3-22b 所示;在投影轴上的那两个投影不需画出,也不另标符号。

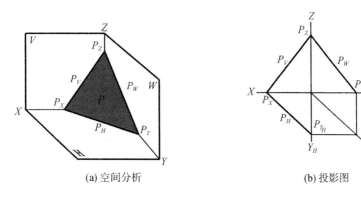

(a) 空间分析　　　　　　　　(b) 投影图

图 3-22　平面的迹线

对特殊位置平面,可用两段短的粗实线表示有积聚性的迹线,必要时中间以细实线连接,并在两端标以符号,可不画其无积聚性的迹线(如表 3-3、表 3-4 所示)。

3.3.2　各种位置平面的投影特性

空间平面在三个投影面体系中,根据其对投影面的相对位置有:一般位置平面、投影面平行面和投影面垂直面。后两种平面合称特殊位置平面。

3.3.2.1　一般位置平面

对三个投影面都处于倾斜的平面,称为一般位置平面。如图 3-23 所示,形体上的表面 $\triangle ABC$ 为一般位置平面。其投影特性有:

(1)各个投影均为相仿图形;

(2)各个投影均不反映该平面的实形,也不反映该平面对投影面的倾角。

图 3-24 所示为图 3-23 所示形体表面 $\triangle ABC$ 的三个投影,$\triangle abc$、$\triangle a'b'c'$ 和 $\triangle a''b''c''$ 均为 $\triangle ABC$ 的相仿图形。

3.3.2.2　特殊位置平面

1.投影面平行面

(1)空间位置

平行于一个投影面(必与另两个投影面都垂直)的平面称为投影面平行面。有三种情况:

平行于 H 面(必同时垂直于 V 面和 W 面的平面),称为水平面;

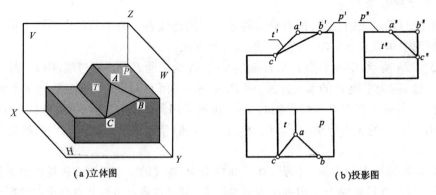

(a)立体图　　　　　　　　　　(b)投影图

图 3-23　平面的投影特性

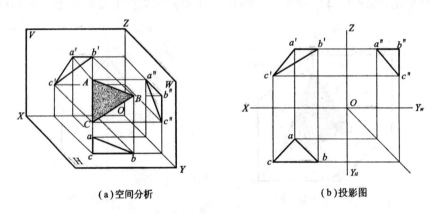

(a)空间分析　　　　　　　　　　(b)投影图

图 3-24　一般位置平面的三面投影图

平行于 V 面(必同时垂直于 H 面和 W 面的平面),称为正平面;

平行于 W 面(必同时垂直于 V 面和 H 面的平面),称为侧平面。

如图 3-25 所示,该形体上的平面 P 平行于 H 面,是水平面。

(2)投影特性

投影面平行面在所平行的投影面上的投影反映实形;

另外两个投影积聚成直线段,且分别平行于相应投影轴。

图 3-25 所示为图 3-23 所示水平面 P 的三面投影图,其中,H 面投影 p 反映实形;V 面投影 p' 与 W 面投影 p'' 均积聚为直线段,且 $p' \parallel OX$,$p'' \parallel OY_W$。

在表 3-3 中分别列出了水平面、正平面和侧平面的投影图、投影特征及投影特性。

对于投影面平行面,画图时一般应先画出反映实形的投影;看图时,根据给出的一个成线框的投影,如另一个是积聚性投影且平行于投影轴,就可判定该平面图形为投影面平行面,它平行于投影为线框的投影面,该线框反映平面的实形。

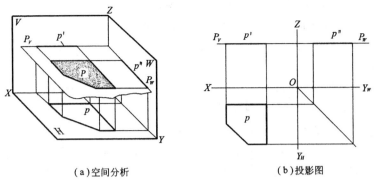

（a）空间分析 （b）投影图

图 3-25 水平面的三面投影图

表 3-3 投影面平行面

位置	三投影图	迹线表示	特征	特性	轴测图
水平面			正面的积聚投影平行于 OX 轴,侧面的积聚投影平行于 OY_W 轴	水平投影反映实形	
正平面			水平面的积聚投影平行于 OX 轴,侧面的积聚投影平行于 OZ 轴	正面投影反映实形	
侧平面			正面的积聚投影平行于 OZ 轴,水平面的积聚投影平行于 OY_H 轴	侧面投影反映实形	

①平面在它所平行的投影面上的投影反映实形
②平面的其他两个投影都具有积聚性,且分别平行于与该平面平行的两投影轴

2. 投影面垂直面

（1）空间位置

垂直于一个投影面而与另外两个投影面都倾斜的平面称投影面垂直面。投影面垂直面有三种:

垂直于 H 面,而倾斜于 V 面和 W 面的平面,称为铅垂面;

垂直于 V 面,而倾斜于 H 面和 W 面的平面,称为正垂面;

垂直于 W 面,而倾斜于 H 面和 V 面的平面,称为侧垂面。

如图 3-23 所示,该形体上的表面 T 垂直于 V 面,而倾斜于 H 面和 W 面,是正垂面。

(2)投影特性

投影面垂直面在所垂直的投影面上的投影积聚为一线段,且与投影轴倾斜;所夹角度反映该平面对另外两个投影面倾角的真实大小;

另外两投影面上的投影为该平面的相仿图形。

图 3-26 所示为图 3-23 所示表面 T 的三面投影图,其中,V 面投影 t' 积聚为一直线段,该倾斜的直线段与 OX、OZ 两轴间的夹角分别反映平面 T 与 H 面和 W 面的夹角;H 面投影 t 与 W 面投影 t'' 均为相仿图形。

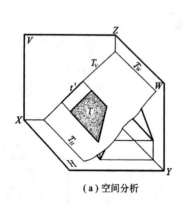

(a)空间分析

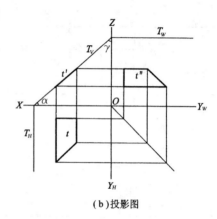

(b)投影图

图 3-26　正垂面的三面投影图

在表 3-4 中分别列出了铅垂面、正垂面和侧垂面的投影图、投影特征及投影特性。

表 3-4　投影面垂直面

位置	三投影图	迹线表示	特征	特性	轴测图
铅垂面			水平投影积聚为斜直线	水平投影反映铅垂面的 β 角和 γ 角,$\alpha = 90°$	
正垂面			正面投影积聚为斜直线	正面投影反映正垂面的 α 角和 γ 角,$\beta = 90°$	

56

位置	三投影图	迹线表示	特征	特性	轴测图
侧垂面		P_V P_H	侧面投影积聚为斜直线	侧面投影反映侧垂面的 α 角和 β 角，$\gamma=90°$	

①平面在所垂直的投影面上的投影，积聚成倾斜于投影轴的直线，并反映该平面对其他两个投影面的倾角
②平面的其他两个投影都是面积缩小了的相仿图形

对于投影面垂直面，画图时一般应先画出有积聚性的投影，然后画出两个相仿图形的投影；看图时，根据给出的一个成线框的投影，如另一个是积聚性的投影且为倾斜直线，就可判定该平面图形为投影面垂直面，它垂直于斜线段所在投影面。

从上述对各种位置平面投影特性的分析可见，平面图形的三个投影中，至少有一个投影是封闭线框。也就是说，投影图上的一个封闭线框，在一般情况下就表示空间一个面的投影。

上述的特殊位置平面有两个或一个投影积聚为一直线，我们称这一投影为具有积聚性的投影或简称积聚投影，意为平面上的点、线或其他平面图形的投影均重合于这一直线上，即它具有积聚性。

3.4 平面上的直线和点

3.4.1 直线和点在平面上的几何条件和投影特性

3.4.1.1 直线在平面上
（1）若一直线通过平面上的两点，则此直线在该平面上。

如图 3 - 27a 所示，在两相交直线 AB 与 BC 给定的平面上，在 AB、BC 上分别取两点 D、E，连接 DE，则直线 DE 在给定的平面上。投影图作图如图 3 - 28 所示，过 AB、BC 分别取 $D(d, d')$ 和 $E(e, e')$，连接 D、E 的同面投影，则所得直线 $DE(de, d'e')$ 必在该给定平面上。

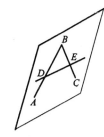

(a) 通过平面上两点

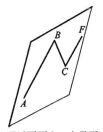

(b) 通过平面上一点且平行于该平面上一直线

图 3 - 27 平面上的直线

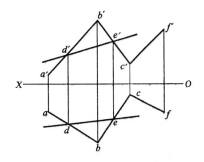

图 3 - 28 取平面上的直线

57

(2)若一直线通过平面上一点,并且平行于平面上另一直线,则此直线必在该平面上。

如图 3 - 27b 所示,在两相交直线 AB 与 BC 给定平面上,过点 C 作直线 $CF /\!/ AB$,则 CF 必在给定平面上。投影图作图如图 3 - 28 所示,过点 $C(c,c')$ 作直线 $CF /\!/ AB(ab /\!/ cf, a'b' /\!/ c'f')$,则 $CF(cf,c'f')$ 必在该给定平面上(图 3 - 27)。

3.4.1.2 点在平面上

若点在平面上的任一直线上,则该点必在该平面上。由此,位于平面上的点的各面投影,必在该平面上通过该点的直线的同面投影上。

所以,要在平面上取点,必须在平面上作一辅助线,然后,在辅助线的投影上取得点的投影,此称为辅助线法。

例 3 - 6 如图 3 - 29a 所示,已知平面 $\triangle ABC$ 上一点 K 的 H 面投影 k,试求作点 K 的 V 面投影 k'。

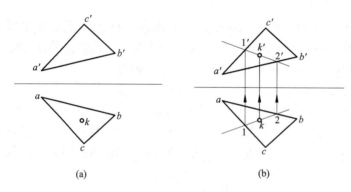

图 3 - 29　在平面上取点的方法

1. 分析

因为点 K 在平面 $\triangle ABC$ 上,点 K 必在该平面的直线上,所以,只要作出通过点 K 的任一在该平面上的直线,则点 K 必在所作直线上。而通过点 K 的直线,其 H 面投影必通过 k。

2. 作图

(1)过 $\triangle ABC$ 上点 K 任意做出一条辅助直线Ⅰ Ⅱ,过点 K 的 H 面投影 k 所作直线分别交 ac、ab 于 1、2。

(2)求得该直线的 V 面投影 $1'2'$,则 k' 应在 $1'2'$ 上。依据点的投影规律过 k 作垂直 OX 轴的投影连线交 $1'2'$ 就得 k'(图 3 - 29b)。

例 3 - 7 如图 3 - 30a 所示,已知一平行四边形 $ABCD$:

(1)试判定点 K 是否在该平面上;

(2)已知平面上一点 E 的 V 面投影 e',试求作出其 H 面投影。

1. 分析

判定点是否在该平面上,以及求作平面上点的投影,可利用点在平面上的投影特性确定。

2. 作图

(1)判断点 K 是否在已知平面上。连接 $c'k'$ 并延长交 $a'b'$ 于 f',求出其 H 面投影 cf。CF 是平面上的一条直线,若点 K 在直线 CF 上,则 k、k' 必在直线 CF 的同面投影上。如图3 - 30b 所示,k 不在 cf 上,故知点 K 不在该平面上。

(2)求作点 E 的 H 面投影 e。连接 $a'e'$ 交 $c'd'$ 于 g',由于点 E 在平面上,故点 E 在 AG 上,

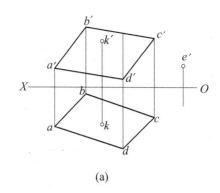

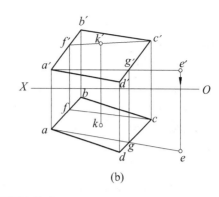

(a)　　　　　　　　　　　　　　(b)

图 3-30　在平面上取点

即 e 在 ag 上。因此,过 e' 作垂直于 OX 轴的投影连线,交 ag 延长线于 e,即为所求点 E 的 H 面投影。

例 3-8　如图 3-31a 所示,已知平面五边形 $ABCDE$ 的 H 面投影 $abcde$ 和 V 面投影 $a'b'c'$,又知其中 $ab /\!/ cd$,试完成五边形的 V 面投影。

1. 分析

若两直线相互平行,则其同面投影相互平行,据此可求得 d';又若点在直线上,则该点的投影必在直线的同面投影上,据此可利用平面上的辅助线求得 E。

2. 作图(图 3-31b)

(1) 求 d'。过 c' 作 $c'd' /\!/ a'b'$,并由 d 所作竖直投影连线,即得 d';

(2) 求 e'。连 ac 与 be 相交于 f,连 $a'c'$,自 f 作竖直投影连线与 $a'c'$ 相交于 f',连接 $b'f'$ 并延长,使与自 e 所作竖直投影连线相交得 e',即为所求。

(3) 连接 $a'e'$、$e'd'$,即完成五边形的 V 面投影。

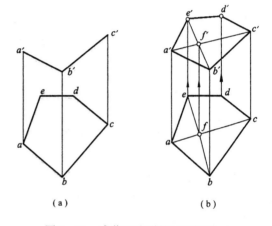

（a）　　　　　　　　（b）

图 3-31　求作五边形的正面投影

在平面上取线、取点是图解法的基础作图法,应用甚为广泛,读者应该熟练掌握。

3.4.2　平面上的投影面平行线

平面上平行于投影面的直线称为平面上的投影面平行线。如图 3-32 所示,有三种情况:

(1) 平面上的水平线　该平面上平行于 H 面的直线;

(2) 平面上的正平线　该平面上平行于 V 面的直线;

(3) 平面上的侧平线　该平面上平行于 W 面的直线。

平面上的投影面平行线的投影,既有投影面平行线所具有的投影特性,又具有平面上的直线的性质。即:在所平行的投影面上的投影反映线段实长,另外两个投影平行于相应的投影轴,并反映线段到所平行的投影面的实际距离;同时,通过该平面上两点,或通过该平面上一点且平行于该平面的任一直线。

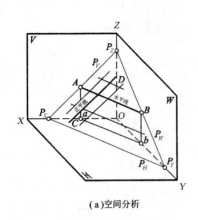

（a）空间分析

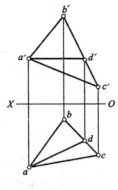

（b）平面上的水平线

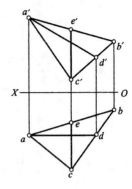

（c）平面上的正平线与侧平线

图3-32 平面上的投影面平行线

例3-9 如图3-33所示,已知平面△ABC：

（1）试过点 A 作属于该平面的正平线；

（2）试在△ABC 平面上作一条与 H 面距离为 D 的水平线 MN。

1. 分析

平面上的投影面平行线,其中有一个投影平行于投影轴,且该投影到投影轴的距离等于该直线到对应投影面的距离。即:正平线的 H 面投影平行于 OX 轴,该投影到

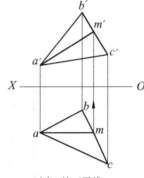

（a）过点A的正平线AM   （b）与H面距离为D的水平线MN

图3-33 平面上的投影面平行线

OX 轴的距离等于该直线到 V 面的距离;水平线的 V 面投影平行于 OX 轴,该投影到 OX 轴的距离等于该直线到 H 面的距离;水平线的 V 面投影平行于 OX 轴,该投影到 OX 轴的距离等于该直线到 H 面的距离。

2. 作图

（1）如图3-33a 所示,过点 A 作属于该平面的正平线。为此,过点 A 的 H 面投影 a 作 am 平行于 OX 轴与 bc 交于 m,过 m 作竖直投影连线交 b'c'于 m',连接 a'm',则 AM(am,a'm') 即为所作正平线。

（2）如图3-33b 所示,在△ABC 平面上作一条与 H 面距离为 D 的水平线 MN。为此,在△a'b'c'上作 m'n'平行于 OX 轴,且距离 OX 轴等于 D。由 m'、n'分别作竖直投影连线,求出直线的 H 面投影 mn,则 MN(mn,m'n') 即为所求水平线。

本章小结

本章是投影理论的基础部分,要掌握立体的投影,必须掌握点、线、面及其相对位置的投影特性,以及平面上取点、取线的基本投影作图方法。这将会对今后进一步学好本课程打下良好的基础。

一、点的投影

1. 点在三投影面体系中的投影

在三投影面体系中,空间点 A 的位置由 x_A、y_A、z_A 三个坐标确定;点 A 在 H 面、V 面、W 面的投影分别为 a、a'、a'',每一个投影反映两个坐标值;当某一坐标值为零时,则该点必在相应的投影面上;当两个坐标值为零时,则该点必在相应的投影轴上。

2. 在三投影面体系中,空间点的投影规律

(1)点的正面投影和水平投影的连线垂直于 OX 轴,即 $aa' \perp OX$;

(2)点的正面投影和侧面投影的连线垂直于 OZ 轴,即 $a'a'' \perp OZ$;

(3)点的水平投影到 OX 轴的距离等于侧面投影到 OZ 轴的距离,即 $aa_X = a''a_Z$。

3. 在三投影面体系中,空间两点的相对位置及重影点

空间两点 A、B 的相对位置取决于两点的坐标(x_A 与 x_B,y_A 与 y_B,z_A 与 z_B)的大小,两点的同面投影各反映两个坐标轴方向的坐标差;若其中两个坐标轴方向的坐标差等于零,则这两点在某一投影面上的投影重合,这两点称为该投影面的重影点。重影点的可见性,根据该两点之不重影投影反映的坐标大小来判定:同一坐标轴方向,坐标值大者为可见,小者为不可见。

二、直线的投影

1. 直线的投影

将直线上任意两点同面投影连线,就得该直线的投影。

2. 直线投影分类

根据直线对投影面的相对位置,可分为三类:任意斜直线;投影面平行线;投影面垂直线。前者又称一般位置直线;后两者又称特殊位置直线。

一般位置直线:在空间同时倾斜于三个投影面。其三个投影既不反映线段实长也不反映直线与投影面的倾角,为缩短了的倾斜直线。

投影面平行线:在空间平行于一个投影面,而倾斜于另外两个投影面。于所平行的投影面上的投影倾斜于投影轴,并反映线段实长,且反映直线与另两个投影面的倾角;另两个投影平行于相应的投影轴。

投影面垂直线:在空间垂直于一个投影面,而平行于另外两个投影面。于所垂直的投影面上的投影积聚为一点;另两个投影反映直线段实长,且与相应投影轴垂直。

3. 两直线的相对位置

两直线的相对位置有平行、相交、交叉三种情况:

平行两直线的同面投影都相互平行;

相交两直线的同面投影都相交,且投影的交点符合空间点(即两直线的交点)的投影规律;

投影不符合平行与相交两直线投影特性的空间两直线,为交叉两直线。

4. 直角投影定理

垂直相交两直线,当其中之一为投影面平行线时,则两直线在该投影面上的投影相互垂直。

三、平面的投影

1. 平面可以用几何要素表示

不在同一直线上的三个点;一直线和不在该直线上的一点;相交两直线;平行两直线;任意平面图形。亦可以用平面的迹线表示。

2. 平面的投影分类

平面对投影面的相对位置,可分为三类:任意斜平面;投影面平行面;投影面垂直面。前者又称一般位置平面;后两者又称特殊位置平面。

一般位置平面:在空间同时倾斜于三个投影面。三个投影既不反映平面实形,也不反映平面与投影面的倾角,为缩小了的相仿图形。

投影面平行面:在空间平行于一个投影面,而垂直于另外两个投影面。于平行的投影面上的投影反映实形;另两个投影均积聚为一直线,有积聚性,且与相应的投影轴平行。

投影面垂直面:在空间垂直于一个投影面,而倾斜于另外两个投影面;于垂直的投影面上的投影积聚为斜直线,有积聚性,且反映平面与另两个投影面的倾角;另两个投影为空间平面的相仿图形。

3. 平面上的直线和点,依据下列性质确定

(1)点在直线上,则点的投影在直线的同面投影上;直线上的点分割线段之比等于其投影之比。

(2)若一条直线通过平面上的两点,则此直线必在该平面上。

4. 平面上的投影面平行线

平面上的投影面平行线,既在平面上又与投影面平行;在同一平面上对 H 面、V 面、W 面都分别有相应的投影面平行线。

第4章 立体及表面交线

在实际中,如房屋(图4-1)、水塔(图4-2)或一般工程部件等,都是由棱柱、棱锥、圆柱、圆锥、圆球、圆环等基本形体,或带切口、切槽等结构的不完整的基本形体所组成的组合体。任何复杂的形体,都可以经过形体分析,将其分解为若干基本形体。

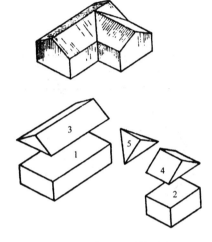

图4-1 房屋的形体分析
1,2—四棱柱;3,4—三棱柱;5—三棱锥

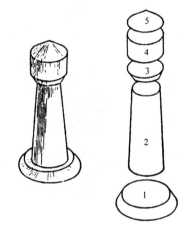

图4-2 水塔的形体分析
1,2—圆锥台;3—倒圆锥台;4—圆柱;5—圆锥

根据立体的表面性质,基本形体分为两类:

(1)平面立体:由若干平面所围成的几何体。如图4-1所示,房屋由四棱柱、三棱柱、三棱锥等平面立体组合而成。

(2)曲面立体:由曲面或曲面和平面所围成的几何体。如图4-2所示,水塔由圆锥台、倒圆锥台、圆柱、圆锥等曲面立体组合而成。

本章主要介绍基本形体的形体特征、三面投影图投影分析与画法、立体表面取点、取线及图解立体的表面交线等基本作图方法,为分析、图示组合体打下基础。

4.1 平面立体

平面立体主要有棱柱和棱锥等。

由于平面立体是由平面围成,在投影图上表示平面立体,就是把组成立体的棱面与棱线,根据其可见性表示出来。所以,图示平面立体就转化为一组平面多边形的投影问题,又可归结为绘制它的棱线与各顶点投影的作图问题。而平面立体表面取点、取线的作图方法,也就是平面上取点、取线基本作图方法的应用。

应该指出,如果逐个绘制组成平面立体的平面的投影图,将是很繁琐的。应该通过分析形体的结构特点,找出平面的排列规律,根据其规律绘制,以使作图过程简化。

4.1.1 棱柱体的投影及表面取点

棱柱体一般由上、下底面和棱面组成。

在三投影面体系中,为便于图示,一般放置上、下底面为投影面平行面,其他棱面为投影面平行面或投影面垂直面。然后从"面"出发,先画出各平面具有积聚性投影,再画出它们的其他的投影。

棱柱体的三面投影特征,一般是一个多边形投影对应两个由若干矩形组成的投影。

例 4 - 1 图 4 - 3 所示为正六棱柱的三面投影,及表面上取点的投影作图。

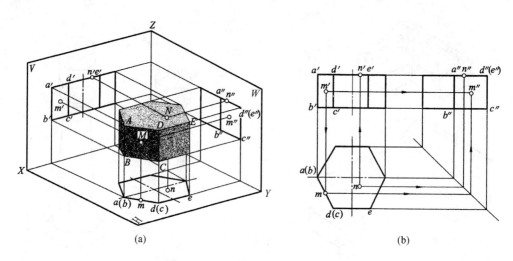

(a)   (b)

图 4 - 3　正六棱柱的投影及表面取点

1. 分析

(1)形状特征分析

正六棱柱体的上、下底面(正六边形)为水平面;前、后棱面为正平面;左、右四个棱面均为铅垂面。

(2)投影分析

①H 面投影:反映上、下底面的实形,为正六边形;组成正六边形的直线段,也就是棱柱体的六个棱面的积聚投影。正六边形的六个顶点,也就是六条为铅垂线的棱线的积聚投影。

②V 面投影:投影为三个矩形。其中,中间矩形为前、后棱面的重合投影;另两个矩形,左边一个为左侧前、后棱面的重合投影,右边一个为右侧前、后两棱面的重合投影,它们均为相仿图形。而上、下底面的投影积聚为直线段。

③W 面投影:投影为两个矩形,分别是左、右四个铅垂棱面的重合投影;而前、后棱面和上、下底面之投影均积聚为直线段。

2. 作图

从以上投影分析可见,组成正六棱柱的平面分别是投影面的平行面或垂直面。因此,作图从"面"出发,先画出各棱面的积聚投影,即正六棱柱的 H 面投影,然后按投影关系分别绘制另外两个投影。

3. 表面上取点

在平面立体表面取点,其作图的原理和方法是采用平面上取点的基本作图方法。

如图 4 - 3 所示,正六棱柱的表面都处在特殊位置,所以,其表面上取点可利用积聚性投影直接作图。如图所示,已知 ABCD 棱面上点 M 的 V 面投影 m′,求其 H 面投影 m 和 W 面投影 m″。由于棱面 ABCD 为铅垂面,其 H 面投影 abcd 有积聚性,所以,点 M 的 H 面投影 m 必在其积聚投影 abcd 上,过 m′ 作 OX 轴的垂直线,直接求出 m。根据 m 与 m′ 即可求出 m″。

同理,如图 4 - 3 所示,已知顶面上点 N 的 H 面投影 n,也可用同一方法求出 n′ 和 n″。

4.1.2 棱锥的投影与表面取点

棱锥的形状特征是,它的表面由底面和若干棱面围合而成,棱面可以是投影面垂直面、投影面平行面或一般位置平面,所有的棱线汇交为一顶点。所以,作图可以从"点"出发,先画出组成平面的各顶点的投影,然后再用直线把它们联结起来。

例 4 - 2 如图 4 - 4 所示,为正四面体的投影及表面上取点的作图。

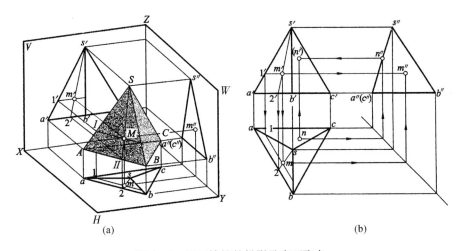

图 4 - 4　正三棱锥的投影及表面取点

1. 分析

(1)形状特征

图示正四面体,其底面为等边三角形,是水平面;其他三棱面也是等边三角形,且同交于顶点 S。其中,SAC 棱面为侧垂面,另两棱面为一般位置平面。棱线 AB、BC 为水平线,AC 为侧垂线,SB 为侧平线,SA、SC 为一般位置直线。

(2)投影分析

①H 面投影:底面投影反映实形,即为等边三角形;三个棱面投影均为相仿图形;顶点 S 投影重合于等边三角形的垂心。

②V 面投影:底面投影积聚为一直线段,左、右棱面投影均为相仿图形,且与后棱面的投影重合,后棱面的投影也是相仿图形;SA、SB、SC 三棱线投影交于顶点 s′。

③W 面投影:底面和后棱面投影分别积聚为一直线段,左、右棱面投影均为相仿图形,且相互重合。

2. 作图

由于底面为水平面,先作其反映实形的投影,并作出其 V 面投影和 W 面投影;而三个棱面,SAC 为侧垂面,另两侧面均为一般位置平面,故从"点"出发,先做出顶点 S 的三面投影,再与底面三角形顶点 A、B、C 的同面投影联结:点 S 的 H 面投影 s 与底面 △abc 之垂心重合,可直接用几何作图求出;根据正四面体的高(顶点 S 至底面的距离)由 s 按投影关系得 s′ 和 s″;最后,将顶点 S 和底面三角形顶点 A、B、C 的同面投影联结,即得正四面体的三面投影图。

  3. 表面上取点

  组成正四面体的表面有特殊位置平面,也有一般位置平面。特殊位置平面上的点的投影,可利用积聚投影直接作图;一般位置平面上的点的投影,需作辅助线求得。

  例如图 4-4 所示,M、N 两点分别在棱面 SAB 和 SAC 上,如已知点 M 的 V 面投影 m′ 和点 N 的 H 面投影 n,分别求作 M、N 两点的其他两个投影。

  (1)求作点 M 的 H 面投影和 W 面投影:由于棱面 SAC 为一般位置平面,过顶点 S 及点 M 作一条辅助直线 SⅡ,然后求出点 M 的 H 面投影 m,再根据 m′ 和 m 求得 m″;还可过点 M 在棱面 SAB 上作平行 AB 的直线(水平线)ⅠM,即作出 1′m′ // a′b′,1m // ab,求出 m,再从 m、m′ 求出 m″。

  (2)求作点 N 的 V 面投影和 W 面投影:由于棱面 SAC 是侧垂面,其 W 面投影 s″a″(c″)具有积聚性,因此,n″ 必在 s″a″(c″)上,再由 n、n″ 求得 n′。

4.2 回转体

  曲面是由直线或曲线在一定约束条件下运动而形成的。产生曲面的动线,称为曲面的母线。母线在曲面上的任一位置,称为曲面的素线。母线运动时所受的约束,称为运动的约束条件。约束母线运动的线或面,分别称为导线或导面。由于母线的不同,或者约束条件的不同,形成的曲面也不同。

  根据母线是直线还是曲线,曲面可分为直纹曲面和曲纹曲面。由直母线形成的曲面,称为直纹曲面;由曲母线形成的曲面,称为曲纹曲面。应当指出,同一曲面可以有不同的方法形成。例如,图 4-5a 所示的圆柱面可以认为是直母线绕轴回转而形成,为直纹回转面;也可以认为是由一个圆沿着过圆心的直导线平移而形成。对这类曲面根据其直纹曲面的主要属性,一般把它归在直纹曲面。

  根据母线运动时有无轴线,曲面又分为回转面和非回转面。如图 4-5 所示,由一条母线(直线或曲线)围绕轴线回转而形成的表面,称为回转面。在回转过程中,母线上任一点的运动轨迹为圆,称为纬圆,纬圆所在的平面垂直于回转轴。如图 4-5b 所示,回转面上直径最小的纬圆称为喉圆(或颈圆),最大的纬圆称为赤道圆。

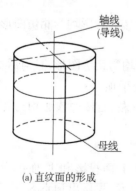

(a) 直纹面的形成

(b) 曲线面的形成

图 4-5 回转面

由回转面或回转面与平面所围成的立体,称为回转体。常见的回转体有:圆柱、圆锥、圆球、圆环等。本章主要讨论回转体。

在投影图上表示回转体,就是将组成立体的回转面和平面表示出来。因此,画其投影图时一般画出曲面的可见部分与不可见部分的分界线,称为投影轮廓线。其画法与回转面的形成条件有关。所以在画图和看图时,应该抓住回转面的形成规律、回转面的投影轮廓线与回转曲面上特定位置的素线或纬圆的投影对应关系。

在曲面表面上定点,同样需要先作出表面上通过该点的一根辅助线。对于回转面,最便于作图的辅助线是曲面的素线或纬圆。

4.2.1 圆柱体

4.2.1.1 形成

如图 4-6 所示,一条直线 AB 绕与它平行的固定轴线 OO 回转而形成的曲面称为圆柱面。轴线 OO 称为回转轴,直线 AB 称为母线,母线的任一位置称为素线。

4.2.1.2 投影

如图 4-7a 所示,为一水平横放的圆柱(圆柱轴线垂直 W 面),其表面由圆柱面和左、右两个底面(平面)所组成。

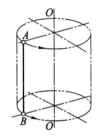

图 4-6 圆柱面的形成

1. W 面投影

圆柱体的 W 面投影为一个圆。由于圆柱面垂直于 W 面,即圆柱面上的素线均垂直于 W 面,故其 W 面投影积聚为一圆周,具有积聚性。也就是说,圆柱面上的点和线,在与圆柱面垂直的投影面上的投影,都积聚在这圆周上。该圆也是圆柱两底面(侧平面,反映实形)的 W 面投影。

2. V 面投影

圆柱体的 V 面投影为一个矩形线框。矩形的左、右两竖直边是圆柱面的左、右两个底面的积聚性投影;上、下水平边是圆柱面的最上素线 AA 和最下素线 BB 的 V 面投影(a'a' 和 b'b')。它们把圆柱面分为前半部分和后半部分,在 V 面投影中前半部分可见,后半部分不可见。

3. H 面投影

圆柱体的 H 面投影为一矩形线框。矩形的左、右两竖直边是圆柱面的左、右两个底面的积聚投影;上、下水平边是圆柱面的最前素线 CC 和最后素线 DD 的 H 面投影(cc 和 dd)。它们把圆柱面分为上半部分和下半部分,在 H 面投影中上半部分可见,下半部分不可见。

4.2.1.3 画法

圆柱面的三面投影特征为一个圆对应两个矩形线框。具体作图步骤:

(1)画出圆的中心线及圆柱轴线的投影;

(2)在 W 面上画出圆周(圆柱面的积聚投影及圆柱两底面的投影),圆的直径等于圆柱体直径。

(3)在 H、V 面上,分别画出左、右两底面的积聚投影,其距离等于圆柱的轴向长度尺寸。

(4)在 H、V 面上,分别画出对应素线的投影。

4.2.1.4 表面上取点

如图 4-7 所示,假设已知圆柱面上一点 M 的正面投影 m',求作点 M 的水平投影 m 和侧

面投影 m''。

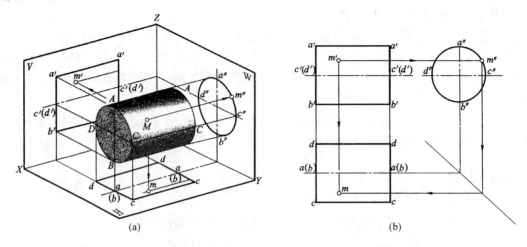

图 4 - 7　圆柱的投影及表面取点、取线

由于圆柱面的 W 面投影有积聚性,因此,点 M 的 W 面投影 m'' 应积聚在圆周上。由此,直接求得 m'',然后,根据 m' 和 m'' 按投影规律求出 m。

圆柱形结构在现代建筑和园林小品中得到大量采用。图 4 - 8 是应用实例。

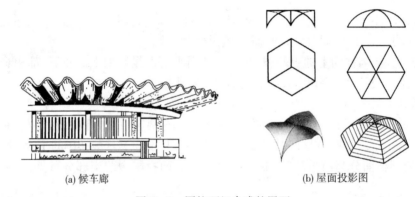

(a) 候车廊　　　　　　　　　(b) 屋面投影图

图 4 - 8　圆柱面组合成的屋面

4.2.2　圆锥体

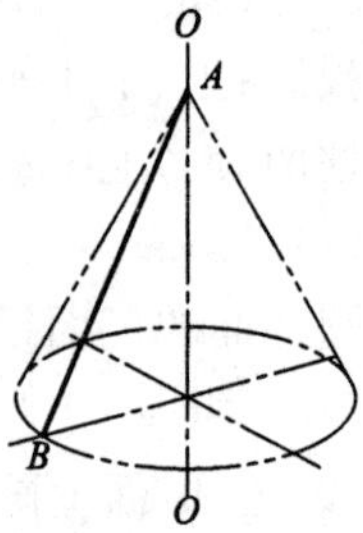

如图 4 - 9,圆锥面是一条直线 AB(母线)绕与它相交的固定轴线 OO 回转而形成的曲面。

4.2.2.1　形成

圆锥体由圆锥面与底平面组成。

4.2.2.2　投影

图 4 - 10 所示圆锥轴线为铅垂线,底平面为水平面。

1. H 面投影

图 4 - 9　圆锥面的形成

圆锥的 H 面投影为一圆,它是可见的圆锥面的水平投影,也是不可见的底圆面的水平投影,反映圆锥底圆面的实形,它们互相重合。这圆的对称中心线的交点就是锥顶的水平投影。

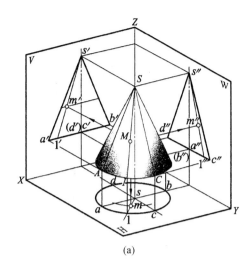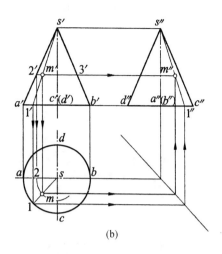

图 4-10　圆锥的投影及表面取点

2. V、W 面投影

圆锥的 V、W 面投影都是等腰三角形。其底边为圆锥底圆面的积聚投影,两腰是圆锥面不同素线的投影,V 面投影是锥面最左、最右素线 SA、SB 的投影 s'a' 和 s'b'(反映实长),它们是圆锥面的前、后两半部分在 V 面投影可见与不可见的分界线,对应的 H 面投影重合在圆的水平中心线上;W 面投影是锥面最前、最后素线 SC、SD 的投影 s"c" 和 s"d"(反映实长),它们是圆锥面的左、右两半部分在 W 面投影可见与不可见的分界线。对应的 H 面投影重合在圆的竖直中心线上。

4.2.2.3　画法

圆锥体三面投影特征为一个圆对应两个等腰三角形(由圆锥面投影轮廓线和底面的积聚投影围成)。具体作图步骤:

(1)画出圆的中心线及轴线的投影;

(2)画出圆锥底面圆的三面投影;

(3)画出圆锥顶点 S 的三面投影;

(4)画出圆锥面投影的轮廓线。

4.2.2.4　表面上取点

如图 4-10 所示,已知圆锥面上点 M 的 V 面投影 m',求 H 面投影 m 和 W 面投影 m"。

可采用两种作图方法:

1. 辅助素线法

过锥顶 S 和点 M 作一辅助素线,并延长交圆锥底面圆周于点 Ⅰ 得 SⅠ,其 V 面投影为 s'1';由此,求出 SⅠ 的 H 面投影 s1 和 W 面投影 s"1";再根据点在直线上的投影特性,由 m' 求出 m 和 m"(图 4-10b)。

2. 辅助圆法

过点 M 作与轴线垂直的水平辅助圆,该圆在 V 投影面上的投影积聚为过 m' 且垂直轴线投影的直线 2'3'。该圆的 H 面投影反映实形,其直径等于 2'3',圆心为 s,点 M 的 H 面投影在该

69

圆周上,根据投影规律求得 m。再根据 m'、m 求得 m''(图 4 – 10b)。

如图 4 – 11 所示,圆锥面在现代建筑,特别是园林小品中得到广泛的应用。

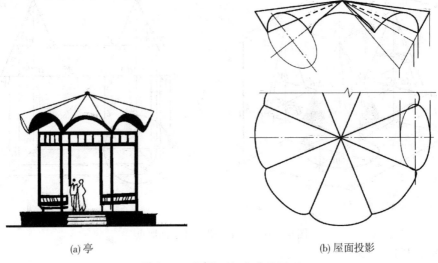

(a)亭   (b) 屋面投影

图 4 – 11 圆锥面组合成的层面

4.2.3 圆球

4.2.3.1 形成

一个圆(母线)绕过圆心的轴线回转而形成的曲面,称为球面(图 4 – 12)。

4.2.3.2 投影

如图 4 – 13,圆球的三面投影轮廓线都是一个大小相同的圆,其直径都等于球的直径。

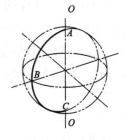

图 4 – 12 球面的形成

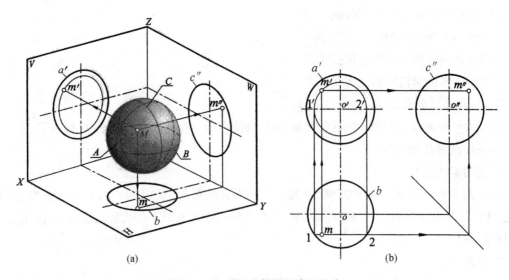

(a)   (b)

图 4 – 13 球面的投影及表面取点

70

1. V 面投影

V 面上的投影轮廓线 a′ 是球面上的正平大圆 A 的投影,这个圆也是可见的前半球面与不可见的后半球面的分界线;它分别与球面 H 面投影的水平的对称中心线和侧面投影的铅垂的对称中心线重合。

2. H 面投影

H 面上的投影轮廓线 b 是球面上的水平最大圆 B 的投影,这个圆也是可见的上半球面与不可见的下半球面的分界线;它的 V、W 面投影与它们的水平的对称中心线重合。

3. W 面投影

W 面上的投影轮廓线 c″ 是球面上的侧平最大圆 C 的投影,这个圆也是可见的左半球面与不可见的右半球面的分界线;它的 H、V 面投影都与它们的铅垂的对称中心线重合。

4.2.3.3 画法

圆球的投影特征为三个等径圆周。具体作图步骤为:

(1)确定球心的位置,画出圆的中心线。

(2)分别画出球面对三个投影面上的投影轮廓线——圆。

4.2.3.4 表面上取点

如图 4-13 所示,已知球面上点 M 之 H 面投影 m,求作 m′ 与 m″。

作图采用纬圆法,即过已知点在球面上作纬圆(可平行任一投影面)。因点在纬圆上,故点的投影必在纬圆的同面投影上。

具体作图方法:过点 M 作一个平行于 V 面的纬圆,该纬圆的 H 面投影积聚为通过 m 的一直线段 12,12∥OX(图 4-13b);它的 V 投影为直径等于 12 的圆,m′ 必在该圆周上。为此,由 m 作竖直投影连线交纬圆的 V 面投影于 m′(因 m 为可见,故取上部交点);再由 m、m′ 求作 m″。

如图 4-14 所示,圆球面在现代建筑和园林小品中都得到广泛的应用。

(a)亭

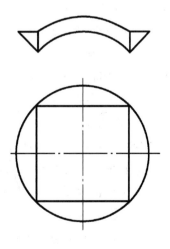

(b)屋面投影图

图 4-14　圆球面组合成的屋面

4.2.4 圆环

4.2.4.1 形成

一个圆或圆弧(母线)绕不通过圆心但与圆平面共面的轴线回转而形成的曲面,称为环面(图4-15)。

如图4-16,圆环的回转轴是铅垂线。圆母线在回转过程中,其外半圆圆周形成的是外环面,内半圆圆周形成的是内环面。

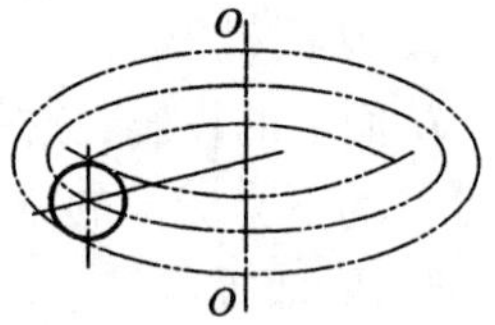

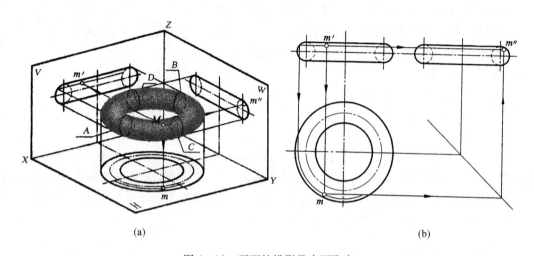

图4-15 环面的形成

4.2.4.2 投影

如图4-16,圆环的回转轴是铅垂线。圆环的三面投影:

(a)　　　　　　　　　　(b)

图4-16 环面的投影及表面取点

1. H面投影

对称中心线的交点是轴线的积聚性H面投影。两个同心圆,分别是母线最左、最右两点旋转形成的最大和最小水平纬圆的H面投影,这两个纬圆分别称为环面的赤道圆和颈圆,它们是可见的上环面与不可见的下环面的分界线。点画线圆为母线圆圆心旋转运动轨迹的H面投影,称为环面中心线圆。

2. V、W面投影

用点画线表示的左右对称线是轴线的投影;而赤道圆、颈圆、中心线圆的V、W面投影,都重合在用点画线表示的上下对称线上。V面投影的两个圆是圆环面上平行于V面的最左素线圆A和最右素线圆B的投影(位于内环面上的半圆不可见,画成中虚线);W面投影的两个圆是圆环面上平行于W面的最前素线圆C和最后素线圆D的投影(位于内环面上的半圆不可见,画成中虚线)。V、W面投影的上、下两水平线段是母线圆上最高、最低两点旋转形成的两个水平纬圆的投影。上、下两个水平纬圆是外环面和内环面的分界线。

4.2.4.3 画法

(1)用点画线画出轴线和中心线。

（2）画出 V 面和 W 面上最左最右和最前最后各素线圆的投影（判定可见性），同时画出母线圆上最高、最低两点运动轨迹的投影，即上、下两条外公切线。

（3）画出环面的 H 面投影。画出母线最左、最右两点的运动轨迹所形成的两个同心圆的 H 投影，并用点画线画出母线圆圆心轨迹的投影。

4.2.4.4 表面上取点

圆环面是回转面，母线绕轴线回转时，母线上任意一点的运动轨迹都是圆。所以，在圆环表面上定点采用的是纬圆法。

例 4 - 3 如图 4 - 16，已知环面上点 M 的正面投影 m′，求作 m 和 m″。

1. 分析

由于点 m′ 为可见，故点 M 在圆环上半部的前半外环面上。

2. 作图

过点 M 的 V 面投影 m′ 作一个水平辅助圆，其 V 面投影积聚为一垂直于轴线投影而与左、右两圆相交的直线，该直线与实线半圆两交点间的长度为外环面上所作圆的直径。由此，在外环面的 H 面投影上作出该圆周，过点 m′ 作 OX 轴垂线延长与该圆周前半相交于 m，再根据 m 和 m′ 求得 m″。

环面在现代建筑和园林小品中也应用广泛。

4.3 截交线

如图 4 - 17 所示，平面与立体表面的交线，称为截交线，该平面称为截平面。

4.3.1 截交线的性质

（1）立体的截交线是一个封闭的平面图形。

截交线的形状取决于被截立体的表面性质，以及立体和截平面的相对位置。截交线一般是封闭的平面折线（平面立体的截交线）、平面曲线或两者的组合（曲面立体的截交线）；且由于立体表面总是封闭的，因此截交线必定是封闭的。

（2）截交线是截平面与立体表面的共有线；截交线上的点是截平面与立体表面的共有点。

因此，求作截交线的实质，就是求出截平面与立体表面共有点的集合。

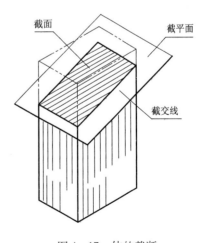

图 4 - 17 体的截断

4.3.2 平面立体的截交线

平面立体的截交线，是由直线段所组成的封闭的平面多边形。多边形的顶点是平面立体的棱线或底边与截平面的交点，它的边是截平面与立体表面的交线。因此，求平面立体的截交线的作图实质可归结为:求出立体的棱线或底边与截平面的交点,然后依次连接。可应用直线上的点的投影特性及平面上取点的基本作图方法作图。

例4-4 如图4-18所示,求作斜切六棱柱的截交线。

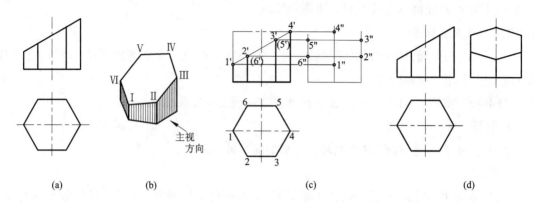

(a)　　　　　　(b)　　　　　　(c)　　　　　　(d)

图4-18　斜切六棱柱截交线作图

1. 分析

六棱柱被正垂面P斜切,截交线是垂直于V面的六边形 I II III IV V VI,其六个顶点分别是六条棱线与截平面的交点,分别在六条棱线上。在V面投影中,截平面积聚成一线段,它与六条棱线投影的交点就是截交线六个顶点的V面投影。在H面投影中,由于棱线都是铅垂线,截交线六个顶点的投影就积聚于正六边形的顶点。因此,只要直接利用截平面的积聚性及直线上的点的投影特性,求出截交线上六个顶点在各投影面上的投影,然后依次连接其同面投影,即得截交线的投影。

2. 作图

(1)由于截平面为正垂面,直接利用截平面P的积聚投影,求得其与六棱柱的六条棱线投影的交点 1′、2′、3′、4′、(5′)、(6′)(图4-18c)。

(2)根据直线上的点的投影特性,分别求出各顶点的H面投影 1、2、3、4、5、6 及W面投影 1″、2″、3″、4″、5″、6″(图4-18c)。

(3)依次连接各顶点的同面投影,即得截交线的投影(图4-18d)。

例4-5 如图4-19所示,画出中间开有一个三棱柱通孔的四棱台的H面投影图(图4-19a)。

1. 分析

四棱台中间的通孔垂直于正面,它的三个棱面与棱台的前后面均相交出一个三角形。其中,四棱台后棱面为正平面,其交线三角形的H面投影积聚在后棱面的投影上,无须作图,只需求出前棱面上交线三角形的H面投影,可根据平面上取点的原理和方法求出(图4-19c);另由于四棱台前后棱面均垂直于侧面,故于W面投影有积聚性,可利用W面投影求作(图4-19e)。

2. 作图

(1)先做出四棱台的V面投影图,并做出通孔的V面投影。

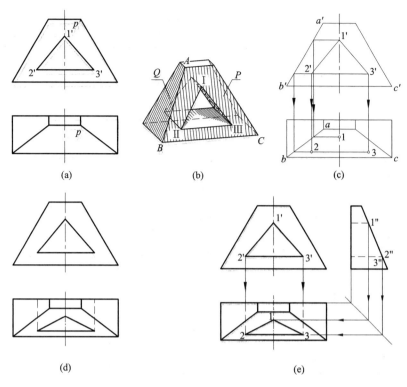

图 4－19　四棱锥台通孔的投影

（2）求△ⅠⅡⅢ通孔的 H 面投影。为此，运用平面上取点的方法，以平行于底面边线 BC 的直线为辅助线作图（图 4－19c、d）。

（3）也可根据通孔的 W 面投影，按投影关系求出 H 面投影 1、2、3 各点（图 4－19e）。

（4）依次连接所求得各点，即得△ⅠⅡⅢ的水平投影△123。

4.3.3　曲面立体的截交线

平面与曲面立体相交，截交线的形状取决于被截形体的表面几何形状及截平面与曲面立体的相对位置。截交线的形状一般是封闭的平面曲线，或平面曲线与直线结合的平面图形，特殊情况下也可能是平面多边形（表 4－1、表 4－2）。

4.3.3.1　平面与圆柱体相交

根据截平面相对于圆柱体轴线的不同位置，截平面与圆柱面的截交线有三种不同的形状（表 4－1）：

（1）当截平面平行于轴线时，截交线为两相互平行直素线。这时，截交线的投影可利用积聚性求出。

（2）当截平面垂直于轴线时，截交线为圆。这时，截交线的水平投影是圆（积聚于圆柱面之投影），其余两投影分别积聚为直线段。

（3）当截平面倾斜于轴线时，截交线为椭圆。这时，可求出截交线上若干个共有点的投影后，再用曲线板依次光滑连接各共有点的同面投影。

75

表 4 - 1　圆柱截交线

截平面位置	与 轴 线 平 行	与 轴 线 垂 直	与 轴 线 倾 斜
截交线形状	直　　线	圆	椭　　圆
轴测图	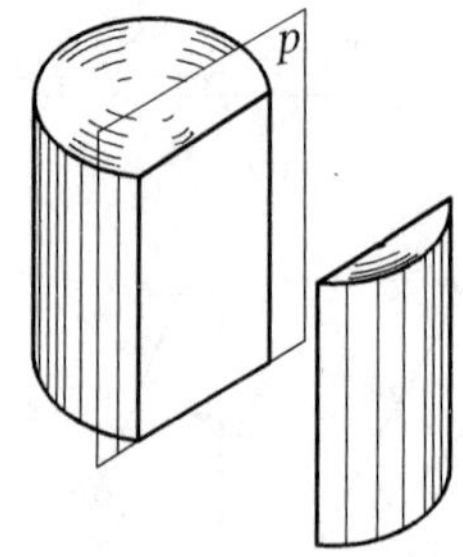	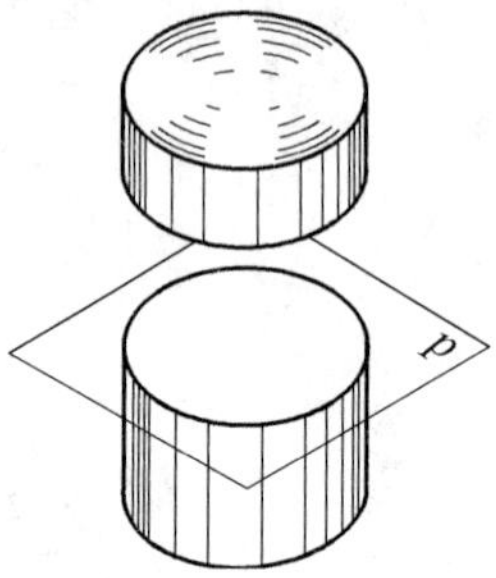	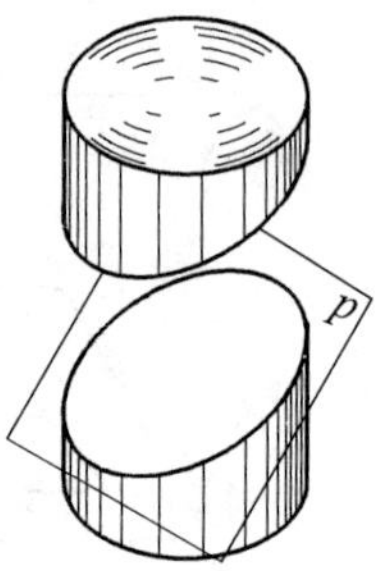
投影图	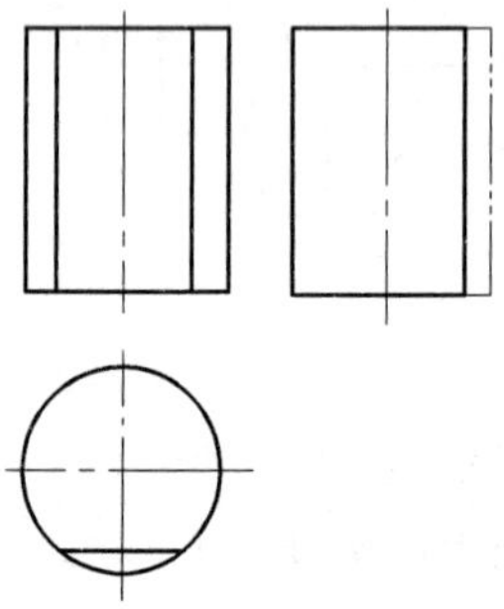	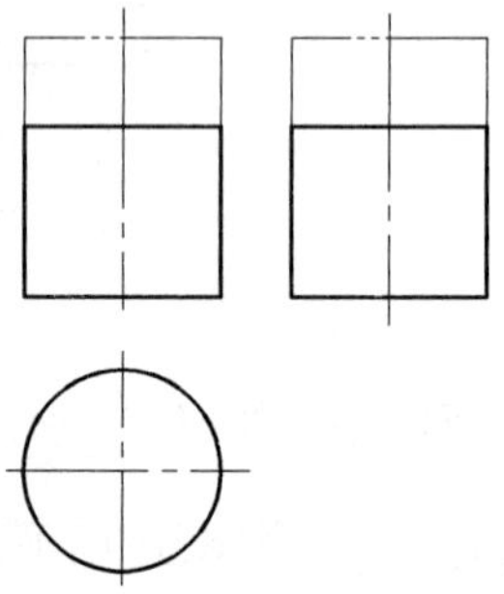	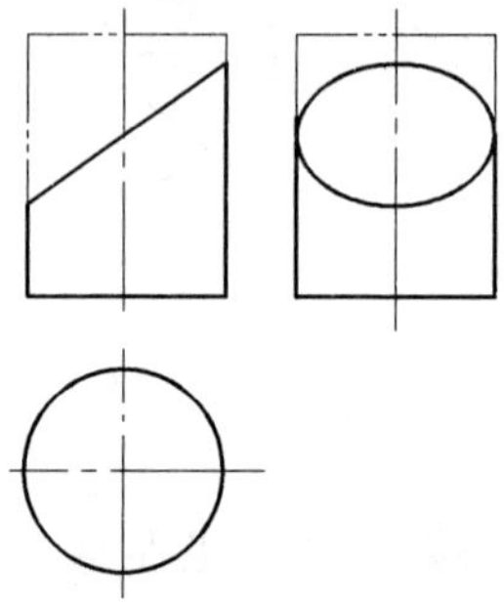

例 4 - 6　如图 4 - 20 所示,作出斜切圆柱体的截交线。

1. 分析

圆柱体被正垂面截切,它的截交线是椭圆。椭圆的 V 面投影积聚为一直线;H 面投影积聚于圆柱面投影;W 面投影为相仿图形是椭圆。截交线的侧面投影可利用其 H 面与 V 面的积聚投影直接作图求得。

2. 作图

(1)求作截交线上的特殊点,即截交线上距离各投影面最远和最近的点,如最上最下、最左最右、最前最后的点,及投影位于轮廓线上的点(可见与不可见的分界点)。图中,截交线上的 Ⅰ、Ⅲ是最高、最低点,分别位于圆柱的最左、最右两条素线上;Ⅱ、Ⅳ是最前、最后点,分别位于圆柱的最前、最后两条素线上。根据它们的 H 面投影 1、2、3、4 与 V 面投影 $1'$、$2'$、$3'$、$4'$,即可求出 W 面投影 $1''$、$2''$、$3''$、$4''$。其中,$1'$、$3'$在圆柱面 V 面投影的轮廓线上,$2''$、$4''$在圆柱面 W 面投影的轮廓线上。

(2)求作截交线上适当数量的一般点:为此,任找 Ⅴ、Ⅵ、Ⅶ、Ⅷ(作图时可在投影为圆的视图上取 8 等份或 12 等份)各点,根据其 H 面投影 5、6、7、8 与 V 面投影 $5'$、$6'$、$7'$、$8'$,求作出 W 面投影 $5''$、$6''$、$7''$、$8''$。

(3)将各点的 W 面投影依次光滑连接,就得出截交线的 W 面投影。

3. 讨论

题设截平面与圆柱轴线交角小于45°,从 W 面投影可见,其中 $2''4''$（正垂线）为椭圆的短轴,长度等于圆柱的直径;$1''3''$ 为椭圆的长轴,依据直角投影定理 $1''3'' \perp 2''4''$。根据椭圆的长、短轴的直径就可做出椭圆。如果截平面与圆柱体轴线交角大于或等于45°,依据上述例题所设其他条件,截交线的 W 面投影情况,请读者自行分析。

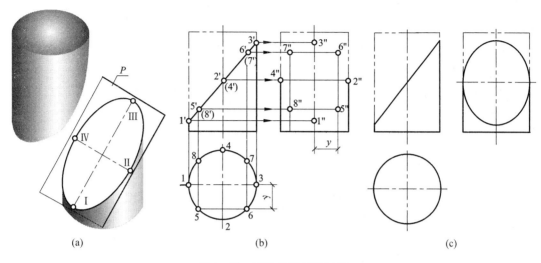

图 4-20　圆柱体被平面斜截

例4-7　如图 4-21 所示,作出切割圆柱体的投影图。

1. 分析

直立圆柱体上部两侧各切去一部分,并在下部开出方形槽,其中与圆柱的轴线正交的截平面为水平面,其截交线为圆弧;与圆柱的轴线平行的截平面为侧平面,其截交线为矩形。截交线的三面投影分别是:它们的 V 面投影均积聚为一直线段;各水平面的截交线的 H 面投影均与圆柱体的 H 面投影重合并反映实形,各侧平面的 H 面投影均积聚为一直线段;各水平面截交线的 W 面投影均积聚为一直线段,各侧平面截交线的 W 面投影均为矩形并反映实形。

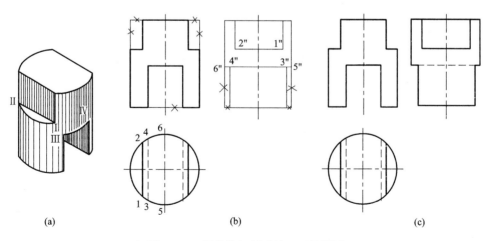

图 4-21　圆柱体切割后的三面投影图

2. 作图

（1）画出圆柱体的三面投影图;

（2）画出截平面的积聚投影。为此，根据切口与方形槽的尺寸，按投影关系依次画出 V 面投影与 H 面投影。

（3）根据 V 面投影与 H 面投影，按投影关系画出 W 面投影。

注意投影轮廓线。因圆柱体的最前、最后素线均在开槽部位被切去，故 W 面投影中的圆柱投影轮廓线由 5″、6″以下不存在。3″、4″以下的轮廓线是侧平面与圆柱面交线的投影。V 面投影的轮廓线情况类同。

（4）区分下部通槽投影的可见性。槽顶与槽两侧面在 V 面的积聚投影均可见，画成粗实线。槽顶与槽两侧面交线的 H 面投影（也是两侧面的积聚投影）不可见，画成虚线。在 W 面投影中，槽顶 5″3″与 6″4″部分为可见，画成粗实线；3″4″被圆柱左部表面遮住为不可见，画成虚线。上部切口在三投影面的投影均可见或与可见投影重合，全部画成粗实线。

4.3.3.2　平面与圆锥相交

因截平面相对于圆锥轴线的位置不同，截平面与圆锥面的截交线有五种形状（表4-2）：

（1）截平面垂直轴线，截交线为圆，其投影可直接画出。

（2）截平面过锥顶，截交线为两相交直线（素线），其投影可直接画出。

（3）截平面处于倾斜于轴线、平行于任一素线、平面于两条素线时，截交线分别为椭圆、双曲线、抛物线。对这几种情况，可采用辅助素线法或辅助平面法作图，求出若干个共有点的投影，然后依次光滑连接，就可得截交线的投影。

表 4-2　圆锥截交线

截平面位 置	垂直于轴线 $\theta=90°$	倾斜于轴线 $\theta>\alpha$	平行于一条素线 $\theta=\alpha$	平行于两条素线， $\theta<\alpha$	过锥顶
截交线形 状	圆	椭 圆	抛物线	双曲线	直 线
轴测图					
投影图					

例 4-8 如图 4-22 所示,正垂面与圆锥相交,求截交线的投影。

1. 分析

由于正垂面倾斜于正圆锥体的轴线,且与所有素线相交,截交线应为椭圆。截平面垂直于 V 面,截交线的 V 面投影积聚为一直线段;截平面倾斜于水平面与侧面,截交线在 H 面与 W 面的投影均为椭圆,是相仿图形。

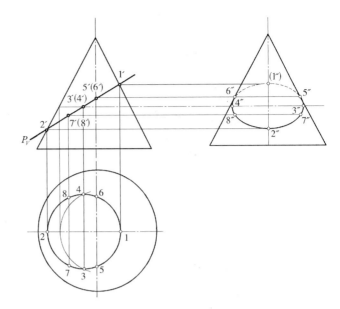

图 4-22 圆锥的截交线

作图可采用下述方法:

(1)辅助素线法。截交线上的任一点,均为圆锥面上某一素线与截平面的交点,故求作出若干条直素线与截平面的交点,即为椭圆上的点。如图 4-23a、c 所示,作出素线 SC 和截平面 P 相交,其交点 III 即为截交线上的点。

(2)辅助平面法。选择作一些辅助平面和立体表面及截平面相交,其所得两交线的交点,即所求截交线上的点。如图 4-23b、d,辅助平面 Q 和截平面的积聚投影的交点 IV、V,即为椭圆上的点。

这种方法,实质上是应用三面共点原理。为了作图简便,辅助平面的选择原则是:辅助平面应为特殊位置平面(即为投影面平行面或投影面垂直面),并且该平面和立体表面的交线的投影应为直线或圆(即应是简单图形)。

2. 作图

如图 4-22 所示。

(1)求椭圆上特殊位置点

最高点和最右点是点 I,最低点和最左点是点 II,它们在最左、最右两素线上,根据 1′、2′,由长对正求出 1、2,由高平齐求出 1″、2″。最前点 III 和最后点 IV,作图可通过线段 1′2′ 的中点 3′(4′),采用辅助素线法或辅助平面法,求出 3、4(图示用水平辅助平面),然后再求出 3″、4″;图示 V、VI 两点是圆锥面最前、最后素线上的点,它们是椭圆 W 面投影可见与不可见的分界点,由 5′(6′)按投影关系先求出 5″、6″,再求出 5、6。

(2)求椭圆一般位置点

一般位置点根据作图的准确度需要,适当选取。图 4-22 中选取点 VII 和 VIII,由 7′(8′)用素线法或辅助平面法求得 7、8,再求得 7″、8″。

(3)依次连接各点并判定可见性

H 面投影的椭圆为可见,连接 153728461,画成粗实线。W 面投影椭圆的 5″(1″)6″ 段为不可见,画成虚线;其余部分,即 6″4″8″2″7″3″5″ 为可见,用粗实线表示。

4.3.3.3 平面与圆球相交

任何位置截平面截圆球,截交线的形状都是圆(图 4-24)。根据截平面与投影面的相对位置,其投影有下列情况:

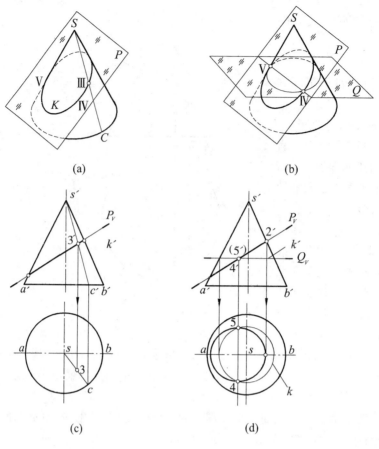

(a)

(b)

(c)

(d)

图 4-23 求共有点方法

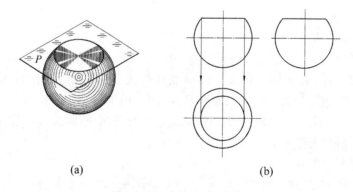

(a)

(b)

图 4-24 球被水平面切割

（1）当截平面为投影面平行面时，截交线在所平行的投影面上的投影反映圆的实形，其余两面投影积聚为一直线段。

（2）当截平面为投影面垂直面时，截交线在其垂直的投影面上的投影积聚为直线段，而其余两个投影均为椭圆。

例 4-9 如图 4-25 所示，正垂面与圆球相交，求截交线的投影。

1. 分析

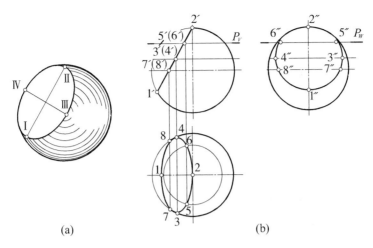

图 4 - 25　球的截交线

　　圆球被正垂面斜截,其截交线为圆。该圆的 V 面投影积聚为一直线段,并反映圆的直径实长;其 H 面投影和 W 面投影均为椭圆。

　　2. 作图

　　(1)求出特殊位置点。

　　①截交线圆的一条正平线直径 I II 的 V 面投影为 $1'2'$,其 H 面投影 12,W 面投影 $1''2''$,分别为两投影椭圆的短轴,可根据其 V 面投影 $1'2'$ 求出。

　　②截交线圆的一条正垂线直径 III IV 的 V 面投影积聚在 $1'2'$ 中点 $3'(4')$,其 H 面投影 34 和 W 面投影 $3''4''$ 分别为两投影椭圆的长轴。作图时,可自 $3'(4')$ 分别作竖直和水平投影连线,取 $34 = 3''4'' = 1'2'$,因为它们都反映截交线圆直径的实长。也可作辅助平面,由该直径两端点的 V 面投影 $3'(4')$,求出 3、4 和 $3''$、$4''$。

　　③求出球面水平最大圆上的点。由 $7'(8')$ 求出 7、8(在球面的 H 面投影轮廓线上)和 $7''8''$。

　　(2)利用辅助平面法求出适当的一般位置点。作辅助平面 P,由 V 面投影 $5'$、$(6')$ 求出 H 面投影 5、6 和 W 面投影 $5''$、$6''$。同理,还可求出其他一系列的点。

　　(3)将各点同面投影依次光滑连接,即得截交线的水平投影和侧面投影(图 4 - 25b)。

　　例 4 - 10　如图 4 - 26 所示,求开通槽的半圆球的投影图。

　　1. 分析

　　球面开通槽是由水平面 Q 和两个侧平面 P 对称地截切半圆球而形成的。截切面与球面的截交线是圆。通槽的 V 面投影为三个截平面的积聚投影,可直接画出。这里主要是通槽的 H 面投影和 W 面投影的作图,作图的关键是确定反映实形的截交线圆投影之半径(图示 R_1 和 R_2)。

　　2. 作图

　　(1)画出半圆球的三面投影图,并画出通槽的 V 面投影。

　　(2)分别依次画出通槽的 H 面投影和 W 面投影(图 4 - 26c)。

　　作图时,注意球面 W 面投影轮廓线及可见性的判定,其分析与圆柱通槽的侧面投影分析相同,读者自行分析。

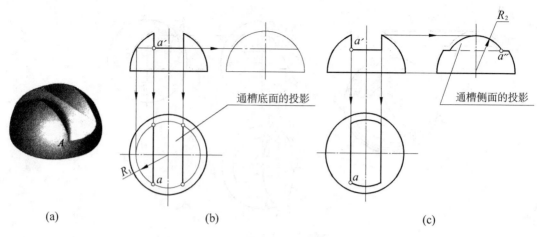

图 4-26　半球开槽的视图画法

4.4　相贯线

4.4.1　概述

4.4.1.1　相贯线的性质

　　相贯线是由两个基本形体相交而产生的表面交线,由于各基本形体的几何形状、大小和相对位置不同,相贯线的形状也不同(图 4-27)。相贯线具有下述性质:

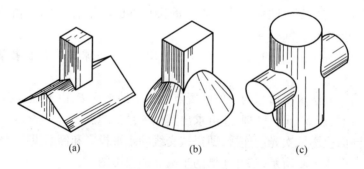

图 4-27　体的相贯

　　(1)相贯线一般是封闭的。

　　(2)相贯线是两形体表面共有线(相交两形体表面的分界线),是两形体表面一系列共有点的集合。

　　所以,求相贯线的实质,就是求两立体表面共有点。

4.4.1.2　影响相贯线的要素

　　相贯线的形状取决于立体的形状、大小和它们的相对位置。

　　根据立体的几何形状不同可分为:

　　(1)两平面立体相交,相贯线一般是空间封闭折线;

　　(2)平面立体与曲面立体相交,所得相贯线是由若干段平面曲线所组成的空间封闭曲线;

（3）两曲面立体相交，相贯线为空间封闭曲线。只有在特殊情况下是平面曲线或直线。

根据立体的相对位置，立体相交可有两种情况（图4-28）：

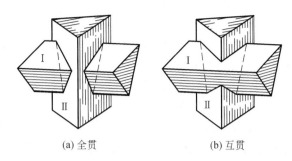

（1）当三棱柱Ⅰ的所有侧棱都穿过三棱柱Ⅱ时，这种情况称为全贯。如图4-28a所示，其交线为两条封闭折线；

（2）当三棱柱Ⅰ只有部分棱线穿过三棱柱Ⅱ时，这种情况称为互贯。如图4-28b所示，其交线为一条空间封闭折线。

(a) 全贯　　(b) 互贯

图4-28　平面体相交的两种情形

4.4.1.3　求作相贯线投影的一般步骤

求作相贯线投影的一般步骤是：根据立体或给出的投影，分析两立体的形状、大小及其轴线的相对位置，判断相贯线的形状；根据两立体相对于投影面的位置判断其投影特点；选用适当的作图方法作图，求作出相贯线上一系列点的投影后依次连接，就可画出相贯线的投影。

下面举例说明相贯线的作图。

4.4.2　平面体与平面体相交

由于两平面体相交所得折线的各个顶点是一个平面体的棱线对另一个平面体棱面的交点（称贯穿点），它们既在棱线上也在棱面上，所以可用下述两种方法求得交点，再依次连接成折线。

（1）利用直线上点的投影特性；

（2）平面上取点的基本作图方法。

例4-11　如图4-29所示，求直放三棱柱与斜放三棱柱的交线。

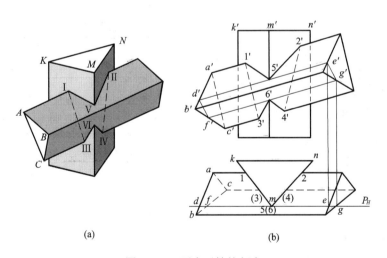

(a)　　　　　　　(b)

图4-29　两个三棱柱相交

1. 分析

直放三棱柱的两铅垂棱面 *KM* 及 *MN* 与斜放三棱柱相交，其中：斜放三棱柱棱线 *A* 和 *C* 分别与棱面 *KM* 和 *MN* 的交点Ⅰ、Ⅱ和Ⅲ、Ⅳ，可利用直线上点的投影特性直接求得；直放棱柱棱

线 M 与斜放三棱柱棱面 AB 和 BC 的交点,可利用平面上取点的基本作图方法求得。

2. 作图

(1)利用直线上的点投影特性和直线投影的积聚性,直接由 1、2、3、4 各点对应求得棱线上点的 V 面投影 $1'、2'、3'、4'$;

(2)利用平面上取点的基本作图方法,过棱线 M 的积聚投影作辅助平面 P,求得 $5'6'$。

(3)确定连接顺序,依序连接各贯穿点(直线与立体表面的交点),即得相贯线。

因为交线的每一线段是两棱面的公有线,所以,只有当两点同时位于甲立体的同一棱面和乙立体的同一棱面上时才能连接,否则不可连接。如 I、V 两点,既在棱面 AB 上,又在棱面 KM 上,故 $1'5'$ 可连接。同理可知,$1'3'、3'6'、4'6'、2'4'、2'5'$ 也可连接。而点 VI 虽在棱面 KM 上,但不在棱面 AB 上,所以 $5'$ 和 $6'$ 不能连接,$1'$ 和 $6'$ 也不能连接。

(4)判断可见性。

只有当相交的两个棱面的同面投影都可见,其交线在该投影面上的投影才可见,否则不可见。如图 4-29 所示,在 V 面投影中,斜放三棱柱的 AC 棱面为不可见,因此该棱面上的线段 I III 和 II IV 的 V 面投影 $1'3'$ 和 $2'4'$ 为不可见,画成虚线;而棱面 AB 和 BC 及棱面 KM 和 MN 的 V 面投影是可见的,故其交线的投影 $1'5'、5'2'$ 和 $3'6'、6'4'$ 均为可见,画成实线。

4.4.3 同坡屋面

在房屋建筑中,坡屋面是常见的一种屋顶形式。在通常情况下,屋顶檐口的高度处在同一水平面上,各个坡面的水平倾角又相同,故称为同坡屋面。

同坡屋面的基本形式有二坡和四坡两种。一个简单的四坡屋面,实际上就是一个水平放置的截断三棱柱体。若为两个方向相交的坡屋面,则可看作是两三棱柱体相贯。坡屋面上各种交线名称如图 4-30a 所示。由于同坡屋面有其本身的特殊性,故在求作屋面交线时可结合形成同坡屋面的几个特点来进行。

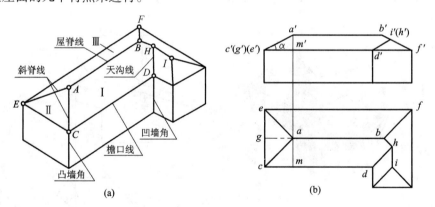

图 4-30 同坡屋面

同坡屋面有如下特点:

(1)同坡屋面如前后檐口线平行且等高时,前后坡面必相交成水平的屋脊线。屋脊线与檐口线的 H 面投影必平行,且与两檐口线等距。

(2)檐口线相交的相邻两个坡面,必相交于倾斜的斜脊线或天沟线。它们的 H 面投影为两檐口线 H 面投影夹角的平分线。斜脊位于凸墙角上,天沟位于凹墙角上(图 4-30a)。当两檐口线相交成直角时,两坡面的交线(斜脊线与天沟线)在 H 面上的投影与檐口线的投影成

45°角。

（3）在屋面上如果有两斜脊、两天沟或一斜脊一天沟相交于一点，则必有第三条屋脊线通过该点。该点就是三个相邻屋面的共有点。跨度相等时，有几个屋面相交，必有几条脊线交于一点。

如图 4-30a 所示，两坡面 Ⅰ、Ⅱ 相交于斜脊线 AC，两坡面 Ⅱ、Ⅲ 相交于斜脊线 AE。两斜脊线 AC、AE 又相交于点 A，则点 A 为三个坡面 Ⅰ、Ⅱ、Ⅲ 所共有，点 A 必在坡面 Ⅰ、Ⅲ 的屋脊线 AB 上。也就是说，两个坡面 Ⅰ 和 Ⅲ 的屋脊线必通过点 A。投影图见图 4-30b。

例 4-12 如图 4-31 所示，已知四坡顶房屋檐口线的 H 面投影及各坡面的水平倾角 α，求作屋顶的 H 面和 V 面投影。

1. 分析

此房屋平面形状是一个 L 形，是由两个四坡屋面垂直相交的屋顶。

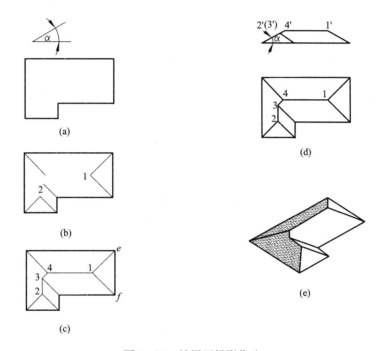

图 4-31　坡屋面投影作法

2. 作图

（1）根据投影规律画出屋顶的 H 面投影。由于屋檐的水平夹角都是 90°角，根据同坡屋面的特点，分别由各顶角画 45°斜线，右端两斜脊的投影相交于 1，左下端两斜脊线的投影相交于 2（图 4-31b）；过 1、2 分别作相对两屋檐投影的平行线得两平脊 Ⅰ Ⅳ 和 Ⅱ Ⅲ 的投影 14 和 23，右边平脊与斜脊的投影相交于 4，左下边平脊与天沟的投影相交于 3，连 3、4 得斜脊线 Ⅲ Ⅳ 的投影 34，即求得屋顶的平面图（图 4-31c）。

（2）画屋顶的 V 面投影。先画出檐口投影的位置，由其两端向内绘角度为 α 的斜线，再由 H 面投影图分别自 1、2、3、4 向上引竖直投影连线与该两斜线相交，分别得 $1'$、$2'$、$3'$、$4'$，其中 $2'$ 与 3'重影。如图示顺序连接各点，即得其 V 面投影。

4.4.4 平面立体与曲面立体相交

平面立体与曲面立体相交,其相贯线一般是由若干段平面曲线或平面曲线和直线所组成的空间封闭曲线。每一段平面曲线(或直线段)是平面立体上一个棱面与曲面立体的截交线;相邻两段平面曲线或曲线与直线的交点,是平面立体的棱线与曲面立体表面的贯穿点。因此,求作平面立体与曲面立体的相贯线,可归结为求作截交线与贯穿点。作图方法主要有辅助平面法和素线法,有时也可用平面上取点的方法或利用直线上的点的投影特性作出相贯线上的点。

例 4-13 如图 4-32 所示,已知四棱锥与圆柱相交,求作相贯线。

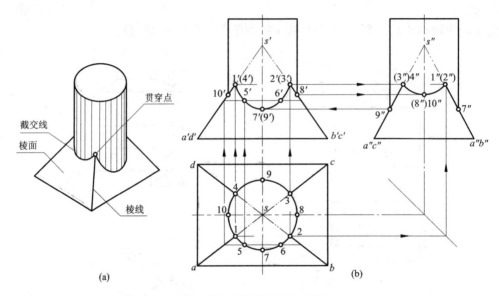

图 4-32 四棱锥与圆柱相贯

1. 分析

如图 4-32 所示,圆柱轴线为铅垂线,圆柱面的水平投影积聚为圆,相贯线的水平投影积聚在此圆上;四棱锥的锥顶在圆柱轴线上,四个棱面中两个为正垂面,两个为侧垂面,部分相贯线的 V 面投影和 W 面投影在这些棱面的积聚投影上。四棱锥的四个棱面与圆柱面的截交线均为椭圆弧,相邻两段椭圆弧的交点为棱线与圆柱面的贯穿点。其贯穿点的另两个投影可利用直线上的点的投影特性直接求得;其截交线的投影可采用平面上取点的基本作图方法作出。

2. 作图

(1)求作特殊点。利用直线上点的投影特性,根据贯穿点 Ⅰ、Ⅱ、Ⅲ、Ⅳ 的 H 面投影 1、2、3、4,直接作出贯穿点的 V 面投影 1′、2′、3′、4′ 和 W 面投影 1″、2″、3″、4″,它们是相贯线的四个折点的投影。根据 7、9 和 8、10,作出四段截交线最低点的 V 面投影 7′(9′) 和 W 面投影 7″、9″,同时作出 8′、10′ 和 8″(10″)。

(2)求作适当的一般点。利用平面上取点的基本作图方法,如图 4-32 所示点 Ⅴ、Ⅵ 的作图,由 H 面投影 5、6,求得 V 面投影 5′、6′。

(3)判别可见性,依次连点成线,完成相贯线的 V 面和 W 面投影。由于相贯线前后、左右分别对称且重影,所以,得相贯线前半部分的 V 面投影 1′5′7′6′2′8′,其中 1′5′7′6′2′ 仍为椭圆弧;得相贯线左半部分的 V 面投影 9″4″10″1″7″,其中 4″10″1″仍为椭圆弧。它们均为可见或在平面的积聚投影上,用粗实线画出。

4.4.5 曲面立体与曲面立体相交

4.4.5.1 利用投影的积聚性求相贯线

当相交两圆柱体正交或轴线交叉垂直,且轴线分别垂直于某投影面时,则两圆柱面在轴线所垂直的投影面上的投影积聚为圆,相贯线的投影也重合在该圆上,此时,可利用圆柱面的积聚投影直接作图。

例 4-14 求作两圆柱正交的相贯线(图 4-33)。

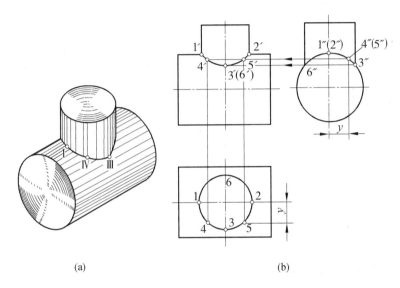

(a)   (b)

图 4-33 两圆柱正交(利用立体表面投影的积聚性求相贯线)

1. 分析

两圆柱轴线分别垂直于 H 面和 W 面,因此,相贯线的 H 面投影积聚于小圆柱的积聚投影,相贯线的 W 面投影积聚于大圆柱的 W 面的积聚投影。所以,只需求作相贯线的 V 面投影。因两圆柱相贯位置前后对称,故相贯线 V 面投影的前半部分与后半部分重合为一段曲线。

2. 作图

(1)求特殊点。最高点 Ⅰ、Ⅱ(也是最左、最右点,其 V 面投影就是两圆柱投影轮廓线的交点)的 V 面投影 1′、2′可直接定出;最低点 Ⅲ、Ⅵ(也是最前、最后点,其 W 面投影就是小圆柱投影轮廓线与大圆柱面积聚投影——圆的交点)的 W 面投影 3″、6″可直接定出。它们的其余投影可按在圆柱面上取点的方法求得。

(2)求适当的一般点。利用积聚性和投影关系,根据 H 面投影 4、5 和 W 面投影 4″、5″,求出 V 面投影 4′、5′。

(3)连线。将各点依次光滑连接,即得截交线的投影。

4.4.5.2 利用辅助平面法求相贯线

辅助面法就是利用三面共点原理,用若干辅助面求出相贯线上一系列共有点,利用辅助面法求相贯线,辅助面可以是平面(如投影面的平行面、垂直面或一般位置平面),也可以是球面或其他曲面。下面主要介绍辅助平面法。

辅助平面法的原理:用辅助平面同时截相贯的两基本形体,找出两组截交线的交点,其交点为辅助平面与两基本形体表面的共有点(三面共点),也即为相贯线上的点(图4-34)。

为了作图简便,选择辅助平面的原则是:应使其截交线的投影为最简单的图形(直线或圆)。如图4-34所示为几种辅助平面选用的情况。

图4-34a,表示两圆柱相贯时,可选择平行于两圆柱轴线的辅助平面,所得截交线都是矩形;

图4-34b,表示直立圆锥与水平圆柱相贯时,可选择垂直于圆锥轴线又平行于圆柱轴线的水平辅助平面,所得截交线为圆及矩形,且圆的投影反映实形或积聚为直线段;

图4-34c,表示球与圆柱相贯时,可选择平行于投影面又平行于圆柱轴线的辅助平面,所得截交线为圆及矩形,且圆的投影反映实形或积聚为直线段。

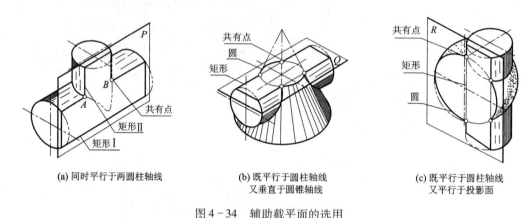

(a) 同时平行于两圆柱轴线　　(b) 既平行于圆柱轴线　　(c) 既平行于圆柱轴线
　　　　　　　　　　　　　　又垂直于圆锥轴线　　　　又平行于投影面

图4-34　辅助截平面的选用

利用辅助平面法求相贯线的作图步骤:

(1)选取合适的辅助平面;

(2)作出辅助平面与两已知回转体的截交线;

(3)求出两截交线的交点,即为相贯线上的点;

(4)依次连接所得交点,并判断其可见性,即得所求相贯线。

例4-15　如图4-35、图4-36所示,求圆柱与圆锥的相贯线。

1. 分析

圆柱与圆锥轴线相互平行,且同时垂直于水平面,因此,相贯线的H面投影积聚在圆柱面的积聚投影上,为一段圆弧。这样,只需作出相贯线的V面投影,即可利用辅助平面法作图。

2. 作图

(1)利用水平面为辅助面,同时截切圆柱面和圆锥面,其截交线的H面投影均为圆,两圆之交点即为相贯线上的点(图4-35b)。

①求作特殊点。于H面上过两立体轴线投影(积聚为点)连线与圆柱投影之交点5,即得相贯线上最高点的H面投影。利用平面P_3求出5'。最低点的H面投影是圆柱与圆锥两底面圆投影之交点6、7,依据投影关系求出6'(7')。

②求一般位置点。在适当位置选用若干个水平面为辅助面(图示为P_1、P_2),它与圆锥面的截交线的H面投影为圆,与圆柱面的截交线的H面投影积聚于圆柱面的积聚投影,得截交线投影的交点分别为1、2和3、4,均为相贯线上的点的投影。再根据H面投影1、2、3、4,依投

88

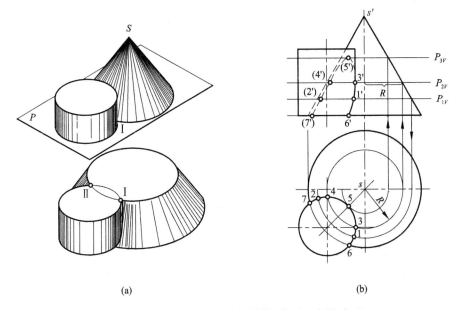

(a)　　　　　　　　　　(b)

图 4-35　求圆柱与圆锥的相贯线(水平面为辅助面)

影关系分别求出 V 面投影 1′、2′、3′、4′。

③判定可见性,依次光滑连点成线。依据"只有当两立体表面的同面投影都可见,其交线在该投影面上的投影才可见,否则不可见"的原则,由图示可见,相贯线的 V 面投影以圆柱面最右素线上点Ⅲ为分界,处于点Ⅲ前面的相贯线投影为可见,即 3′1′6′画实线,处于点Ⅲ之后的为不可见,即 3′(5′)(4′)(2′)(7′)画虚线。

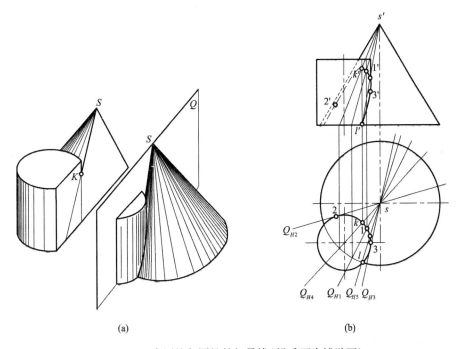

(a)　　　　　　　　　　(b)

图 4-36　求圆柱与圆锥的相贯线(铅垂面为辅助面)

（2）利用过锥顶的铅垂面为辅助面，截切圆柱与圆锥（图4－36a），其截交线均为直线段（素线），它们间的交点即为相贯线上的点。选取适当的辅助平面，作出相贯线上的特殊点和适当一般点后，依次连点成线，并判断可见性，即得相贯线上的正面投影（图4－36b）。具体作图由读者自行分析。

4.4.5.3　相贯线的简化画法

当两相交基本形体的几何形状、大小、相对位置确定后，相贯线的形状和大小是完全确定的。为了简化作图，国家标准规定了相贯线的简化画法。如图4－37所示，对两轴线正交圆柱的相贯线，当两圆柱的直径差别较大，且对交线形状的准确度要求不高时，允许采用简化画法，即用大圆柱的半径作圆弧来代替非圆曲线。

如图4－38所示，在实际中，两圆柱相交常见有下列三种形式，它们交线的形状和作图方法均相同：

图4－38a，是两实心圆柱相交，相贯线有完全相同的两条空间曲线，它们的非圆投影是一对以小圆柱轴线投影为实轴的双曲线。

图4－38b，是一实心圆柱与一空心圆柱相交，相贯线的形状与图4－38a完全相同，只是表现为空腔与实体的相贯。

图4－38c，是两空心圆柱相交，在长方体内形成两个正交的圆柱孔，孔的表面相贯线的形状与前两种情况完全相同，只是表现为空腔与空腔的相贯形式，相贯线的 V 面投影为不可见。

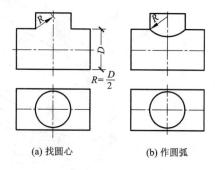

(a) 找圆心　　(b) 作圆弧

图4－37　两圆柱正交时相贯线的近似画法

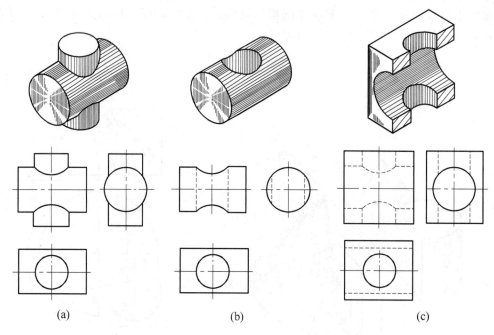

(a)　　　　　　(b)　　　　　　(c)

图4－38　两圆柱相交的三种形式

4.4.5.4　相贯线的特殊形式

两曲面立体的相贯线，一般情况下为封闭的空间曲线，特殊情况下也可能是直线或平面曲线。掌握对这些情况的判别，有利于简便画图，方便看图。

（1）相贯线是直线

两轴线相互平行的柱体相交时,相贯线是柱面上的两平行直线(图4-39);两共锥顶的锥体相交时,相贯线是交于顶点的两直线(图4-40)。

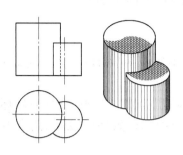

图4-39　相贯线是两平行直线

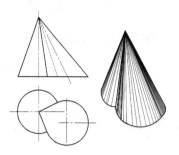

图4-40　相贯线是两相交直线

（2）相贯线是平面曲线

①两回转体共轴,回转体的母线绕着轴线旋转时,两母线交点的运动轨迹为圆,就是两回转体的相贯线。即其相贯线为一垂直于回转轴线的圆(图4-41)。

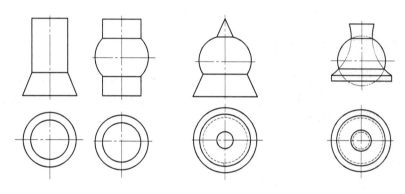

图4-41　两回转体共轴相交

②两回转体公切于一球面时,其相贯线为两个椭圆(平面曲线)。在与两回转体的轴线平行的投影面上的投影为两直线段(图4-42)。

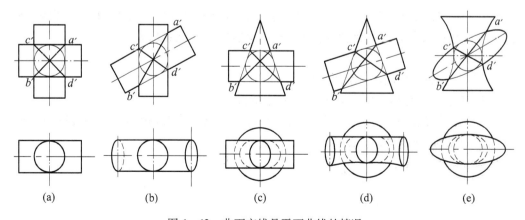

图4-42　曲面交线是平面曲线的情况

本章小结

本章主要介绍基本形体的形成、投影、画法及表面上取点作图基本方法。

一、基本形体根据其组成表面的性质，分为两类

（1）平面立体　由平面围成的立体，如棱柱、棱锥等。其投影图是组成立体的棱面和棱线的投影。

（2）曲面立体　由曲面或曲面和平面围成的立体，常见的有圆柱、圆锥、圆球和圆环等回转体。其投影图是组成立体的曲面和平面的投影，还要画出回转轴线的投影（用点画线表示）。

二、基本形体表面上取点

（1）平面立体表面上取点的方法有：利用直线上的点的投影特性和平面上取点的作图方法；对投影有积聚性的棱柱等形体表面上取点，也可采用积聚投影法。

（2）曲面立体表面上取点的方法有：积聚投影法、素线法和辅助平面法。其中，积聚投影法仅适用于投影有积聚性的圆柱等形体表面上取点。

三、立体表面交线的形成和性质

截交线是平面与立体表面的交线。相贯线是两基本形体相交，表面产生的交线。

（1）平面立体的截交线是平面多边形，曲面立体的截交线一般是平面曲线；两曲面立体的相贯线，一般是封闭的空间曲线。

（2）影响立体表面交线形状的因素有三个：

①立体表面的几何形状；

②平面与立体或立体与立体的相对位置；

③立体的尺寸变化。

（3）交线是平面与立体或两立体表面的共有线，交线上的点是共有点。

四、交线的基本作图方法

交线的基本作图方法主要有：利用积聚性投影法、辅助平面法。辅助平面法选择辅助平面的原则是：使辅助平面与立体交线的投影为最简单的图形（直线或圆）。

作图的步骤是：

（1）根据立体的投影情况，求作特殊点的投影；

（2）选择适当的辅助平面，求作一般位置点的投影；

（3）依据"只有当两立体表面的同面投影都可见，其交线在该投影面上的投影才可见，否则不可见"的原则，判定可见性，依次光滑连线。

第 5 章　轴测投影

5.1　轴测投影的基本知识

轴测投影是按平行投影法绘制的一种单面投影,轴测投影也称轴测图。由于轴测图可用来表达物体的三维形象,立体感强,比正投影图直观,所以工程上常采用作为辅助图样,一般用于帮助设计构思、读图想象及进行外形设计等。同时,对多面正投影图的初学者,用轴测图帮助想象形体形状也是很好的辅助图样。

5.1.1　概述

5.1.1.1　轴测投影的形成

如图 5-1 所示,为了使图形富有立体感,将物体连同其参考直角坐标系,沿不平行于任一坐标面的方向,用平行投影法将其投射在单一投影面上,使投影面上的图形同时反映出空间形体的长、宽、高三个尺度,所得到的投影图,称为轴测投影,或称轴测图。

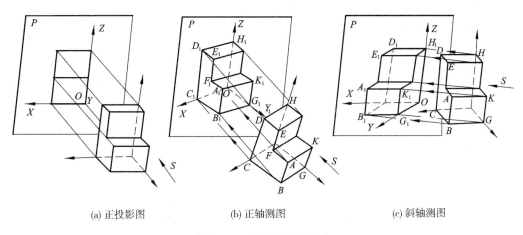

(a) 正投影图　　　　　　(b) 正轴测图　　　　　　(c) 斜轴测图

图 5-1　轴测投影的形成

5.1.1.2　轴测投影的基本概念和参数

轴测投影面:获得轴测投影的投影面,称为轴测投影面,如图 5-1 中的 P 面。

轴测轴:参考直角坐标系的坐标轴(简称坐标轴)在轴测投影面上的投影,称为轴测轴,如图 5-1 中的 OX、OY 和 OZ 轴。

轴间角:轴测投影图中,两根轴测轴之间的夹角,称为轴间角,如图 5-1 中的 $\angle XOY$、$\angle XOZ$ 和 $\angle YOZ$。

轴向伸缩系数:参考直角坐标系的坐标轴上的单位长度与相应轴测轴上的单位长度的比值,称为轴向伸缩系数,OX、OY、OZ 轴上的伸缩系数分别用 p、q 和 r 表示。

5.1.1.3 轴测投影特性

由于轴测投影采用的是平行投影法,所以它具有平行投影的特性,即原物体上的几何要素与其轴测投影之间保持有下列关系:

1. 平行性

空间相互平行的直线,它们的轴测投影仍相互平行。物体上平行于坐标轴的线段,在轴测图上平行于轴测轴。

2. 定比性

物体上平行于坐标轴的线段长度与其轴测投影长度之比,等于相应的轴向伸缩系数。

由此可见,凡平行于坐标轴的线段长度乘以相应的轴向伸缩系数,就是该线段的轴测投影长度。所以,知道了轴向伸缩系数,就可沿轴测轴方向测量出与坐标轴平行线段的轴测投影长度,作出该线段的投影。"轴测"这一词的意义,就是由此而来。但与坐标轴不平行的直线段,不具有这一投影特性,故不能在轴测图中直接作出,只能按坐标作出其两端点的投影后连点成线。

5.1.1.4 轴测图分类

1. 根据投射方向对轴测投影面所成的角度不同分类

(1)正轴测投影:用正投影法得到的轴测投影(图5-1b)。一般将物体倾斜放置,使轴测投影面与物体上任一坐标面都不平行。

(2)斜轴测投影:用斜投影法得到的轴测投影(图5-1c)。通常选轴测投影面平行于物体上的某一坐标面。

2. 根据轴测投影三个轴向伸缩系数是否相等分类

(1)正(斜)等轴测投影,简称为正(斜)等:$p = q = r$。

(2)正(斜)二等轴测投影,简称为正(斜)二测:$p = r \neq q$。

(3)正(斜)三轴测投影,简称为正(斜)三测:$p \neq q \neq r$。

由于各坐标轴与投影面的夹角及斜轴测投影的投射线与投影面的倾角,可以呈各种不同大小,因此,二测图和三测图的轴向伸缩系数可以有不同的数值。为了使图形具有较好的直观性和作图方便,在二测图中,一般取轴向伸缩系数为 $p = r = 2q$。而三测图由于作图较繁,在实际中很少采用。

5.1.2 工程中常用的三种轴测图

常用的轴测图有正等测、正面斜二等测和水平面斜等测三种。

5.1.2.1 正等测

在轴测投影中,应用得最多的是正等测投影。如图5-2所示,在正等测投影中:

(1)轴向伸缩系数均等于0.82,即:$p = q = r = 0.82$(图5-2)。

为了作图简便,国家标准规定将轴向伸缩系数取为1,即 $p = q = r = 1$,称为简化轴向伸缩系数。用它绘出的图形比实际物体放大了 $1/0.82 \approx 1.22$ 倍。

(2)轴间角均为120°,即 $\angle XOY = \angle XOZ = \angle YOZ = 120°$(图5-2)。

画正等测时,规定将轴测轴 OZ 画成竖直,而轴测

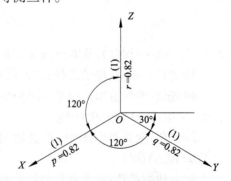

图5-2 正等测的轴间角和轴向伸缩系数
(括号内为简化系数)

轴 OX 和 OY 均与水平线成 $30°$ 角,作图时可利用 $30°$ 三角板画出。

5.1.2.2　正面斜二等测

正面斜二等测投影的轴间角和轴向伸缩系数如图 5-3 所示,其轴测轴 OX 画成水平,OZ 画成竖直,轴向伸缩系数 $p=r=1$;而轴测轴 OY 则与水平线成 $45°$,也可画成 $30°$ 或 $60°$,轴向伸缩系数 $q=1/2$。

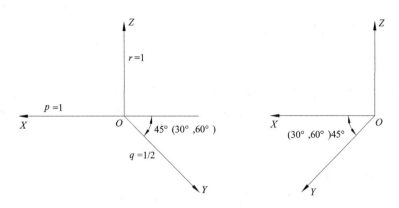

图 5-3　正面斜二等测图的轴间角和轴向伸缩系数

5.1.2.3　水平面斜等测

水平面斜等测投影的轴间角和轴向伸缩系数如图 5-4 所示。轴间角可如左图所示,OX 与水平线成 $60°$,OZ 画成竖直,而 OY 则与水平线成 $30°$,也可画成 $45°$ 或 $60°$,但一定要保证 $\angle XOY$ 成 $90°$;也可按右图画出。轴向伸缩系数 $p=q=r=1$。这种轴测图多用于表示一个小区概貌的效果图。

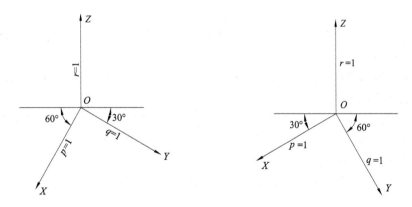

图 5-4　水平面斜等测图的轴间角和轴向伸缩系数

为了使图形富有立体感且清晰,轴测图的可见轮廓线用中实线绘制断面轮廓线宜用粗实线绘制;一般不画出不可见轮廓线的投影,必要时可用细虚线绘出所需部分。

实际画图要求既要使物体的立体感强,清晰程度好,又要作图简便,所以,考虑采用哪一种轴测图,应根据物体的具体形状特征选择确定。

5.2 轴测图的基本作图方法

轴测图的基本作图方法除坐标法外,还有叠加法、切割法、包络法及方格网法等。下面以正等测作图为例,分别介绍坐标法、叠加法和切割法等几种不同的作图方法。

画轴测图时,首先进行形体分析,然后根据形状的形体特征确定轴间角和轴向伸缩系数,再根据形体的形状特征选择作图方法。

5.2.1 坐标法

采用坐标法画轴测图,是根据形体的形状特征,按坐标关系,画出形体上各点的轴测图,然后连点成线而形成形体的轴测图。坐标法是最基本的作图方法,其他作图方法均以坐标法为基础。

5.2.1.1 点、直线、平面的正等测画法

点是最基本的几何要素,因此首先讨论点的轴测投影作图方法。

例 5 - 1 如已知点 A 的两面投影图(图 5 - 5a),画出该点的正等测。

1. 分析

如图 5 - 5 所示,已知点 A 的两面投影图,也就给出了点的空间坐标。因此,根据点的空间坐标,可以采用坐标法直接求作出点的轴测投影(图 5 - 5b)。

2. 作图

(1)画出轴测轴 OX、OY 和 OZ(OZ 轴画成竖直)。

(2)在 OX 上取 $Oa_{1X} = p \cdot Oa_X$。

(3)过 a_X 作 $a_{1X}a_1 // OY$,使 $a_{1X}a_1 = q \cdot a_X a$。

(4)过 a_1 作 $a_1 A_1 // OZ$,使 $a_1 A_1 = r \cdot a' a_X$。

采用简化轴向伸缩系数,即 $p = q = r = 1$,因此正等测图中的 O_{aX}、$a_{1X}a_1$、$a_1 A_1$ 可直接从点的两面正投影图中量取。

A_1 即为点 A 的轴测投影,a_1 称为点 A 的次投影。仅有点的轴测投影并不能确定点的空间位置,必须同时给出该点的一个次投影。

直线的正等测,可采用坐标法先求出直线上任意两点的轴测投影,然后连接两点而得。平面的正等测,可作出平面上的几何要素的轴测投影后得出(图 5 - 6)。

5.2.1.2 形体的正等测画法

例 5 - 2 图 5 - 7 所示,已知三棱锥的三面投影,求作三棱锥的正等测。

1. 分析

图 5 - 7 表示用坐标法画三棱锥正等测的方法与步骤。考虑到作图方便,将 XOY 选定与三棱锥的底面 $\triangle ABC$ 重合,把坐标原点选在点 B 处,并使 AB 与 OX 轴重合。

2. 作图

(1)在三面投影图上定出坐标轴的位置(图 5 - 7a),使坐标原点选在底面点 B 处,XOY 选定与三棱锥的底面重合。

(2)画出轴测轴,并根据三棱锥底面各顶点坐标,作出各顶点的轴测投影 A_1、B_1、C_1 及锥顶点 S 的次投影 s_1(图 5 - 7b)。

(3)根据 S 的高度定出 S_1。过 s_1 引 OZ 轴平行线,截取 $s_1 S_1 = z_S$,即得 S_1(图 5 - 7c)。

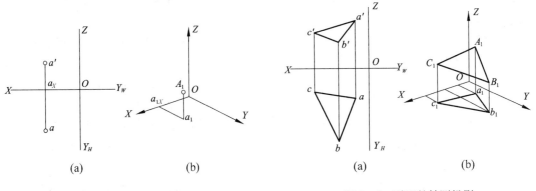

|(a)|(b)|(a)|(b)|

图 5-5 点的轴测投影   图 5-6 平面的轴测投影

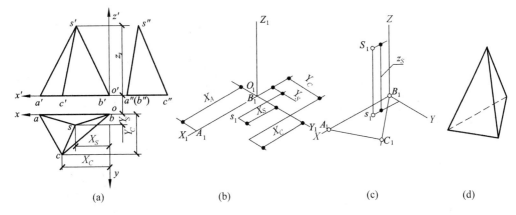

(a)   (b)   (c)   (d)

图 5-7 用坐标法画三棱锥的正等测投影

(4) 连接所求得各顶点的轴测投影,并将可见棱线(轴测图中,不可见轮廓线一般不画,若必要画出,则以细虚线表示)描深,完成作图。

例 5-3 求作图示带曲面形体的正等测(图 5-8)。

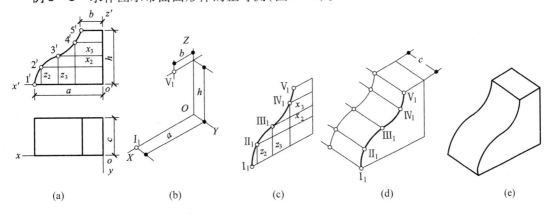

(a)   (b)   (c)   (d)   (e)

图 5-8 用坐标法画带曲线轮廓的形体的正等测投影

1.分析

要画出形体端面上曲线的轴测投影,首先要度量曲线上各点的坐标(可适当选取若干点),再采用坐标法画出各点的轴测投影,然后依次光滑连接,即得该形体上曲线的正等测。

2.作图

(1)在两面投影图上定出坐标轴的位置。为简化作图,省略画出被遮挡的线,将点 O 定在形体前右下角处,并将 OX 轴重合于形体底面的前边线。

(2)画出轴测轴,分别按尺寸 a 画出 I_1(在 OX 轴上),按尺寸 b 及 h 画出 V_1。

(3)再分别按尺寸 x_2、z_2,x_3、z_3,…,画出 II_1,III_1,…各点的轴测投影。

(4)将 I_1、II_1、III_1、IV_1、V_1 顺序连接成光滑曲线,即得曲线的正等测(图 5-8c)。

(5)过 I_1、II_1、III_1、IV_1、V_1 等各点向后作 OY 轴的平行线,并在其上截取尺寸 c,即得位于形体背面上曲线的对应点,然后连成曲线(图 5-8d)。

(6)最后作出其他可见的投影轮廓线,即得该形体的正等测,将轮廓线描深如图 5-8 所示。

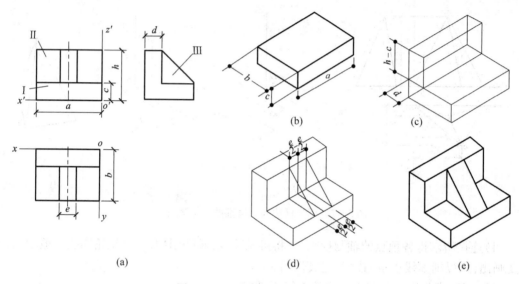

图 5-9　用叠加法画正等测投影

5.2.2　叠加法

例 5-4　求作图示形体的正等测投影(图 5-9)。

1.分析

画正等测时,先将其分解为底板 I、背板 II 和斜板 III 三个基本形体,然后根据它们的相对位置关系,逐一叠加画出它们的正等测投影。

2.作图

(1)在三面投影图上定出坐标轴的位置(图 5-9a)。

(2)画出轴测轴,根据尺寸 a、b、c 画出底板 I 的正等测投影(图 5-9b)。

(3)在底板 I 的上面以尺寸 d、h、c 画出背板 II 的正等测投影。背板 II 的后面和左、右侧面均以底板 I 的对应面平齐(图 5-9c)。

(4)在底板 I 的上面和背板 II 的前面,紧贴背板 II,并位于形体左右的公共对称面位置,按尺寸 e 画出斜板 III 的正等测投影(图 5-9d)。

(5)擦去作图线,描深轮廓线,即得形体的正等测投影(图 5-9e)。

5.2.3 切割法

例 5-5 求作图示形体的正等测投影(图 5-10a)。

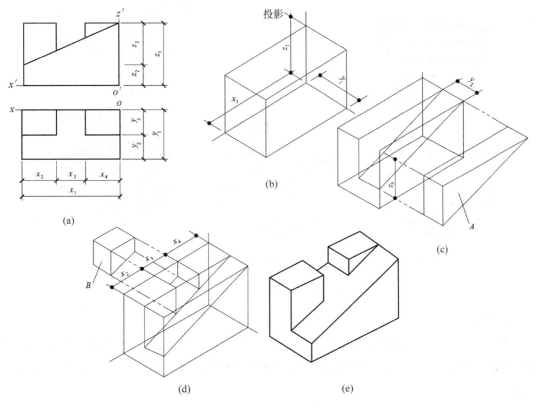

图 5-10 用切割法画正等测投影

1. 分析

如图 5-10a 所示,该形体可视为由一个长方体切去一个三棱柱和一个四棱柱而形成的。这种形体适合用切割法画正等测投影。

2. 作图

(1)在两面投影图上定出坐标轴的位置(图 5-10a)。

(2)画轴测轴,按尺寸 x_1、y_1、z_1 作出长方体的正等测投影(图 5-10b)。

(3)根据给出尺寸 y_2、z_3,在长方体上切去三棱柱 A(图 5-10c)。

(4)再根据给出尺寸 x_3 及 x_4 或 x_2,在已切去三棱柱的长方体上,按相关尺寸切去四棱柱 B(图 5-10d)。

(5)擦去作图辅助线(注意形体被切割后所产生的表面交线,哪些应该擦去,哪些应该保留)。最后,描深可见轮廓线,即得形体的正等测投影(图 5-10e)。

5.2.4 形体轴测投影的综合画法

例 5-6 已知台阶的三面投影,求作正等测投影(图 5-11)。

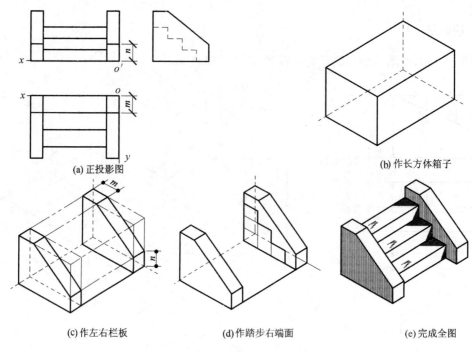

(a) 正投影图　　　　　　　　　　　　　　　(b) 作长方体箱子

(c) 作左右栏板　　　　(d) 作踏步右端面　　　　(e) 完成全图

图 5－11　台阶的正等测投影画法

1. 分析

台阶由左右两块栏板和中间三级踏步构成。其中,两块栏板分别由长方体切割一个三棱柱体形成;三级踏步由三个长方体叠加形成。画正等测投影时,可以分别采用切割法和叠加法画图。

2. 作图

(1)在三面投影图上定出坐标轴的位置(图 5－11a)。

(2)画轴测轴,根据栏板的长、宽、高作出长方体的正等测投影(图 5－11b)。

(3)画左右栏板。分别在长方体的左右端面,以栏板的长、宽、高画出两个四棱柱体,然后在其上面各切去一个三棱柱体(由 m、n 确定其截切平面位置),得出左右栏板的正等测投影(图 5－11c)。这个长方体好像是一个把侧栏板恰好装在内面的箱子,所以,这种方法称为装箱法。

(4)画三级踏步。由踏面宽度与踢面高度,在右栏板的左侧面上画出踏步的右端面轴测投影(图 5－11d)。

(5)过踏面和踢面右端面轴测投影的可见顶点作 OX 轴的平行线,直到和左栏板的右侧面投影的可见轮廓线相交为止。描深并完成作图(图 5－11e)。

5.2.5　圆的轴测投影

正面斜二测和水平面斜等测,形体有一个坐标面平行于轴测投影面,与该坐标面平行的圆的投影反映实形,还是圆。其他情况下的形体坐标面均与轴测投影面倾斜,与这些坐标面平行的圆的投影均为椭圆。

100

平行于三个坐标面的圆的正等测投影如图 5‑12 所示。

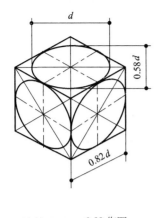

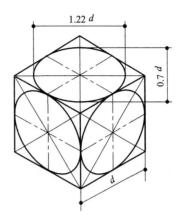

(a) 按 $p=q=r=0.82$ 作图   (b) 按简化伸缩系数作图

图 5‑12　正等测投影坐标面上圆的投影(椭圆)的长、短轴的方向和大小

正等测投影由于几个坐标面上的圆的投影(椭圆)均相同,作图方法也一样,只是椭圆的长短轴方向不同,故当形体多个方向有圆或圆弧时,适宜采用正等测投影。

平行于三个坐标面的圆的正面斜二测投影如图 5‑13 所示。

形体的正面在正面斜二测的投影能反映形体的正面实形,特别当形体正面有圆或圆弧时,画图简便。所以,当形体上具有较多平行于一个坐标面的圆、圆弧或形状比较复杂时,画正面斜二测比画正等测简便。

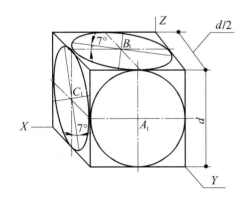

图 5‑13　各坐标面上的圆的正面斜二测

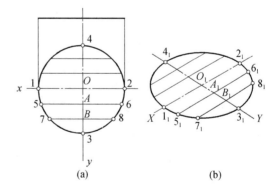

图 5‑14　圆的正等测投影(椭圆)的一般画法

5.2.5.1　坐标法作图

在上述常用的三种轴测图中,均可以采用坐标法,作出圆周上的一系列点的轴测投影,然后依次光滑连接,即得出圆的轴测投影(椭圆)。因圆周上一系列的点是由一系列该圆的平行弦端点确定,因此,这种作图方法,又称为平行弦法。

例 5‑7　求作水平圆的正等测投影。

1.分析

101

如图 5-14 所示,作该水平圆的正等测投影,可先作出该圆的一系列平行弦(一般等分直径),采用坐标法作出这些弦的轴测投影,它们的端点就是圆周上点的投影,依次光滑连接各点,即得一椭圆。

2.作图

(1)在两面正投影的圆周上,定出坐标轴的位置(图 5-14a)。

(2)首先画出轴测轴 OX、OY,并在其上按直径大小直接定出 1_1、2_1、3_1、4_1。

(3)在两面正投影图中的 Oy 上取点 A、B、……作一系列平行于 Ox 的平行弦,然后按坐标相应地作出这些平行弦的正等测,得出这些平行弦的端点的正等测 5_1、6_1、7_1、8_1、……

(4)依次光滑连接所得点,即得出该圆的正等测(椭圆)。

5.2.5.2 圆的正等测画法

平行于坐标面的圆的正等测都是椭圆(图 5-12)。要画圆的正等测,首先必须弄清平行于不同坐标面的圆的投影——椭圆长、短轴的方向(图 5-15)。

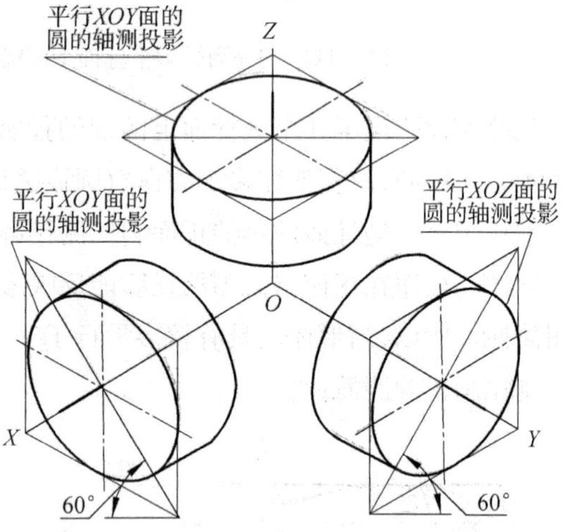

分析图 5-15 可见,椭圆(圆的轴测投影)长轴与菱形(与圆外切的正方形的轴测投影)的长对角线重合;椭圆短轴的方向垂直于椭圆的长轴,即与菱形的短对角线重合。由此可见,椭圆的长短轴的方向与轴测轴有关:平行于某一坐标面的圆,其正等测投影椭圆的长轴与垂直于该坐标面的轴测轴垂直;短轴平行于该轴测轴。即:

图 5-15 底圆平行各坐标面的圆柱的正等测

圆所在平面平行于 XOY 面,其正等测为椭圆,椭圆之长轴方向与 OZ 轴垂直(即成水平位置);短轴平行于 OZ 轴。

圆所在平面平行于 XOZ 面,其正等测为椭圆,椭圆之长轴方向与 OY 轴垂直,短轴平行于 OY 轴。

圆所在平面平行于 YOZ 面,其正等测为椭圆,椭圆之长轴方向与 OX 轴垂直,短轴平行于 OX 轴。

在正等测中,椭圆的长轴为圆的直径 d,短轴为 $0.58d$(图 5-12)。按国家标准规定,采用简化轴向伸缩系数作图,其长轴为 $1.22d$,短轴为 $1.22 \times 0.58d = 0.7d$。

下面以平行于 XOY 坐标面上的直径为 d 的圆为例,说明正等测中两种常用的椭圆的近似画法。

1.按外切菱形作椭圆

如图 5-16,此法作图简便,其不足之处是长、短轴误差较大。

2.根据圆的直径作椭圆

如图 5-17,此法作图简便,长轴误差较小。

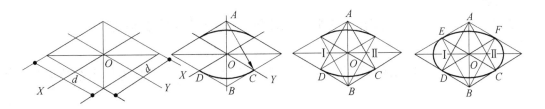

(a) 画轴测轴及长、短轴方向，按圆的外切正方形画出菱形

(b) 以A、B为圆心、AC为半径画两大弧

(c) 连AD和AC交长轴于 I、II 两点

(d) 以 I、II 为圆心，I D 为半径画小弧，在C、D、E、F处与大弧连接

图 5-16　按外切菱形画椭圆

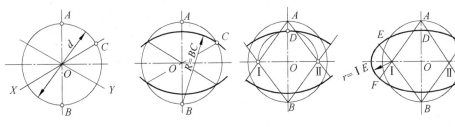

(a) 画轴测轴及长、短轴方向，以O为圆心，d为直径画圆

(b) 以短轴上A、B 两点为圆心，BC为半径画两大弧

(c) 连O为圆心，OD为半径画弧交长轴于 I、II 两点

(d) 以 I、II 为圆心，I E 为半径画小弧，在(E、H、G、F为连接点)

图 5-17　根据圆的直径画椭圆

5.2.6　回转体正等测的画法

掌握了圆的正等测画法后,就不难画出回转体的正等测。

例 5-8　已知圆柱体的两面投影图,求作其正等测(图 5-18)。

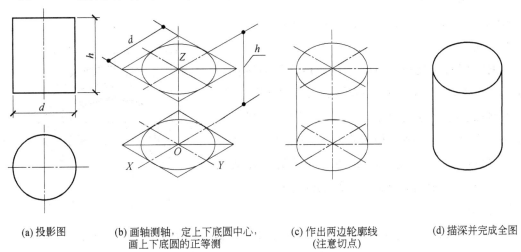

(a) 投影图

(b) 画轴测轴,定上下底圆中心,画上下底圆的正等测

(c) 作出两边轮廓线(注意切点)

(d) 描深并完成全图

图 5-18　圆柱的正等测画法

1. 分析

画圆柱的正等测,只要分别作出其顶圆和底圆的正等测,再作其公切线即得。

2. 作图

画轴线垂直于 XOY 坐标面的圆柱,采用简化轴向伸缩系数,其作图方法及步骤如图5-18所示。

例5-9 已知圆球的投影图,求作其正等测(图5-19)。

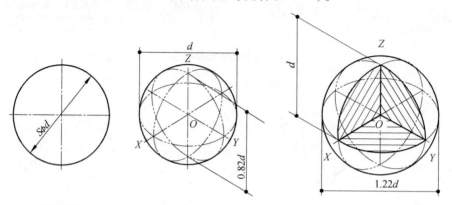

(a) 球的投影图　(b) 按轴向伸缩系数画球的正等测　(c) 按简化伸缩系数画球的正等测,并作剖切

图5-19 球的正等测画法

1. 分析

圆球的正等测是一个圆。采用轴向伸缩系数0.82画图,圆的直径等于球的直径;用简化轴向伸缩系数画图,则圆的直径等于球的直径的1.22倍。为增强图形的直观性,可画出球面上三个分别与坐标面平行的最大圆的投影(椭圆),也可采用剖切1/8的方法来表示。

2. 作图

具体见图5-19所示。

例5-10 求作圆环的正等测(图5-20)。

1. 分析

圆环可以看作是由一直径不变的球面沿着圆周运动而形成。所以,圆环的正等测的画法,可采用包络法,即画出球心在圆环母线圆心回转轨迹(中心圆)的一系列球的正等测,然后画出其包络线,即为圆环的正等测图。为增强图形的直观性,可采用剖切1/4的方法表示。图5-20所示为采用简化轴向伸缩系数的画法。

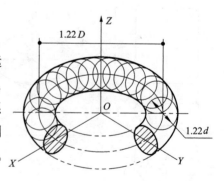

图5-20 圆环的正等测画法

2. 作图

(1)作出圆环的中心圆的正等测(椭圆:长轴 $=1.22D$,D 为圆环的中心圆直径)。

(2)画一系列直径等于 $1.22d$ 的圆(直径为 d 的球的正等测),圆心均在上述椭圆上。

(3)作这些圆的包络线,并作1/4剖切,即为圆环的正等测。

例5-11 已知回转面的两面投影图,求作其正等测(图5-21)。

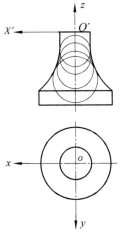

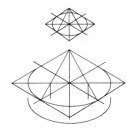

(a) 选择坐标系,并作一系　　　　　　　(b) 画圆柱上、下底圆及回
列内切球的 V 面投影　　　　　　　　　转体上底圆的正等测

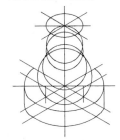

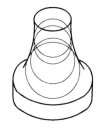

(c) 在两面投影图上量取球直径乘　　　　(d) 画包络线,完成全图
以 1.22 倍,并在球心的相应高
度位置上作圆球的正等测

图 5－21　回转体的正等测画法

1. 分析

如图 5－21a,将回转体的轴线分为若干份,以各份为中心,作出回转体的一系列内切球,再对应地作出这些球的正等测,画出它们的包络线即得。

2. 作图

采用简化轴向伸缩系数,作图方法及步骤如图 5－21 所示。

5.2.7　正面斜二测画法

例 5－12　图 5－22 所示,已知建筑上常用花格图案的 V 面和 W 面投影,求作其正面斜二测。

1. 分析

如图 5－22 所示,花格图案由非圆曲线组成,现用方格网法作其正面斜二测。

2. 作图

(1)在所给出的 V 面投影上绘出方格网(图 5－22a);

(2)作出正面斜二测轴测轴,并取 $p = r = 1$,$q = 1/2$(图 5－22b);

(3)画出花格外框及其前表面上网格的正面斜二测(图 5－22c);

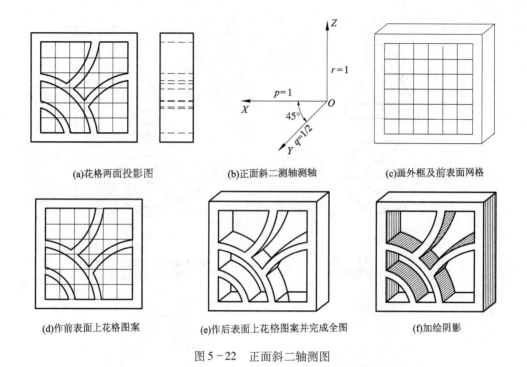

(a)花格两面投影图　　　　　(b)正面斜二测轴测轴　　　　(c)画外框及前表面网格

(d)作前表面上花格图案　　　(e)作后表面上花格图案并完成全图　　(f)加绘阴影

图 5 - 22　正面斜二轴测图

（4）根据花格图案曲线上点在网格中的位置（图 5 - 22a），将它描绘到网格的正面斜二测中，得花格图案的前表面正面斜二测（图 5 - 22d）；再将花格图案沿 Y 轴方向向后平移 1/2 宽度后，光滑连接并描深（用中实线）便完成全图（图 5 - 22e）。

5.2.8　水平面斜等测画法

水平面斜等测，由于能反映与 H 面平行的平面图形的实形，适宜用来绘水平面上有复杂图案的形体。如画一幢房屋的水平剖面，以反映房屋内部布置；或一个区域的总平面，以反映区域中各建筑物、道路、设施等的平面位置及相互关系，以及建筑物和设施等的实际高度。

例 5 - 13　根据图 5 - 23a 所示房屋的立面图（V 面投影）和平面图（H 面投影），作带水平截面的水平面斜等测。

1. 分析

本例实质上是用水平面剖切房屋后，将剖切平面的下半部分画成水平面斜等测。

2. 作图

（1）先画断面，即将房屋的平面图旋转 30°角后画出其断面（图 5 - 23b）。

（2）画主要构件的轴测图。为此，过角点向下画高度线，作出内外墙、门、窗、柱子等主要构件的水平面斜等测（图 5 - 23c）。

（3）画细部，如台阶、水池、室外勒角线等，描深，完成水平面斜等测（图 5 - 23d）。

例 5 - 14　根据图 5 - 24a 所示花坛、坐椅组合的投影图，绘画水平面斜等测。

1. 分析

由于花坛、坐椅的高度不一，绘画时可先将花坛、坐椅组合的投影图之 H 面投影图旋转

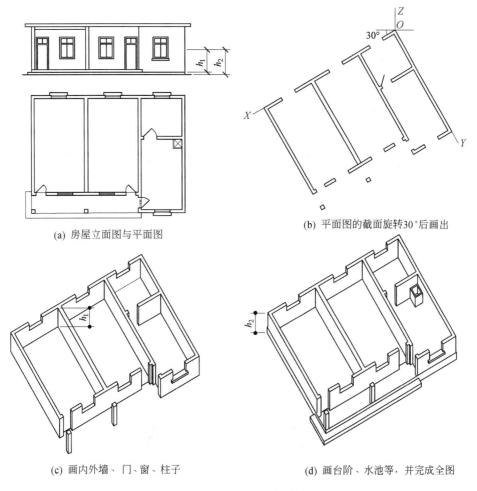

(a) 房屋立面图与平面图

(b) 平面图的截面旋转30°后画出

(c) 画内外墙、门、窗、柱子

(d) 画台阶、水池等，并完成全图

图 5－23　带断面的房屋水平面斜等轴测投影画法

30°画出，然后在花坛、座椅组合的平面图上按花坛、座椅的实际高度竖高度(图5－24b)。

　　2.作图

　　具体绘图方法与步骤读者自行分析，不再赘述。

5.3　轴测投影的剖切画法

5.3.1　剖切轴测图

　　为了在轴测图上表达形体的内部结构，可采用剖切的方法，即在轴测图上，假想用两个剖切平面沿着其中两个坐标面的方向剖切，将处在观察者和剖切平面之间的部分移去，而将其余部分向投影面投射所得图形，称为剖切轴测图(图5－25a)。

　　为了保证轴测图富有立体感，尽量避免用一个剖切平面去剖切整个形体(图5－25b)，或选择不正确的剖切位置(图5－25c)。

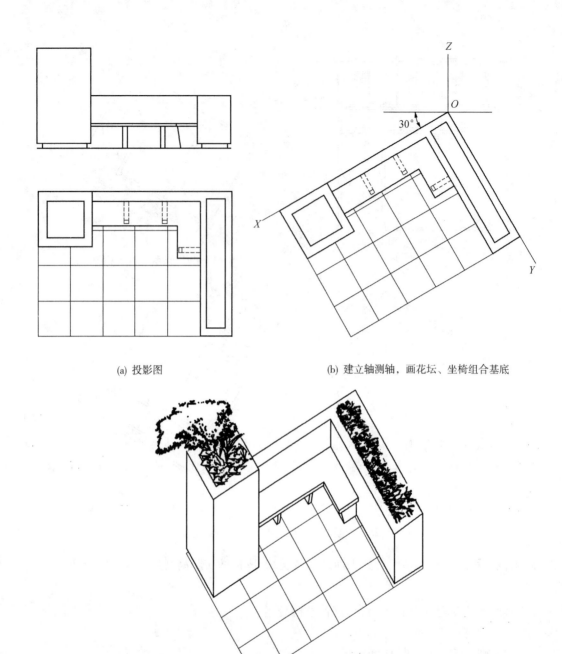

(a) 投影图　　　　　　　　　　　(b) 建立轴测轴，画花坛、坐椅组合基底

(c) 竖高度，完成全图

图 5-24　花坛、座椅组合的水平面斜等测

5.3.2　剖面符号的画法

多面正投影图上的剖面符号方向与水平线成 45°（见第七章），因为 45° 角的对边和底边相等，这两个边的方向即相应坐标轴的方向，所以，剖面符号 45° 线两直角边的正等测也应相等。例如，当采用简化轴向伸缩系数时，可在 OX 及 OZ 轴上各取 l 长度单位，得到两点，过该两点连线，即得 XOZ 平面上 45° 角方向的直线的正等测（图 5-26），它与水平线成 60° 角（图 5-26a）。

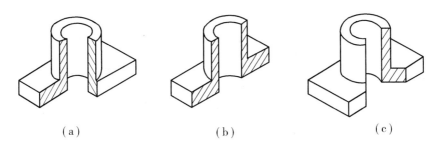

（a）　　　　　　（b）　　　　　　（c）

图 5－25　轴测图的剖切方法

同理,可画出 *YOZ* 及 *XOY* 两坐标面上剖面符号的正等测。

正面斜二测中剖面符号画法,如图 5－26b 所示。

水平面斜等测中剖面符号画法,如图 5－26c 所示。

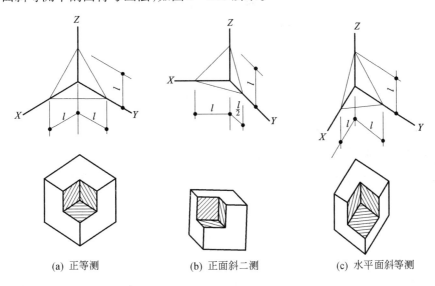

(a) 正等测　　　　　　(b) 正面斜二测　　　　　　(c) 水平面斜等测

图 5－26　轴测图断面图例线画法

5.3.3　剖切轴测图的画法

剖切形体的轴测图,先画出完整形体的轴测图,然后按所选定的剖切位置画出断面轮廓,再将可见的内部形状画出,如图 5－27 所示。

例 5－15　已知杯形基础的两面投影图,画出杯形基础剖去四分之一后的正面斜二测(图 5－27)。

1. 分析

剖切轴测图的画法与一般形体轴测图的画法相同,只是要进行剖切,并在断面轮廓范围内加画剖面符号。可采用先画出完整形体的轴测图,然后按所选定的剖切位置画出断面轮廓,再将可见的内部形状画出。

2. 作图

(1)画出未剖切的整个杯形基础的正面斜二测(图 5－27b)。

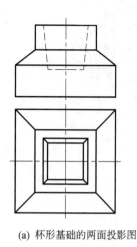

(a) 杯形基础的两面投影图

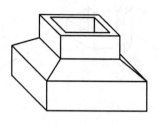

(b) 选定轴测投影的类型

(c) 用平面剖切物体

(d) 画出物体被剖切的
断面和可见轮廓线

(e) 加深断面轮廓线,按正
面斜二测画上剖面线

图 5 - 27　轴测投影的剖切画法

(2)用剖切平面剖切形体(图 5 - 27c)。

(3)绘出形体被剖切的断面和看到的轮廓线(图 5 - 27d)。

(4)描深断面轮廓线,按图 5 - 26b 所示剖面符号的方向,画出断面上的剖面符号,完成画图(图 5 - 27e)。

本章小结

本章介绍了工程上常用的轴测图:正等测、斜二测和水平面斜等测。主要介绍正等测。

轴测图是一种根据平行投影的原理形成的单面投影图。它具有平行投影的性质(平行性和定比性)。作轴测图时,主要利用这两个性质。

轴测图和多面正投影图之间,通过轴测轴和坐标轴的对应关系,建立起形体上的几何要素与其轴测投影的对应关系。

(1)正等测的轴向伸缩系数和轴间角均分别相等。它的三个方向的圆的投影——椭圆的形状和作图方法都相同,且作图简便。当形体多个方向有圆、圆弧或形状较复杂时,适宜采用正等测。

①各轴的轴向伸缩系数均等于 0.82,即:$p = q = r = 0.82$(图 5 - 2a)。作图时,一般取简化轴向伸缩系数:$p = q = r = 1$。

②三根轴之间的轴间角均为 120°,即:$\angle XOY = \angle XOZ = \angle YOZ = 120°$。

(2)正面斜二测反映平行于正面的平面图形的实形,故当物体一个方向的表面形状比较复杂时,多采用正面斜二测。

①各轴的轴向伸缩系数:$p = r = 1, q = 1/2$。

② 三根轴之间的轴间角:$\angle XOZ = 90°, \angle XOY = \angle YOZ = 135°$。

（3）水平面斜等测反映平行于水平面的平面图形的实形,适宜用来绘画一幢房屋的水平断面或一个区域的总平面图。

①各轴的轴向伸缩系数:$p = r = q = 1$。

②三根轴之间的轴间角:$\angle XOZ = 120°$, $\angle XOY = 90°$, $\angle YOZ = 150°$。

作轴测图的基本方法有:坐标法、叠加法和切割法。主要为坐标法:根据物体的形状特征,选择恰当的轴测投影,按坐标关系,画出形体上各点的轴测图,然后连点成线而形成轴测图。

第6章　组合体

　　任何形体都可认为是由一些基本形体,通过叠加、切割或两者综合组合而成,称为组合体。在工程制图中,组合体的多面正投影图的各个投影又称为视图。在三面投影体系中得到的三个视图(称为三视图或三面),其中正面(V)投影称为正立面图(简称正面图或立面图);水平(H)投影称为平面图;侧面(W)投影称为侧立面图(简称侧面图)。本章主要介绍如何应用投影理论,并运用投影分析法、形体分析法和线面分析法,解决组合体三视图的绘图、看图及标注尺寸的问题,为阅读和绘制专业图打下基础。

6.1　组合体的形体分析

6.1.1　组合体的组合形式

　　组合体的组合形式大致可归纳为叠加式和切割式两种,常见的是两种形式的综合。

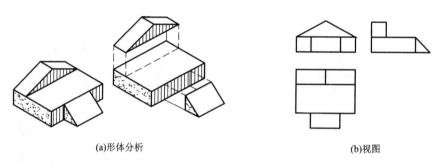

(a)形体分析　　　　　　　　　　　　　　(b)视图

图6-1　叠加式组合体

6.1.1.1　叠加式

　　这种形式的组合体由若干基本形体堆砌或拼合而成(图6-1)。其表面之间有平齐、不平齐、相切或相交等关系(图6-2)。

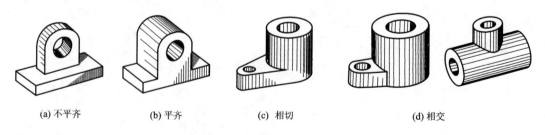

(a) 不平齐　　　　(b) 平齐　　　　(c) 相切　　　　(d) 相交

图6-2　形体间的表面关系

　　(1)当两基本形体表面不平齐时,视图中应有轮廓线分隔。

　　如图6-2a,形体前后表面不平齐,其正面图上应画出分隔的轮廓线(图6-3a)。

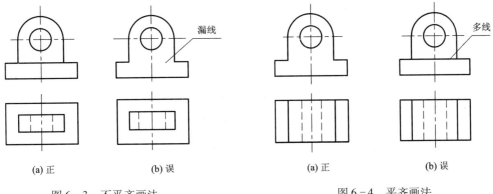

(a) 正　　　　　(b) 误　　　　　　　　　(a) 正　　　　　(b) 误

图 6-3　不平齐画法　　　　　　　　图 6-4　平齐画法

（2）当两基本形体表面平齐时，视图中不应有轮廓线分隔。

如图 6-2b，形体前后表面平齐，其正面图上不应画出分界线（图 6-4a）。

（3）当两基本形体表面相切时，由于相切处两表面光滑过渡，故在相切处不应画线。

如图 6-2c，形体由耳板与圆柱组成，耳板的侧面与圆柱面相切，在相切处形成了光滑过渡，没有分界线。因此，相切处在正面图、侧面图中不画线。注意图示两个切点的正面投影和侧面投影的作图（图 6-5a）。

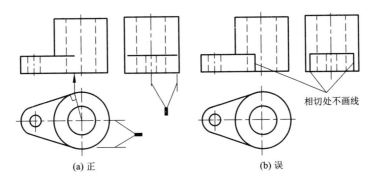

相切处不画线

(a) 正　　　　　　　　　　　(b) 误

图 6-5　相切画法

相切只发生在平面与曲面以及两曲面之间。画图时，只有当平面与曲面或两曲面的公切面垂直于投影面时，在该投影面上画出公切面的投影，此外其他任何情况均不画线（图 6-6）。

（4）当两基本形体表面相交时，则表面交线是它们的分界线，交线的投影应画出。

如图 6-7a，为平面与曲面相交；如图 6-7b，为曲面与曲面相交。

6.1.1.2　切割式

该种形式的组合体由一个基本形体被切割了某部分而形成（如图 6-8）。

在实际中，常见的组合体是两种形式的综合（图 6-9）。

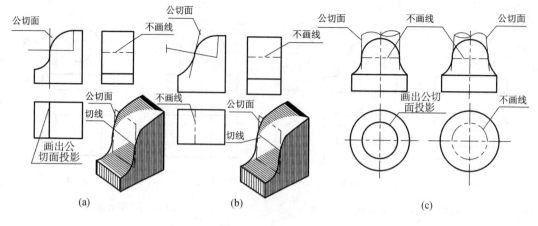

图 6-6 相切画法

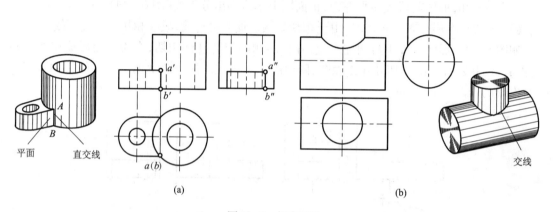

图 6-7 相交画法

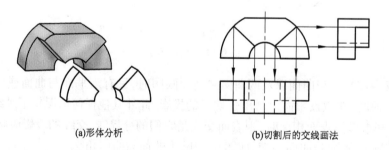

(a)形体分析   (b)切割后的交线画法

图 6-8 切割式组合体

6.1.2 形体分析法

从上述可归纳得：

（1）从形状结构特征分析,任何组合体都可视为由若干简单的基本形体组合而成,都可假想将其分解为若干基本形体。

（2）组合体的投影图,由组合成该组合体的基本形体的投影组合而成。在组合成型中,由于受各基本形体之间的相对位置和表面关系的影响,原单独表示基本形体的投影轮廓线所构

114

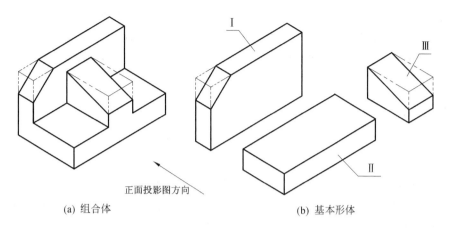

(a) 组合体　　　　　　　　　　　　　　　　　(b) 基本形体

图 6-9　组合体的形体分析

成的封闭线框,在组合体的投影图上可能发生一些小的变化。如图 6-5,耳板与圆柱相切处不画线。

(3)要齐全、合理地标注组合体的尺寸,实际上就是标注出组成组合体的基本形体的大小尺寸及确定它们之间相对位置的定位尺寸。

在绘图、标注尺寸和看图过程中,假想把组合体分解成若干基本形体,分析并弄清各基本形体的形状结构、组合形式及相对位置,以便绘图、标注尺寸和看图的思维方法,称为形体分析法。这种思维方法,将解决较为复杂组合体的表达问题转化为解决基本形体的表达问题,使复杂问题变得简单。

形体分析法为工程技术人员的构思成形(设计)、形体表达(绘图)和体现成物(施工、制造)的创造性思维活动,提供了一种科学的思维方法。

如图 6-9a 所示组合体,可分解成形体Ⅰ、形体Ⅱ和形体Ⅲ三部分(图 6-9b)。形体Ⅰ在组合体的后方,它由一块长方体被一个正垂面从左上方切割掉一块三棱柱而成;形体Ⅱ在组合体的前下方,它是一块长方体,后方紧贴形体Ⅰ,两形体左、右侧面和下底面平齐;形体Ⅲ在组合体的前上方,叠加在形体Ⅱ的上方,后方贴紧形体Ⅰ,且设置在组合体的左右公共对称面上,它由一块长方体被侧垂面从上方切割掉一块三棱柱而成为一个梯形棱柱。

6.2　组合体画图

下面通过对图 6-10 所示组合体投影图的绘图,详细介绍组合体的三视图绘制方法与步骤。

6.2.1　形体分析

形体分析主要从两方面进行:

(1)根据组合体的形状特征,假想将其合理地分解为若干个简单基本形体,弄清它们的形状。

(2)分析组合体的组合形式,弄清基本形体之间的相对位置及表面关系,明确投影特点,确定绘图方法与步骤。

如图 6-10 所示,组合体可分解成形体Ⅰ、形体Ⅱ和形体Ⅲ三部分。其中,形体Ⅰ为一长

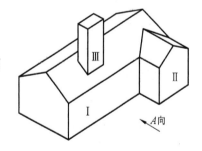

图 6-10　房屋立体图

五棱柱,各棱面垂直 W 面;形体 Ⅱ 是一个同时被两个相交的正平面和侧垂面(形体 Ⅰ 的前面和前斜面)切割所得的不完整五棱柱,各棱面垂直 V 面,它的下棱面和右侧棱面与形体 Ⅰ 表面分别平齐。形体 Ⅲ 是一个长方体,棱面垂直水平面,其下部被一侧垂面切割,置于形体 Ⅰ 的前斜面上,位置稍偏左。

6.2.2 选择视图

选择视图按下述步骤进行:确定组合体的放置位置;确定正立面图的投影方向;确定视图数量。

正立面图选择的原则:将最能反映组合体的形状特征的投影方向作为正立面图的投影方向;投影方向确定后,按工作位置或自然位置放置,以使组合体各表面尽量处于特殊位置。同时,还应注意使平面图和左侧立面图中的不可见轮廓线尽量减少,并应合理使用图纸幅面。当正立面图的投影方向和组合体放置位置确定后,其他视图也就被相对确定。

视图数量的确定原则:在保证能完整清晰地表达出形体形状的前提下,视图的数量应该尽可能少,每一个视图应有其表达重点。

如图 6-10 所示,组合体的放置位置如图所示,按自然位置放置,将组合体的底面平行于水平面;以箭头所指方向(图示 A 向)作为组合体的正立面投影方向,让组合体的主要立面平行于正立投影面,以使正立面图能充分反映组合体的形状特征;形体 Ⅰ 与形体 Ⅱ 只需正立面图和左侧立面图表示,但形体 Ⅲ 必须加上平面图,故对该组合体采用三个视图表示。

6.2.3 选比例,定图幅

视图确定后,根据视图数量,依照国家标准规定,依据实物的大小和复杂程度选择图示比例:如实物小而又复杂,则选择适当的放大比例;反之,选择适当的缩小比例。比例选定后,则根据视图的大小、视图之间应预留的间距及标注尺寸、图名、画标题栏、书写说明的预留空位等,确定图幅面积,选定标准图幅。

6.2.4 布置视图

布置视图时,要根据各视图每个方向的最大尺寸及视图应该预留的空位,确定每个视图的位置。视图间留出的空位应保证在标注尺寸后尚有适当宽裕,且布置要匀称。布图可画出各视图的对称轴线、大圆的中心线、回转轴线投影、视图基线(如组合体底面、侧面投影轮廓线),以确定视图位置。

6.2.5 画底稿

根据形体分析的结果,将组成组合体的各基本形体按其位置关系及表面关系绘图。可以根据形体的大小和位置,先大后小,先里后外;根据形体的投影,从各基本形体的特征视图入手,逐个画出各基本形体的三视图,从而完成组合体的投影。具体步骤见图 6-11。

画底稿时应注意:

(1)应运用形体分析法,先画特征视图,后画一般视图,三个视图配合着进行。对叠加式组合体,可逐一画出各组成基本形体的三视图;对切割式组合体则先画整体,后切割。先画截平面的积聚性投影,再按投影关系画其余投影。

(2)画图时,先画主要部分,后画次要部分;先画主体,后画细节;先画可见(粗实线),后画

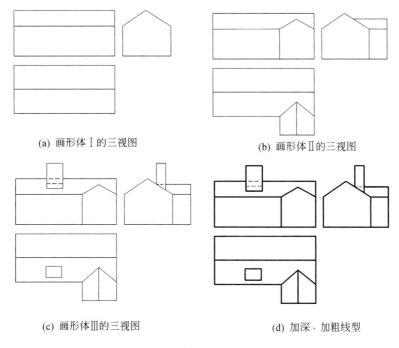

(a) 画形体Ⅰ的三视图

(b) 画形体Ⅱ的三视图

(c) 画形体Ⅲ的三视图

(d) 加深、加粗线型

图 6-11　画建筑形体三视图的步骤

不可见(中虚线);注意各基本形体之间表面关系及其衔接处图线的变化。

(3)底稿画好后,务必认真检查,完全正确后,再根据图线要求描深。

6.2.6　描深图线,检查并完成全图

经检查底稿,确定无误后,擦去多余的图线,再按国标规定的线型,对细线描深,对粗线描粗。注意同类线型应尽可能保持浓淡和粗细一致。

描圆或圆弧与直线相切时,先圆后直;描水平线时,从上而下;描垂直线时,从左到右;描斜线时,左上向右下。按此顺序,描画所有的粗实线、中虚线、细点画线和细实线(剖面线、尺寸线、尺寸界线),画尺寸起止符号,注写尺寸数字及其他文字说明,描图框线,填写标题栏与签字栏。

检查并完成全图。

6.3　组合体视图的尺寸标注

图形只能表达形体的结构形状,而各部分结构的大小和相互位置却须用标注尺寸来表达。组合体视图的尺寸标注要求达到下述三点要求:

(1)正确:标注尺寸的数值应正确无误,注法应符合国家标准规定。

(2)完整:标注尺寸完全反映组合体的形状与大小,不遗漏,不重复。

(3)清晰:尺寸布置整齐清晰,便于看图。

6.3.1　基本形体的尺寸标注

要掌握组合体的尺寸标注,必须先学会基本形体的尺寸标注。在视图上应将确定基本形

体的尺寸标注齐全,并尽量将尺寸标注在反映基本形体形状特征的视图上。具体标注方法如表6-1所示,其中:

(1)正棱柱、正棱锥除标注高度尺寸外,还需标注其底面尺寸,一般可按表6-1所示形式标注,也可标注出其底的外接圆直径。

(2)圆柱和圆锥(或圆台)应标注出它们的高度和底圆直径;圆环应标注出母线圆和中心圆的直径。圆的直径尺寸数字前加注"ϕ",圆球的直径尺寸数字前加注"$S\phi$"。

(3)尺寸符号 ϕ 表示"圆直径",$S\phi$ 表示"球直径",圆的直径可标注在其积聚投影上,如表6-1所示,即可在一个视图上将这些回转体的尺寸标注完整。而棱柱、棱锥至少要在两个视图上标注尺寸。这也说明,表达一个完整的棱柱、棱锥,最少的视图为两个;而表达一个完整的回转体,最少视图可为一个。所以,今后读图时,有时需借助标注的尺寸来分析形体的形状。

表6-1　基本形体的尺寸标注

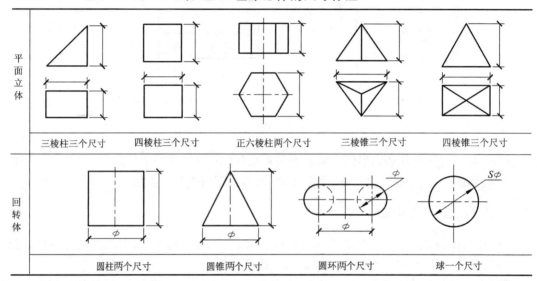

6.3.2　带切口的形体及其他常见结构的尺寸注法

1.带切口的形体的尺寸注法

带切口的形体除标注出基本形体的尺寸外,对切口则应在特征视图上集中标注出截平面的定位尺寸,而不标注截交线的定型尺寸(图6-12)。

2.带凹槽的形体的尺寸注法

带凹槽的形体,除了标注出基本形体的定型尺寸外,还必须标注出凹槽的定型尺寸及定位尺寸(图6-12)。

3.组合体具有交线时的尺寸注法

当组合体具有交线时,不能直接标注其交线的定型尺寸,而标注产生交线的形体或截面的定位尺寸(图6-13)。

6.3.3　尺寸种类和完整标注尺寸

6.3.3.1　尺寸的种类

对组合体,要求完整标注出下列三种尺寸(图6-14):

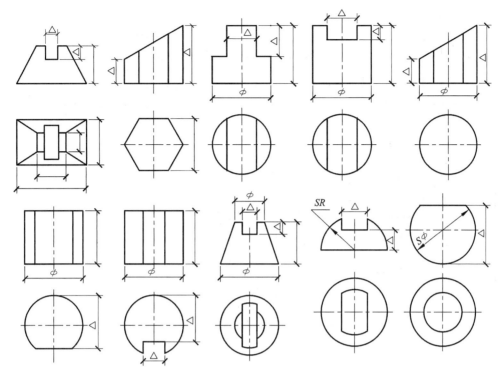

图 6-12　带切口或凹槽形体的尺寸标注

1. 定形尺寸

定形尺寸是确定组合体各组成基本形体大小的尺寸。

如图 6-14 所示,肋式杯形基础的定型尺寸:四棱柱底板长 3000、宽 2000、高 250;中间四棱柱长 1500、宽 1000、高 750;楔形杯口上底长 1000×宽 500,下底长 950×宽 450,高 650;左右肋板长 750、宽 250,两端高分别为 600 和 100;前后肋板长 250、宽 500,两端高分别为 600 和 100。

2. 定位尺寸

定位尺寸是确定组合体各组成基本形体

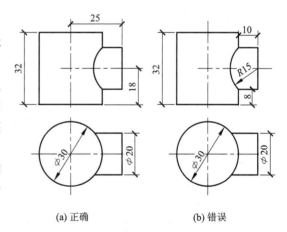

(a) 正确　　　　(b) 错误

图 6-13　相交形体的尺寸标注

间相对位置的尺寸。两个基本形体间,有长、宽、高三个度量方向的定位尺寸。

如图 6-14 所示,肋式杯形基础的定位尺寸:中间四棱柱的定位尺寸是长度方向 750、宽度方向 500、高度方向 250;杯口距离中间四棱柱的左右侧面和前后侧面均为 250;左右肋板的定位尺寸是宽度方向 875、高度方向 250,长度方向因肋板的左右端面与底板对齐不需标注;前后肋板的定位尺寸是长度方向 750、高度方向 250,宽度方向因肋板的前后端面与底板对齐不需标注。

对于对称的构筑物,必要时还应注对称的定位尺寸,以方便施工,如图 6-14 所示,肋式杯形基础还标注出杯口中线的定位尺寸长度方向 1500 和宽度方向 1000。

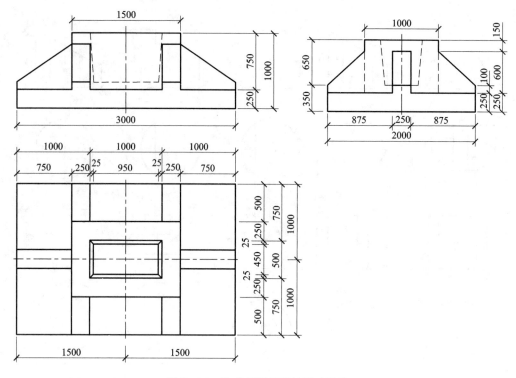

图 6-14　肋式杯形基础的尺寸标注

3. 总体尺寸

总体尺寸表示组合体外形大小的总长、总宽、总高尺寸。

如图 6-14 所示，肋式杯形基础的总体尺寸：总长 3000，总宽 2000，总高 1000。

6.3.3.2　标注尺寸要完整

完整标注组合体的尺寸，就是指所标注的尺寸应能完全确定物体的形状和大小，不遗漏。

形体分析法是保证组合体尺寸标注完整的基本方法。标注尺寸时，应首先按形体分析法将组合体分解为若干个基本形体，逐个标注出各基本形体的定型尺寸；再标注出基本形体间相对位置的定位尺寸；最后调整标注出总体尺寸。

图 6-15 表示完整标注组合体尺寸的具体方法与步骤。

1. 分析组合体的尺寸

运用形体分析法，如前述（见图 6-9）分析组合体的结构形状，将组合体分解为若干个基本形体，明确它们的形状及相对位置关系，从而确定组成组合体的基本形体的定型尺寸、基本形体之间相互位置的定位尺寸和组合体的总尺寸。

2. 逐个标注出组合体各基本形体的定型尺寸

按以上分析，各基本形体及其定形尺寸如图 6-16 所示，在组合体的三视图上，逐个标注（图 6-16a、b、c）。

3. 标注出确定基本形体间相对位置的定位尺寸

形体Ⅲ与形体Ⅰ和形体Ⅱ叠加时，必须用定位尺寸 110 确定其长度方向的位置。形体Ⅱ和形体Ⅲ与形体Ⅰ叠加时，已注出的形体Ⅰ定形尺寸 50，即为形体Ⅰ和形体Ⅲ宽度方向的定位尺寸；形体Ⅲ与形体Ⅱ叠加时，已注出的形体Ⅱ的定型尺寸 60，即为形体Ⅲ高度方向的定位

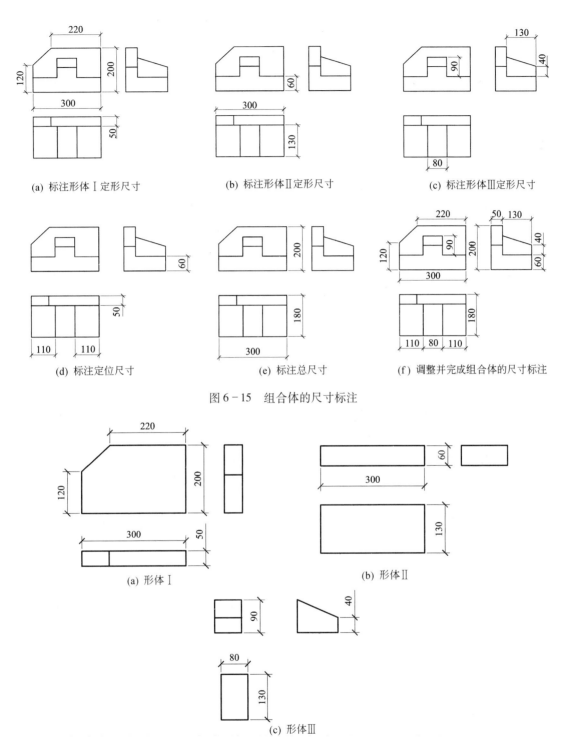

(a) 标注形体Ⅰ定形尺寸　　　(b) 标注形体Ⅱ定形尺寸　　　(c) 标注形体Ⅲ定形尺寸

(d) 标注定位尺寸　　　(e) 标注总尺寸　　　(f) 调整并完成组合体的尺寸标注

图 6－15　组合体的尺寸标注

(a) 形体Ⅰ　　　(b) 形体Ⅱ

(c) 形体Ⅲ

图 6－16　组合体的基本形体的三视图及尺寸标注

尺寸;形体Ⅱ与形体Ⅰ叠加时,已注出的形体Ⅰ定形尺寸 50,即为形体Ⅱ宽度方向的定位尺寸。这些定位尺寸不必重复注出。各形体间的其他度量方向,因形体间有共面关系,即可视其定位尺寸为 0。因此,形体Ⅱ的长、宽、高度量方向定位尺寸分别为 0、50、0;形体Ⅲ的长、宽、高度量方向定位尺寸分别为 110、50、60。这里实际要独立注出的定位尺寸只有一个(110),如图 6-15d 所示。

4. 标注出表示组合体外形的总体尺寸

组合体外形尺寸,即总长度 300,总宽度 180,总高度 200。这些尺寸中,总长度 300 也是形体Ⅰ与形体Ⅱ的长度方向定形尺寸;总高度 200,也是形体Ⅰ的高度方向定形尺寸。

从上述可见,有些定形尺寸可能又是定位尺寸或总体尺寸,对这些尺寸要进行分析,以避免不必要的重复标注。

6.3.3.3 标注尺寸要清晰

标注尺寸要清晰,尺寸标注要注意下列各点:

(1)同一形体的尺寸应尽量集中标注,并应尽可能标注在表示形体特征最明显的视图上。

(2)尺寸应尽量标注在视图外部,并尽量不注在虚线上。与两视图有关的尺寸,尽量标注在两视图之间。

(3)尺寸线、尺寸界线与轮廓线应尽量避免相交,为此应将小尺寸注在里面(距图样最外轮廓线之间的距离不宜小于 10 mm),大尺寸注在外面,两尺寸线之间的距离为 7～10 mm,并应保持一致。

(4)圆的直径一般标注在投影为非圆的视图上;圆弧的半径应注在投影为圆弧的视图上。

6.4　看组合体视图的基本方法

形体分析法与线面分析法是绘图和看图的基本分析方法。画图是把形体按正投影法表达在平面上的过程;看图是运用正投影法根据平面上的图形想象出形体结构形状的过程。两者相辅相成,其过程既有共同点,又各具特点。本节着重介绍看组合体视图的基本方法。

6.4.1　形体分析法看图

要看懂组合体,首先运用形体分析法看图,其过程是:从特征视图入手,根据基本形体的投影特征,联系其他视图,分析组合体视图所表示的各组成基本形体的形状和相对位置,然后综合分析、归纳,最后确定组合体的整体结构形状。整个过程可简单归纳为:分形体,对投影;明形体,定位置;综合想,得整体。

看图顺序:先看主要部分,后看次要部分;先看容易确定的部分,后看难以确定的部分;先看整体形状,后看细节结构。

例 6-1　看图 6-17a 所示组合体的三视图。

1. 分形体,对投影

从反映组合体形状特征的正立面图入手,将组合体的投影分成 1′、2′、3′三部分。并根据投影"三等"关系,分别找到它们在平面图、左侧立面图上的对应投影。

2. 明形体,定位置

分别从各组成部分的特征视图入手,对应其他视图,从它们的投影特征看出它的形状。如分别从正立面图和平面图入手,结合其他视图看出形体Ⅰ、形体Ⅱ都是一块长方体;同样,从左侧面图入手,结合分析其他视图可得出形体Ⅲ是一个五棱柱体(也可认为是一块长方体,它的前上角被侧垂面截平面切掉一块三棱柱)。这样就想象得出三块形体的形状(图 6-17b)。

在看懂各组成部分的形状后,再从组合体的特征视图入手,对应分析其他视图,看懂它们

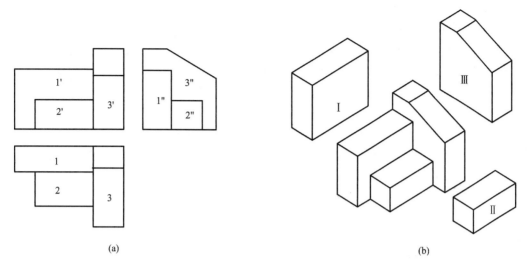

(a)　　　　　　　　　　　　　　　　　(b)

图 6 - 17　用形体分析法看图

的相对位置关系。如从立面图可知,形体Ⅰ与形体Ⅱ的右侧面紧靠形体Ⅲ,它们的底面平齐(共面);再从左侧立面图或平面图看出,形体Ⅱ在形体Ⅰ前方且紧靠形体Ⅰ,形体Ⅰ与形体Ⅲ的后面平齐。

　　3.综合想,得整体

　　根据以上看图分析,得出了组合体的各组成部分的形状及其左右、上下、前后的相互位置关系,经综合想象,就可得出组合体的整体形状(图 6 - 17b)。

6.4.2　线面分析法看图

　　线面分析法看图,就是利用线面的投影特性,从视图中的线框和轮廓线入手,运用投影规律识别这些要素的空间几何形状、位置,进而想象出物体的形状。线面分析法是看图的辅助方法,主要用于识读形体局部复杂的组合体投影。

　　要运用线面分析法,必须在掌握各种位置直线、平面的投影特性的基础上,明确视图中线和线框与形体上的线和面的对应关系。

6.4.2.1　视图中线的含义

　　(1)面(平面或曲面)的积聚投影。如图 6 - 18,l''是正平面在侧面上的积聚投影。

　　(2)两表面交线的投影。如图 6 - 18,m'是平面与圆柱面交线的投影。两相交表面,可以是平面与平面、平面与曲面或曲面与曲面。

　　(3)曲面的投影轮廓线。如图 6 - 18,n是圆柱面对侧面转向线的投影轮廓线。

　　在看图进行投影分析时,视图中线的含义不外乎上述三种情况。

6.4.2.2　视图中线框的含义

　　1.视图中的封闭线框

　　(1)视图中的每一个封闭线框,一般表示形体上的一个表面,该表面可能是平面,也可能是曲面或平面与曲面相切组合面,看图时需要对几个投影图进行对应分析。如图 6 - 18,a'是一个平面(正平面)的投影;b'是圆柱面的投影;c'是平面与曲面相切组合面的投影。

　　(2)视图中的封闭线框,也可能是空孔的投影。如图 6 - 18,d是空孔的投影。

2. 视图中相邻的两个线框

（1）两线框的公共边为形体上两个面的交线。如图6-18中线框a′、b′的公共边就是平面与圆柱面交线的投影。

（2）线框的公共边是另一个平面的积聚性投影。如图6-18中线框a′、c′及线框b′、c′的公共边j′,是另一个平面(水平面)的积聚投影。

3. 视图中大线框内套小线框

（1）小线框表示之表面可能凸出大框表示的表面,也可能是凹进去的。如图6-18中的线框e是凹进去表面的投影。

（2）小线框可能是空孔的投影。如图6-18中的线框d,是空孔的投影。

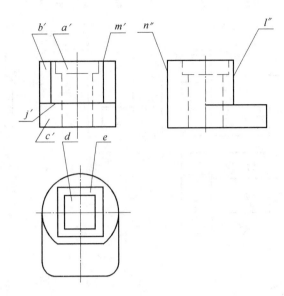

图6-18 投影图线、线框的含义

上述情况,需要对应其他视图的投影来判断。

线面分析法看图,是在形体分析法看图之后,对组合体的一些复杂的局部投影进行分析,彻底弄清这些局部结构。看图的基本方法可归纳为:形体分析明主体;线面分析辨局部;综合想象得整体。

例6-2 看组合体(图6-19)的三视图。

1. 形体分析明主体

从图6-19所示组合体的三视图,用形体分析法可看出它的基本形体是已被切掉几个角的长方体,长方体的前后对称位置偏右方有一个阶梯孔。

经过上述对该组合体进行形体分析,对其主体形状有了较明确的了解,但对其结构的细节,还需运用线面分析法进行深入的分析。

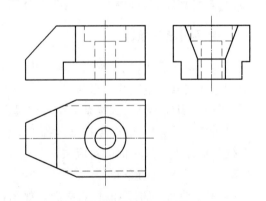

图6-19 形体的三视图

2. 线面分析辨局部

基本形体是长方体,要辨明其几个切掉的角的被切面的几何形状及其相互位置关系,必须从被切面的投影入手。具体分析如下:

图6-20a,从正立面图的左上方斜线p′(正垂面的积聚性投影)出发,对应平面图和左侧立面图的相仿图形投影p、p″的梯形线框,可知被切面P是梯形平面。

图6-20b,从平面图的前、后方斜线q(铅垂面的积聚性投影)出发,对应正立面图和左侧立面图的相仿图形投影q′、q″的一对七边形线框,可知被切面Q是七边形平面。

图6-20c,从左侧立面图的前下方竖直线段r″(正平面的积聚性投影)出发,对应平面图的积聚性投影(r)及正立面图上反映实形的投影r′的矩形线框,可知被切面R是矩形平面。

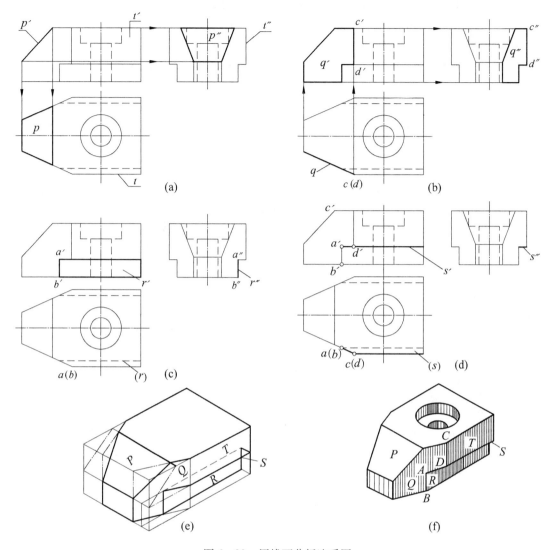

图 6-20　用线面分析法看图

图 6-20d，从左侧立面图的水平线段 s''（水平面的积聚性投影）出发，对应正立面图的积聚性投影 s' 及平面图上反映实形的投影（s）——四边形线框，可知被切面 S 是四边形平面。

视图中的一些线框之间的共有线，如 q' 与 r' 的共有线 $a'b'$ 是被切面 R 和 Q 交线的投影，$c'd'$ 是被切面 T 与 Q 交线的投影。

其余表面的投影及投影线框的共有线，请读者自行分析。

3．综合想象得整体

通过上述的线面分析，看懂该组合体表面的空间位置及其形状和表面间相对位置后，便能综合想象出该组合体的整体形状（图 6-20e、f）。

6.4.3　看懂组合体的两视图补画第三视图

给出能确定组合体形状的两个视图，要求补画第三视图，是培养和综合检验绘图、看图能力的有效手段，是前面所学知识的综合应用。

补画视图可分两步：第一，运用投影分析法、形体分析法和线面分析法看懂视图，想象出形体形状；第二，在想象出形体形状的基础上，根据已给两视图，按投影关系画出第三视图。

补画的顺序：先画外形，后画内腔；先画叠加部分，后画切割部分。

例6-3 依据图6-21给出的组合体的正面图和侧面图，补画平面图。

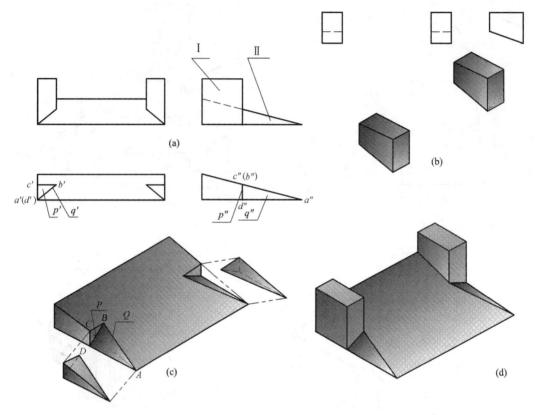

图6-21　运用线面分析法帮助看图

1. 看懂视图，想象整体

应用形体分析法，从特征视图入手，分析给出的两个视图，想象出各组成部分的形状及组合体的整体形状。

（1）形体分析明主体

根据图6-21给出的正面图和侧面图可以看出，该组合体由形体Ⅰ和形体Ⅱ组成。形体Ⅰ为梯形棱柱；形体Ⅱ为一块三棱柱，它的前面左右两侧分别被切去一角，其形状及平面图投影分析如下。

（2）线面分析辨局部

如图6-21c所示，形体Ⅱ的前面左右对称位置被切割的局部结构形状通过线面分析确定。

如图示，形体Ⅱ的正面图中有两个形状相同，且处于三棱柱投影线框内左右对称位置的三角形线框 p'，它们在侧面图的投影积聚为一竖直线段 p''，据此可得知：平面 P 是正平面，是一个三角形平面，正面投影反映实形，其水平投影也应积聚为直线段。形体Ⅱ的侧面投影中，前面的三角形线框 q''，在正面投影中于左右对称位置积聚为斜直线 q'，由此得知：Q 面也是三角形面,是正垂面,侧面投影是相仿图形,其平面投影也应为相仿图形——三角形线框,并对称地在形体Ⅱ前面左右两侧。该切去的部分应是一个三棱锥体。

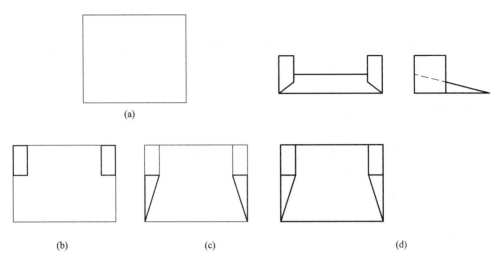

图6-22 已知形体的两面投影求第三投影

（3）综合想,得整体

综合上面分析,可以想象出整个形体由两块梯形棱柱体左右对称叠加在一块三棱柱上,且两块梯形棱柱体的后表面与左、右侧面分别与三棱柱的后表面和左、右侧面对应平齐。而三棱柱前半部的左、右两侧,分别被切掉一块三棱锥体,被切面为一个三角形;三棱锥体的底面与梯形棱柱体前表面靠齐。由此,得出图6-21d所示形体。

2. 对应投影关系,补画平面图

（1）绘三棱柱体的平面图外形轮廓线（图6-22a）;

（2）绘两块梯形棱柱体的平面图投影（图6-22b）;

（3）绘被切面的平面图投影（图6-22c）;

（4）检查,并描深图线,完成全图（图6-22d）。

本章小结

一、形体分析法与线面分析法是组合体绘图、标注尺寸和看图的基本方法

（1）在绘图、标注尺寸和看图过程中,假想把组合体分解成若干基本形体,分析各基本形体的形状、组合形式及相对位置,以方便绘图、标注尺寸和看图的思维方法,称为形体分析法。

（2）由视图中的一个封闭线框或一条线,运用投影规律,对应其他视图,辨明形体表面或表面交线的空间几何形状、位置,进而想象出组合体的形状的方法,就是看图的线面分析法。

（3）组合体投影分析:

①视图中线的含义:两面交线的投影;面的积聚性投影;回转面投影轮廓线。

②视图中线框的含义:一个封闭线框,是形体一个面的投影;相邻的两线框,是不同的两个面的投影;视图中大线框内含小线框,表示中间有凸出形体或凹槽、凹孔或空孔。

画图和看图应以形体分析法为主,线面分析法作为一种辅助方法,主要用于表达或识读局

127

部的复杂投影。

二、组合体画图方法与步骤

（1）形体分析。

（2）选择正立面图：选择最能反映组合体形状特性的方向作正立面图的投影方向；按工作位置或自然位置放置，使组合体各表面尽量处于特殊位置。

（3）定比例，选图幅。

（4）布置视图：用图形的基准线（对称线、中心线、轴线的投影、大的底面或端面的积聚投影线）布图。

（5）画底稿：逐个基本形体按其相对位置画出三视图，注意其位置关系及表面关系。

（6）检查，并将各类图线加深。

三、组合体尺寸标注方法与步骤

（1）形体分析。

（2）选定尺寸基准。

（3）标注定形尺寸。

（4）标注定位尺寸。

（5）标注总体尺寸。

（6）检查：按尺寸标注要求，正确、完整、清晰标注。必要时需要调整，做到不重复、不遗漏。

四、看组合体视图方法与步骤

（1）分形体，对投影。

（2）明形体，定位置。

（3）综合想，得整体。

第7章 工程形体的表达方法

在实际工程中,形体的形状和结构是多种多样的。在表达它们时,应使画出的图样清晰易懂,制图简便。显然,仅用前面介绍的三面视图是不够的。为此,国家标准《房屋建筑制图统一标准》GB/T 50001—2010 中,对表达形体的画法、图形配置和标注方法等各种表达方法作了统一的规定。本章主要介绍上述标准中关于视图、剖面图和断面图及一些简化画法的基本规定。

7.1 视图

7.1.1 基本视图

7.1.1.1 概念

视图主要用来表达形体的外部形状和结构。我国国家标准规定,视图按正投影法并用第一角画法绘制。

如图 7－1 所示,根据国家标准规定设有六个基本投射方向,将形体向六个基本投影面进行投影,可得形体的六个视图。

如图 7－2 所示,"国标"规定采用正六面体的六个面为基本投影面,即在原有 V、H、W 三个投影面的基础上,再增设三个分别对应平行原三投影面的新投影面,称为 V_1、H_1 和 W_1。将形体向三个新投影面投影,分别得到三个视图:从右向左投影,于 W_1 面上得到右侧立面图;从下向上投影,于 H_1 面上得到底面图;从后向前投影,于 V_1 面上得到背立面图。这样,加上前述三视图,形体向六个基本投影面投影就得到相应的六个视图:正立面图、平面图、左侧立面图、背立面图、底面图和右侧立面图。这六个视图称为基本视图。六个基本视图按图 7－2a 所示的方法,逐一展开摊平在 V 面所在平面上,展开后得到投影图的排列位置如图 7－2b 所示。

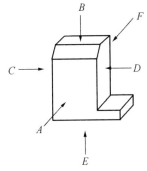

图 7－1　基本投影方向

六个基本视图之间,仍保持"长对正,高平齐,宽相等"的投影关系。

7.1.1.2 视图布置

(1)当在同一张图纸上绘制若干个视图时,各视图的位置宜按图 7－3 的顺序布置。

(2)每个视图均应标注图名。各视图图名的命名,主要包括平面图、立面图、剖面图或断面图、详图。同一种视图多个图的图名前加编号以示区别。图名宜标注在视图的下方中间位置,并在图名下用粗实线绘一条横线,其长度应以图名所占长度为准(图 7－3)。使用详图符号作图名时,符号下不再画线。

(3)视图编号:平面图以楼层编号,立面图以该图两端头的轴线编号,剖面图或断面图以剖切号编号,详图以索引号编号。

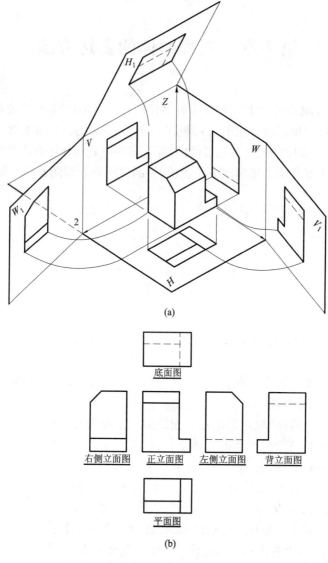

(a)

底面图

右侧立面图　正立面图　左侧立面图　背立面图

平面图

(b)

图 7-2　六个基本视图（第一角画法）

7.1.2　镜像投影

　　镜像投影是形体在镜面中的反射图形的正投影,该镜面应平行于相应的投影面,如图7-4a 所示。图中,如按直接正投影法画出形体的平面图,则形体下部不可见部分只能用中虚线画出;若用镜像投影绘制,将镜面代替水平投影面,则在镜面中反射得到的图像,形体不可见部分就变为可见,用粗实线画出。

　　绘制镜像投影图时,应按图7-4b 所示的方法在图名后用括号加注"镜像"二字,或按图7-4c 所示方法画出镜像投影画法识别符号。

　　建筑吊顶(顶棚)灯具、风口等设计绘制布置图,应是反映在地面上的镜面图,不是仰视图。

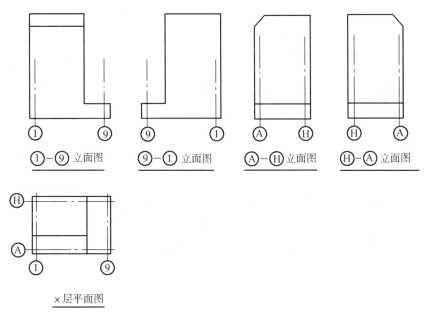

图 7-3 视图布置

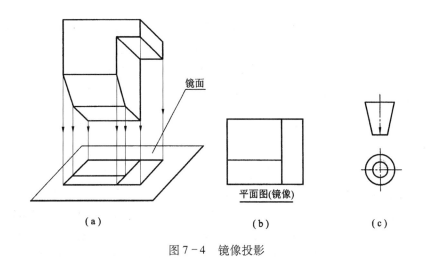

图 7-4 镜像投影

7.1.3 展开视图

建（构）筑物的某些剖分,如与投影面不平行(如圆形、折线形、曲线形等),在画立面图时,可将该部分展至与投影面平行,再以正投影法绘制,并应在图名后注写"展开"字样。

如图 7-5 所示,表达图示房屋,共选用了屋顶平面图、南立面图、西立面图和东立面图等视图。其中,南立面图是展开视图。由于房屋的中轴右侧部分,向西南方的立面倾斜于正立投影面,为了反映其实形,该视图假想将其倾斜部分展开至与左侧部分同时平行于正立投影面后再进行投影,得到如图示的"南立面展开图"。

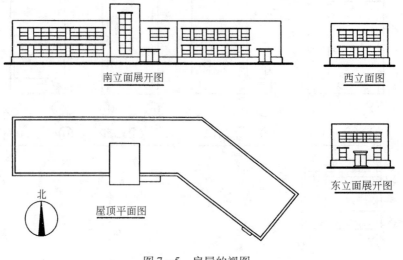

南立面展开图　　　　　　　　　　　西立面图

北　　　屋顶平面图　　　　　　　　东立面展开图

图 7－5　房屋的视图

7.2　剖面图

前述对形体的内部结构及被遮住部分,在投影图上均以虚线表示。对于内部形状和结构复杂的形体,这将造成图样中中虚线、粗实线相互重叠、交错混淆、层次不清晰,既不便于看图,又不利于标注尺寸。因此,在工程图样中,常采用剖面图和断面图来表达形体内部形状和结构。下面两节介绍国家标准对剖面图和断面图的规定画法。

7.2.1　概述

7.2.1.1　剖面图和断面图的形成

图 7－6a 所示为台阶的立体图。若绘制三视图表示,由于台阶两侧的栏板高于踏步,则在其左侧立面图中踏步将被栏板遮住,只能用虚线画出。如图 7－6b 所示,假想用一个侧平面,从踏步中间将台阶剖开,然后移开观察者与剖切平面之间那一部分形体,将剩下部分的形体向与剖切平面平行的左侧立面投影面投影,所得的投影图称为剖面图,简称剖面。剖面图中,除应用粗实线画出被剖切平面切到部分的图形外,还应用中粗实线画出沿着投射方向可以看到部分的投影轮廓线(图 7－6c)。

若假想采用剖切平面剖开形体后,仅用粗实线画出被剖切平面切到的部分(形体截断面)的图形,所得的投影图称为断面图,简称断面。断面图只需用粗实线画出被剖切平面切到部分的图形(图 7－6d)。

剖面图和断面图的主要区别是:断面图中,只画出断面的实形;而剖面图中,除了绘出断面的实形外,还要画出沿投射方向看到的形体剩下部分的投影轮廓线。也就是说,剖面图中包含了断面图。

画剖面图时,剖切是假想的,只有在画某一剖面图时才假想切开形体并移开其一部分,其他视图一定要按未作剖切的完整形体画出。

7.2.1.2　剖面图的绘图

(1)在剖面图中,形体被剖切面剖切到部分的轮廓线用粗实线绘制,剖切平面没有切到,

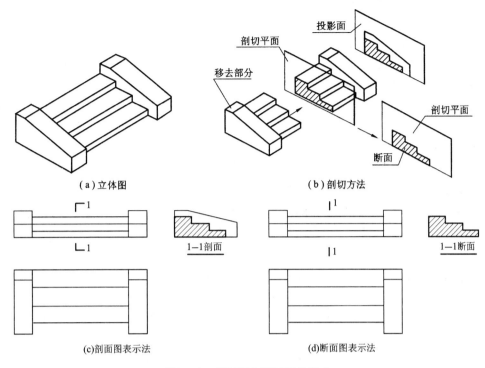

（a）立体图 　　　　　　　　　　（b）剖切方法

（c）剖面图表示法 　　　　　　　　（d）断面图表示法

图7-6　剖面图和断面图的形式

但沿投射方向可以看到的部分,用中实线绘制。

（2）为区分断面与非断面部分,规定要在断面上绘建筑材料图例,见表8-1。

（3）在剖面图中,一般只绘剖切平面后方沿投射方向可以看到的部分轮廓线,而不绘出中虚线(即不画出不可见部分轮廓线)。只有当形体某部分在其他投影图上未表示清楚,绘上中虚线后既不影响图形清晰,又可省略投影图时,才画出中虚线。

（4）仔细分析剖(断)面后面的形状结构,分析有关剖(断)面的特点,以免画错。图7-7所示是一组剖面后面结构不同的几种形体的剖面图,注意分析它们的投影特点。

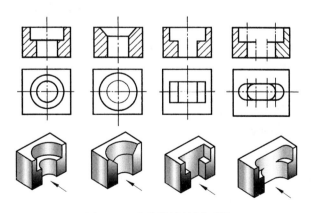

图7-7　几种孔槽的剖面图

7.2.1.3　剖面图的标注

为了明确投影图之间的投影关系,便于看图,对所绘的剖面图一般应加以标注,以明确剖切位置、投射方向、剖面图编号。

1. 剖切位置

由于垂直于投影面的剖切平面在该投影面上的投影积聚为一直线，该直线可表示剖切平面的位置，称为剖切位置线，简称剖切线。在投影图中剖切线用断开的两段短粗实线表示，长度宜为 6～10 mm(图 7－8)。剖切线不宜与图形中的其他图线相接触。如果剖切平面需要转折时，其剖切线的画法如图 7－8 中"3—3 剖面"所示。

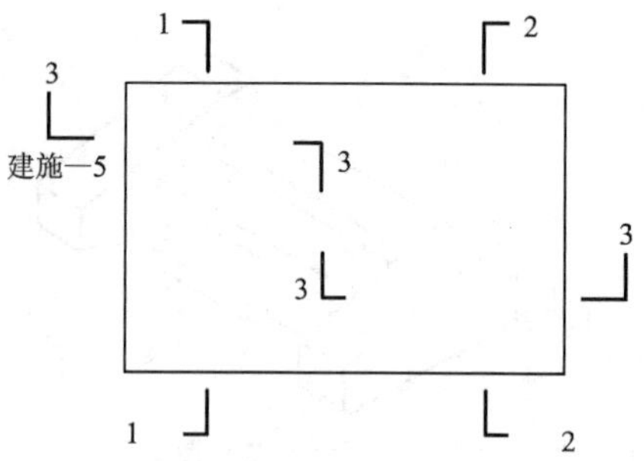

2. 投影方向

图 7－8 剖切符号和编号

为了表明剖切后的投射方向，在剖切线末端的外侧各画一段与之垂直的短粗实线表示投影方向，长度为 4～6 mm(图 7－8)。

3. 编号

剖切规定用阿拉伯数字进行编号，书写在表示投射方向的短粗实线一侧。需要转折的剖切线，如与其他图线发生混淆，应在转角处的外侧加注与该符号相同的编号。

同时，在所得剖面图的下方，注写相应的编号，以表明剖面图的名称，如图 7－11 所示"1—1"、"2—2"。

剖面图如与剖切线所在的图样不在同一张图内，可在图上剖切线的另一侧注明其所在图纸的编号。如图 7－8 所示"建施—5"，表明"3—3 剖面图"在建施第 5 号图样上。

7.2.1.4 材料图例

剖面图中包含了形体的断面，为了使剖面图层次分明，在断面上必须画上国家标准所规定的表示材料类型的图例(图 7－11)。常用的建筑材料图例见表 8－1(第 152 页)。如果没有指明材料，要用 45°方向的平行线表示，其线型为 0.25b 的细实线。当一个形体有多个断面时，所有图例线的方向和间距应相同。

7.2.1.5 剖切平面的设置

剖切平面的设置，应根据形体的形状特征进行选择，其原则是：所选择的剖切平面必须平行于某一投影面，以保证所得的剖(断)面图反映实形；所得的剖面图或断面图能充分表示形体的内部形状结构，以减少视图数量。

如图 7－9，房屋的平面图是采用一个水平剖切平面，沿窗台以上的窗口位置切开，将上部移开后所得的剖面图，反映出屋内房间平面布置。

如图 7－10，房屋的"1—1"剖面是采用两个相互平行的侧平面通过前、后窗的位置剖切房屋，以反映房屋内部的高度、分隔、墙体厚度和门窗位置等。

对一般形体，剖切平面则通过形体上的孔、洞、槽等，使内部形状的结构得以清楚表达。若形体对称，一般选择剖切平面通过对称面，圆孔则通过其轴线。

7.2.2 常用的剖切方法

7.2.2.1 用一个剖切平面剖切

这种方法适用于采用一个剖切平面剖切后，就能将内部形状和结构表达清楚的形体。

1. 全剖面图

假想用一个剖切平面完全地剖开形体所得到的剖面图，称为全剖面图(图 7－11)。

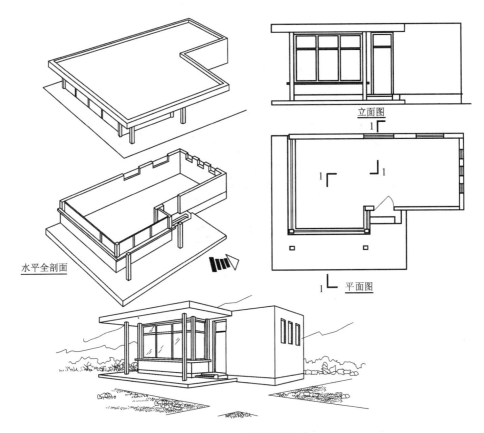

立面图

1

平面图

水平全剖面

图 7-9 平面图的形成

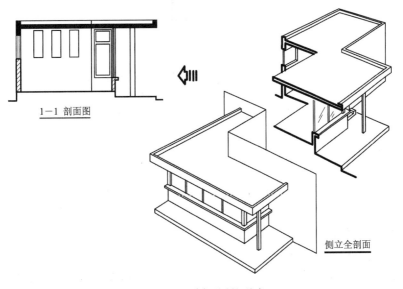

1-1 剖面图

侧立全剖面

图 7-10 剖面图的形成

全剖面图适用于内部形状复杂又不对称,或结构对称但其外形简单的形体。

2. 半剖面图

当形体具有对称平面,且内外结构均较复杂时,将垂直于对称平面的投影面上的投影,以

135

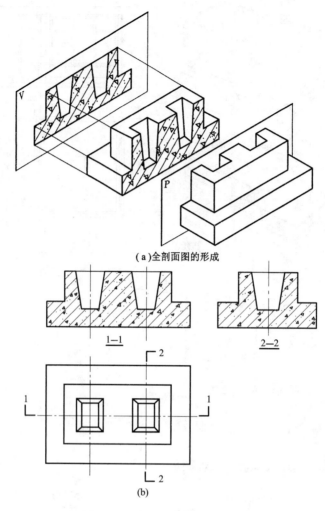

(a)全剖面图的形成

1—1   2—2

(b)

图7-11   杯形基础的全剖面图

对称面的积聚投影(对称线)为界,一半画剖面图,另一半画外形图。这种剖面图,称为半剖面图(图7-12)。对称线用细点画线表示。

3.局部剖面图和分层剖面图

当形体只有某一局部需要表达时,可假想用剖切平面局部地剖开形体,所得剖面图,称为局部剖面图。如图7-13所示的杯形基础的平面图中将其局部画成剖面图,以表示基础的内部钢筋的配置情况。

假想用分层剖切法画出的剖面图,称为分层局部剖面图(图7-14)。分层局部剖面图常用来表达楼面、地面和屋面的构造。

画局部剖面图和分层局部剖面图时,外形与剖面图部分,以及邻层剖面之间均以波浪线为分界线,波浪线的起始点必须以轮廓线为界,既不能超出轮廓线,也不能与图上其他图线重合。

形体若为对称时,可以作半剖面,但如果对称线恰好和形体投影轮廓线相重合,则不宜作半剖,而作局部剖面,如图7-15所示。

7.2.2.2   用两个或两个以上相互平行的剖切平面剖切

当形体内部形状结构较为复杂,而又处于相互平行且不重叠的剖切平面上时,可假想用几

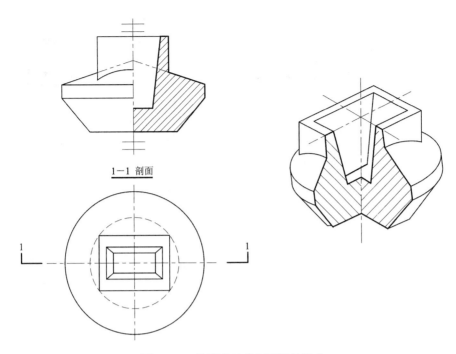

图 7－12　锥形基础半剖面图的形成

个相互平行的剖切平面剖切形体,所得的剖面图,称为阶梯剖面图。如图 7－10 所示的 1—1 剖面图,从平面图(图 7－9)所示剖切线可知,是一个阶梯剖面图。

画阶梯剖面图时应注意:剖切平面的转折处,在剖面图上规定不画线;剖面图图形内不应出现不完整的结构要素。

7.2.2.3　用两个相交的剖切平面剖切

假想用两个相交且交线垂直于基本投影面的剖切平面剖切形体,并将其中倾斜的部分旋转到与投影面平行的位置再进行投影,所得的剖面图,称为旋转剖面图。如图 7－16 的 1—1 剖面图为旋转剖面图。

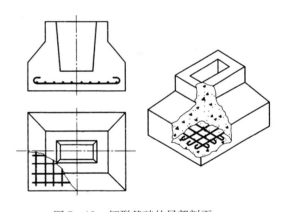

图 7－13　杯形基础的局部剖面

画旋转剖面图时,在剖切平面后的其他结构一般仍按原来位置投影。

7.3　断面图

7.3.1　形成

如前所述,假想用一个剖切平面将形体剖切,仅用粗实线画出剖切平面切到部分(形体的截断面)的图形,称为断面图(图 7－17d)。

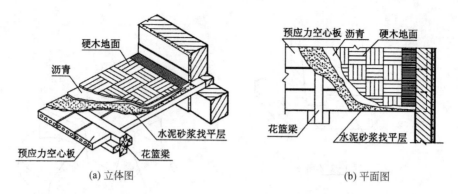

(a) 立体图   (b) 平面图

图 7-14　分层局部剖视图

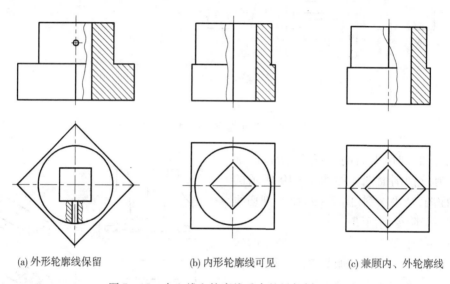

(a) 外形轮廓线保留   (b) 内形轮廓线可见   (c) 兼顾内、外轮廓线

图 7-15　中心线和轮廓线重合的局部剖面图

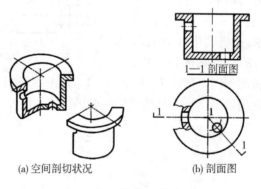

(a) 空间剖切状况   (b) 剖面图

图 7-16　旋转剖面图

7.3.2　标注

（1）剖切位置，断面图的标注与剖面图相同，也是以长度为 6～10 mm 的粗实线作为剖

138

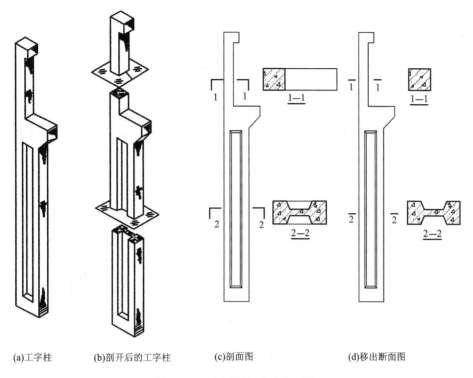

(a)工字柱　　　　(b)剖开后的工字柱　　　　(c)剖面图　　　　(d)移出断面图

图 7 - 17　剖面图与移出断面图

切线。

（2）投射方向，通过把编号注写在剖切线的一侧来表示，如编号写在剖切线的下方，则表示向下投影（图 7 - 17d）。如编号写在剖切线的左侧，则表示向左投影（图 7 - 18 的 1—1）。

（3）断面剖切符号的编号宜采用阿拉伯数字，按顺序连续编排，并在断面图下方中间位置标注出"1—1"、"2—2"等字样。若形体有多个断面时，则断面图应按剖切顺序依次排列（图 7 - 17d）。

图 7 - 18　断面剖切符号

（4）断面图与剖面图一样，如与被剖切图样不在同一张图内，可在剖切位置线的另一侧注明其所在图纸的编号。图 7 - 18 所示"结施—8"，表明"1—1 断面图"是绘在结施第 8 号图纸上。

7.3.3　分类

断面图根据其配置位置的不同，可分为移出断面、重合断面和中断断面三种。

7.3.3.1　移出断面图
将断面图画在形体的投影图之外的断面图，称为移出断面图（图 7 - 17d）。

7.3.3.2　重合断面
断面图直接画在形体的投影图以内，称为重合断面图（图 7 - 19）。其断面的轮廓线应画

139

得粗些,以便与投影图上的线条有所区别。重合断面图可不加任何标注,只需在断面之内侧沿轮廓线边缘画出材料图例(图7-19)。

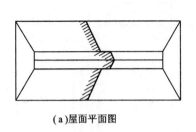 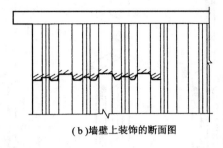

(a)屋面平面图   (b)墙壁上装饰的断面图

图7-19　重合断面图

在重合断面图中,当断面尺寸较小时,可将断面图涂黑(图7-20)。

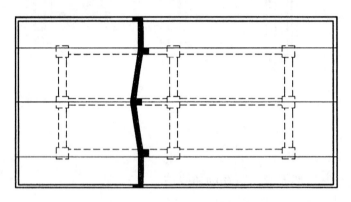

图7-20　断面图画在布置图上

7.3.3.3　断开断面

绘制在杆件中断处的断面图,称为断开断面(图7-21、图7-22)。这种断面常用来表示较长而只有单一断面的杆件及型钢,一般不需任何标注。

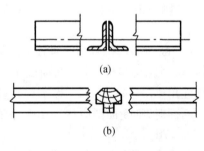

(a)

(b)

图7-21　中断断面图

7.4　简化画法

7.4.1　对称简化画法

对于对称形体的投影图,可只画出 1/2 或 1/4,此时应在对称中心线的两端画出对称符号,如图7-23a所示。图形也可稍超出其对称线,此时可不画对称符号,而画出折断线表示(图7-23b)。

采用对称简化画法画出的图形,其尺寸要按全尺寸标注,尺寸线的一端画起止符号,另一端要超过对称线(不画起止符号),尺寸数字的书写位置应与对称符号对齐。

7.4.2　相同要素省略画法

构配件内多个完全相同而连续排列的构造要素,可仅在两端或适当位置画出其完整形状,

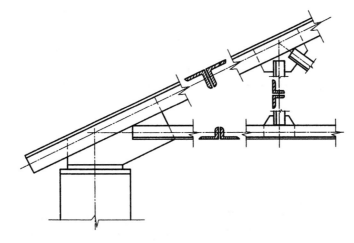

图 7－22 钢屋架断面图

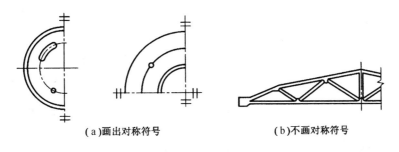

（a）画出对称符号   （b）不画对称符号

图 7－23 对称画法

其余部分以中心线或中心线交点表示（图 7－24a）。

若相同构造要素少于中心线交点,则其余部分应在相同构造要素位置的中心线交点处用小圆点表示（图 7－24b）。

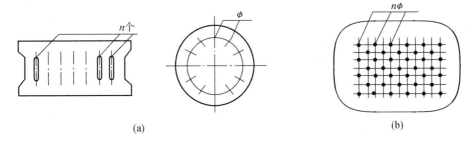

(a)   (b)

图 7－24 相同要素的省略画法

7.4.3 断开画法

对较长的构件,如沿长度方向的形状一致或按一定规律变化时,可断开后省略绘制,断开处以折断线表示（图 7－25）。采用断开画法时,其尺寸应标注形体的真实长度。

141

图 7 - 25　断开画法

7.4.4　折断省略画法

当只需表示形体某一部分的形状时,可以只画出该部分的图形,其余部分折去不画,并在折断处画上折断线。对不同材料的形体,折断线的画法也不同(图 7 - 26)。

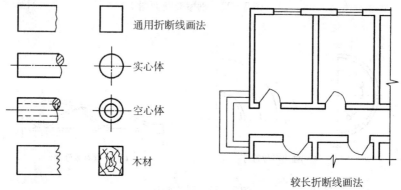

通用折断线画法

实心体

空心体

木材

较长折断线画法

图 7 - 26　折断省略画法

7.4.5　局部不同省略画法

一个构配件如果与另一构配件仅部分不同,该构配件可只画不同部分,但应在两个构配件的相同部分与不同部分的分界线处分别绘制连接符号,两个连接符号应对准在同一线上并标注,标注用同一大写拉丁字母表示(图 7 - 27)。

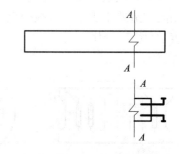

图 7 - 27　构件局部不同省略画法

7.5　第三分角投影

H、V、W 三个互相垂直的投影面,将空间划分为八个分角(图 7 - 28)。前面介绍的投影图是将形体放在第一分角表达,称为第一分角法。我国工程图样规定采用第一分角法,而有一些国家即采用第三分角法(图 7 - 29)。

第三分角法是假定投影面是透明的,形体置于第三分角,将形体投影到投影面上,然后展开投影面。六个基本投影面的展开方法如图 7 - 29a 所示。各视图的配置如图 7 - 29b 所示。采用第三分角法,应在图样中画出如图 7 - 29c 所示的第三分角投影识别符号。

第一分角与第三分角投影法的异同点:

1. 相同点

两种分角法均采用正投影法,均可从六个方向向六个基本投影面投影而得到六个基本视图,且均保持"长对正,高平齐,宽相等"的投影关系。

2. 不同点

(1)投影过程不同

第一分角法:人→形体→投影面,即通过形体上各点的投射线延长后与投影面相交得各点投影。第三分角法:人→投影面→形体,即通过形体上各点的投射线,先与投影面相交,然后通过形体上各点。

(2)投影面展开摊平后,视图的配置关系不同

第一分角法配置关系如图 7－2b 所示。第三分角法配置关系如图 7－29b 所示。

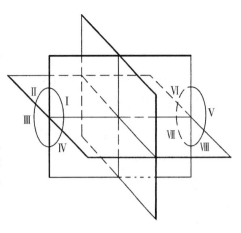

图 7－28　角

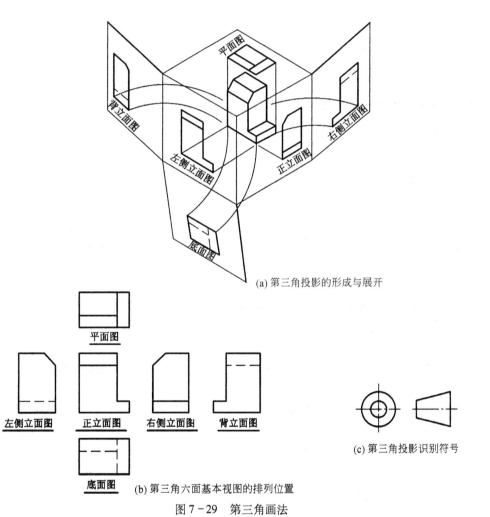

(a) 第三角投影的形成与展开

(b) 第三角六面基本视图的排列位置

(c) 第三角投影识别符号

图 7－29　第三角画法

本章小结

工程形体的各种表达方法种类很多,要完整、清晰、正确而又简单地表达形体或从视图识读形体的形状结构,必须很好地掌握本章介绍的各种常用的表达方法及其选用原则。

一、视图——表达工程形体的外形

(一)基本视图

表达工程形体平行于基本投影面的外形。一般均需要标注图名,图名标注在视图下方中间位置。

(二)镜像投影

镜像投影是形体在镜面中的反射图形的正投影。当视图用第一角画法绘制不易表达时,可用镜像投影法绘制。应在图名后用括号加注"镜像"字样。

(三)展开视图

用于表达工程形体的某些与基本投影面不平行的面(如圆形、折线形、曲线形等),将其展至与某一选定的基本投影面平行,再按正投影法绘制出倾斜部分的外形。应在图名后标注"展开"字样。

二、剖面图——表达工程形体的内部结构形状

(一)剖面图的种类

1. 全剖面

内形复杂又不对称,或结构对称但外形简单,假想用剖切平面将形体完全剖开,画出的剖面图。

2. 半剖面

内、外都需表达,结构对称,或结构基本对称而不对称部分已表达清楚时,以对称线(细点画线)分开画半个剖面图、半个视图。

3. 局部剖面图及分层剖面图

内、外形都需表达,结构又不对称,或结构虽对称但对称线处有轮廓线,可用波浪线分界,部分画剖面图、部分画视图。

4. 阶梯剖面

假想用几个相互平行的剖切平面剖开形体,获得的剖面图,称阶梯剖面图。

5. 旋转剖面

假想用两个相互相交的剖切平面(该两平面的交线应垂直于基本投影面)剖开形体,将倾斜于基本投影面的剖切平面绕交线旋转到与基本投影面平行的位置后,再向基本投影面投影,所获得的剖面图,称旋转剖面图。

(二)剖面图的标注

剖面图都应标注,标注的方法及内容如下:

1. 剖切位置

在剖切平面的起迄、转折处画剖切符号(短粗实线)表示剖切位置。

2. 投射方向

在起讫剖切符号外侧画短粗实线,表示投射方向。

3. 编号

(1)采用阿拉伯数字编号,书写在表示投射方向的短粗实线一侧。

(2)在得到的剖面图下方中间位置注相同编号:"×—×剖面图"。

三、断面图——表达工程形体的断面形状

(一)断面的种类

1. 移出断面

画在视图外,用于表达形体局部结构的断面形状。

2. 重合断面

画在视图内,用于表达形体局部结构的断面形状(应不影响图形清晰)。

3. 断开断面

绘制在杆件投影图中断处的断面图。用于表示较长且只有单一断面的杆件及型钢。

(二)断面的标注

1. 移出断面的标注

一般均需标注:

(1)剖切位置

短粗实线表示剖切位置。

(2)投射方向

数字编号所注写的一侧。

(3)编号

①在剖切位置,相同的数字注写在所表示的投射方向一侧;

②在得到的断面图上,用相同的数字标注在图形的下方中间位置。

2. 重合断面的标注

在断面之内侧沿着轮廓线的边缘加画45°细斜线,区别形体内、外轮廓,以表示投射方向。

3. 断开断面的标注

一般不标注,但对不对称的断开断面应标注。表示出投射方向。

第8章　建筑施工图

8.1　概述

建筑物按其使用功能的不同,可分为工业建筑(如厂房、仓库)、农业建筑(如谷仓、饲养场)及民用建筑(如居住建筑、公共建筑)三大类。

园林建筑是庭园的主体,具有使用和观赏的双重作用:一方面,给游人提供庇护,提供观赏上的方便和舒适;另一方面,对园林景观的创造起着点缀风景、分隔空间和组织游览路线的作用。园林建筑大致有风景游览建筑、庭园建筑、建筑小品、交通建筑等四大类。它们在建筑格调上,保持位置、朝向、高度、体量、体形、色彩等方面与环境协调统一。其深邃的意境和精湛的创造手法,于人工中见自然,极具天然之真趣。

将一幢拟建房屋的内外形状和大小,以及各部分的结构、构造、装修、设备等内容,按照"国家标准"的规定,用多面正投影的方法,详细准确地画出的图样,称为房屋建筑图。它是施工的依据,故也称为建筑施工图。

8.1.1　建筑物的组成和作用

名目繁多的建筑物,虽然使用要求、空间组合、外形、规模等各不相同,它们由许多构件、配件和装修结构组成,但根据其作用,构成建筑物的组成部分一般都包括以下几种(图8-1):

(1)起着支承荷载作用的结构,如基础、墙(或柱)、楼(地)面和梁等;

(2)起着防侵袭或抗干扰作用的围护构件,如屋面、雨篷和外墙等;

(3)起着沟通房屋内外及上下交通作用的构件,如门、走廊、楼梯和台阶等;

(4)起着通风、采光作用的部件,如窗、漏窗、花饰等;

(5)起着排水作用的部件,如天沟、雨水管和散水等;

(6)起着保护墙身作用的结构,如勒脚和防潮层等。

8.1.2　房屋建筑的设计及建筑图的分类

房屋设计一般分为初步设计和施工图设计两个阶段。

初步设计:根据项目的任务书及建设方提供的各项条件,进行综合构思,初步设计,并做出方案,以说明该建筑平面布置、立面处理和结构选型等。这时应绘制建筑总平面图和建筑平、立、剖面等方案图及透视图,必要时还要做出小比例模型。

施工图设计:在修改和完善初步设计的基础上,为满足施工的各项具体要求,提供一套完整的正确地反映建筑整体及细部构造和结构的图样及有关的技术资料,以符合和满足施工的需要。

一般建筑设计人员将建筑平、立、剖面图设计完后,同时可以展开结构、给排水、电气照明、

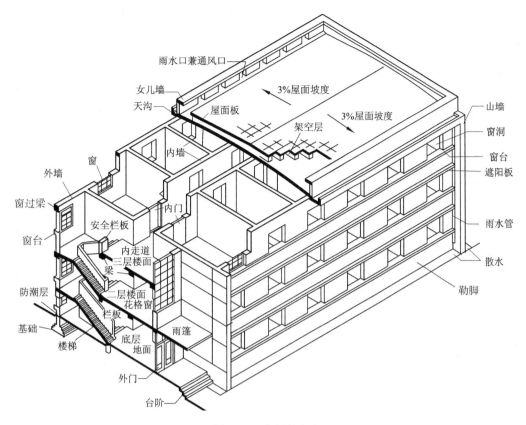

图 8-1 房屋的组成

采暖通风等工种设计,以便更好地互相配合。

一套施工图,根据其内容和作用的不同,一般分为:

（1）首页图:包括图纸目录和设计总说明。简单的图纸可省略首页。

（2）建筑施工图（简称建施）:主要表达建筑设计的内容,包括建筑物的总体布局、内部各室布置、外部形状,以及细部构造、装修、设备和施工要求等。基本图纸包括:总平面图,平、立、剖面图和构造详图等。如图 8-2 所示为一房屋建筑部分施工图。

（3）结构施工图（简称结施）:主要表达结构设计的内容,包括建筑物各承重结构的形状、大小、布置、内部构造和使用材料的图样。基本图纸包括:结构布置平面图、各承重构件（梁、板、墙、柱及基础）详图。

（4）设备施工图（简称设施）:主要表达设备设计的内容,包括各专业的管道设备的布置及构造。基本图纸包括:给排水（水施）、采暖通风（暖通施）、电气照明（电施）等设备的布置平面图、系统轴测图和详图。

（5）房屋建筑图中,各类施工图所表达的建筑物配件、材料、轴线、尺寸（包括标高）和设备等必须统一,并互相配合与协调。

对一些技术上复杂的工程,在初步设计和施工图之间一般还要增加一个技术设计阶段,以进一步探讨该项建筑计划的技术可行性、经济性、结构选型及其社会效益等,以协调各工种的要求,作为绘制施工图的准备。

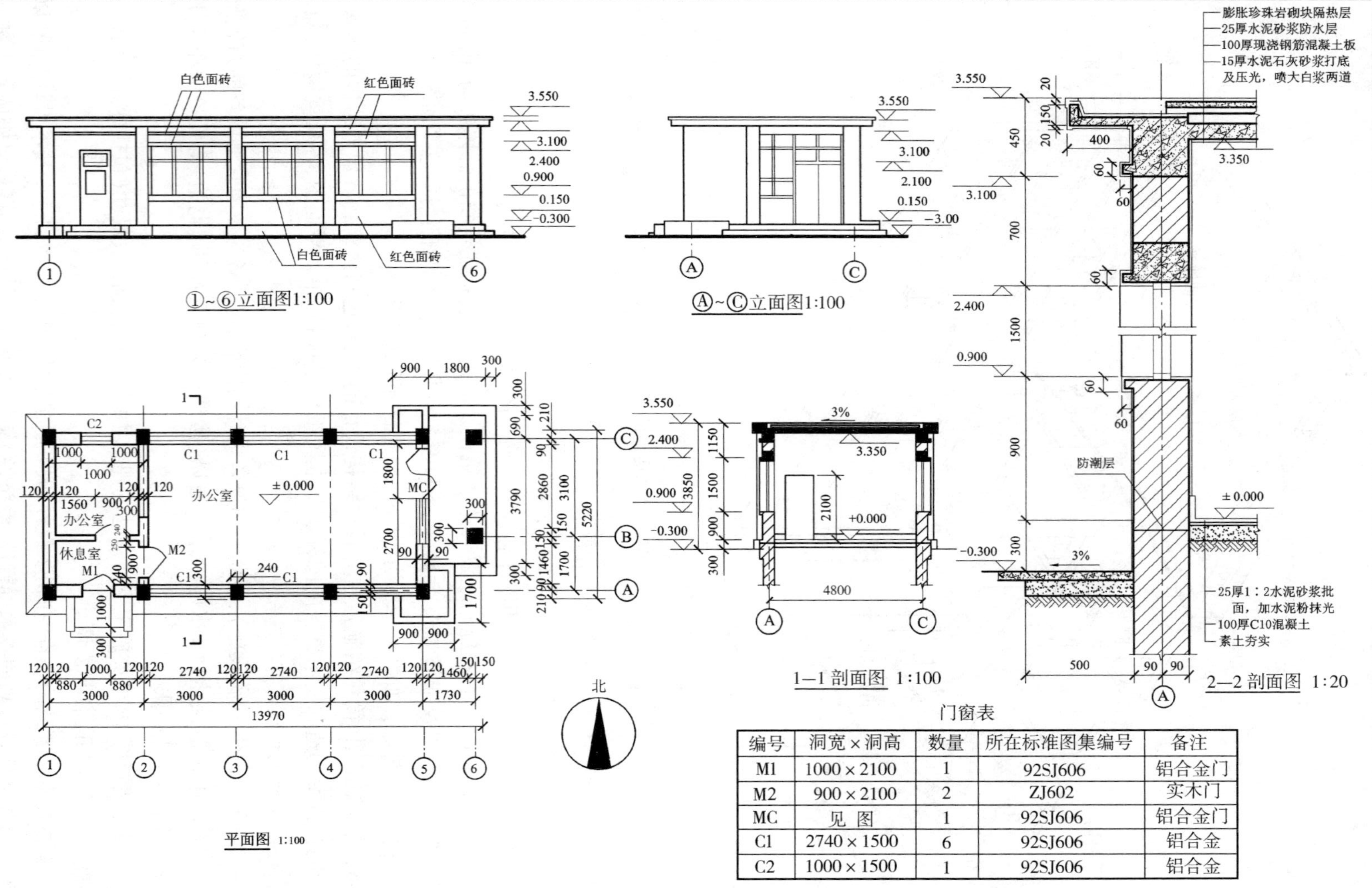

门窗表

编号	洞宽×洞高	数量	所在标准图集编号	备注
M1	1000×2100	1	92SJ606	铝合金门
M2	900×2100	2	ZJ602	实木门
MC	见 图	1	92SJ606	铝合金门
C1	2740×1500	6	92SJ606	铝合金
C2	1000×1500	1	92SJ606	铝合金

图8-2　建筑施工图

8.1.3 建筑施工图的有关规定

为了保证绘图质量,提高效率,使表达统一,以方便阅读和交流,在绘图时必须严格遵守国家标准中的有关规定。下面就对有关标准进行介绍。

8.1.3.1 定位轴线

定位轴线是施工图中借以定位、放线的重要依据。凡承重墙、柱子、大梁或屋架等主要承重构件,用细点画线绘出定位轴线以确定位置,并在轴线的端部画出直径为 8 ～ 10 mm 的圆圈注写出编号。

平面图上定位轴线的编号,宜标注在图样的下方与左侧;必要时,如较复杂或不对称的房屋,图形上方和右侧也可标注。编号注写的方法:横向编号应用阿拉伯数字,按从左至右的顺序编写;竖向编号应用大写拉丁字母,按从下至上的顺序编写(图 8-3a)。但拉丁字母中的 I、O、Z 三个字母不得作轴线编号,以免与数字 1、0、2 混淆。如字母数量不够使用,可增用双字母或单字母加数字注脚表示。圆形与弧形平面图中定位轴线,其径向轴线应以角度进行定位,其编号宜用阿拉伯数字表示,从左下角或 -90° 开始,按逆时针顺序编写;其环向轴线宜用大写拉丁字母表示,从外向内顺序编写(图 8-3b、c)。折线形平面图中定位轴线的编号按图 8-3d 的形式编写。

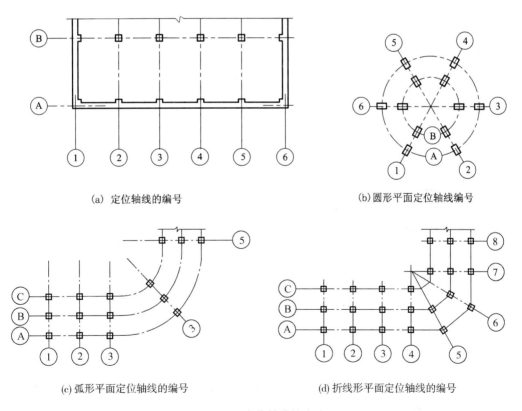

(a) 定位轴线的编号 　　　　　　　　(b) 圆形平面定位轴线编号

(c) 弧形平面定位轴线的编号 　　　　　(d) 折线形平面定位轴线的编号

图 8-3　定位轴线的注法

对于一般不设定位轴线的非承重的隔墙以及其他次要承重构件等,必要时可在定位轴线之间增设附加轴线。附加轴线的编号以分数表示,分母表示前一轴线的编号,分子表示附加轴线的编号,编号应用阿拉伯数字顺序编写(图8-4)。1号轴线或A号轴线之前的附加轴线的分母以01或0A表示(图8-5)。

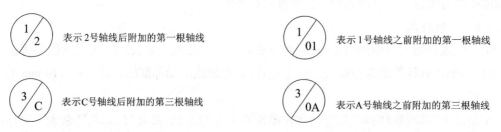

图8-4　附加轴线编号　　　　　　　图8-5　1号轴线或A号轴线之前的附加轴线

详图的轴线编号如图8-6所示。当一个详图适用于几根轴线时,应同时注明各有关轴线的编号(图8-6)。

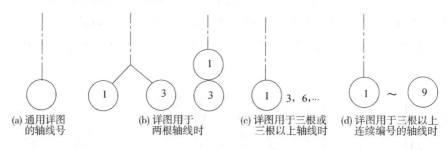

图8-6　详图的轴线编号

8.1.3.2　标高与等高线

1. 标高

建筑物的标高是表明其各部分对标高零点(±0.000)的相对高度。

标高符号的形式及画法如图8-7所示,采用细实线绘制。标高符号的尖端应指至被标注的高度,尖端可向下也可向上。

标高数字以m(米)为单位,标注到小数点以后第三位;在总平面图中,可标注到小数点以后第二位。零点标高应标注成± 0.000 ,正数标高不注" + ",负数标高应标注" - "。标高数字应标注在标高符号的左侧或右侧。在同一位置需表示几个不同标高时,标高数字可按图8-7c的形式标注。

标高根据基准面的选定有绝对标高和相对标高两种。

绝对标高:根据我国规定,把我国东部的黄海平均海水面定为绝对标高的零点,其他各地标高均以它作为基准。

相对标高:根据工程需要选定标高的基准面写出的标高称为相对标高。一般将建筑物的室内底层地面的标高定为该建筑物的相对标高基准面,用" ±0.000 "表示。相对标高与绝对标高的关系一般在总说明中说明。

标高根据所标注的部位不同,分为建筑标高和结构标高两种。

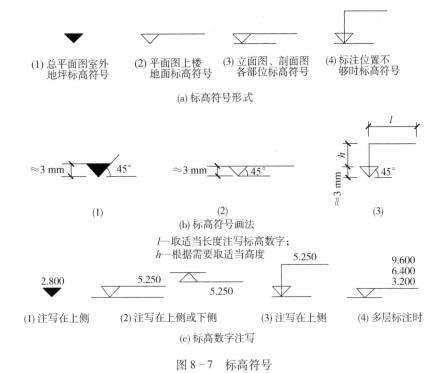

(a) 标高符号形式

(1) 总平面图室外地坪标高符号　(2) 平面图上楼地面标高符号　(3) 立面图、剖面图各部位标高符号　(4) 标注位置不够时标高符号

(b) 标高符号画法

l—取适当长度注写标高数字;
h—根据需要取适当高度

(c) 标高数字注写

(1) 注写在上侧　(2) 注写在上侧或下侧　(3) 注写在上侧　(4) 多层标注时

图 8-7　标高符号

建筑标高:指"建施"图中,标注在各部位的完成面的标高。

结构标高:指"结施"图中,标注在结构构件的上、下层处标高。

2. 等高线

室外的标高也可采用等高线表示。

所谓等高线,就是假想用一组高差相等的水平面截切地形面,所得到的一组高程不同的截交线。绘出地形面的等高

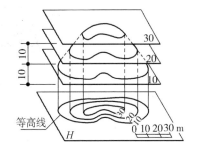

图 8-8　等高线

线的水平投影,并按规定将标高数字的字头朝向上坡方向标注,即得地形面的标高投影,工程上称为地形图(图 8-8)。等高线愈密表明其地势愈陡;反之地势愈平坦。

8.1.3.3　图例

国家标准规定的图例是一种图形符号,用来表示建筑物位置、配件、建筑材料及设计意图等。

(1)常用建筑材料图例如表 8-1 所示。常用建筑材料应按该表中所表示的图例画法绘制。

表 8-1 常用建筑材料图例(摘自 GB/T 50001—2010)

序号	名 称	图 例	说 明
1	自然土壤		包括各种自然土壤
2	夯实土壤		
3	普通砖	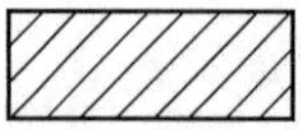	包括实心砖、多孔砖、砌块等砌体。断面较窄不易绘出图例线时,可涂红,并在图纸备注中加注说明,画出该材料图例
4	饰面砖	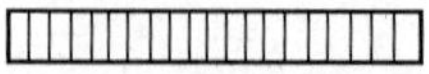	包括铺地砖、马赛克、陶瓷锦砖、人造大理石等
5	混凝土		①本图例指能承重的混凝土及钢筋混凝土 ②包括各种强度等级、骨料、添加剂的混凝土 ③在剖面图上画出钢筋时,不画图例线 ④断面图形小,不易画出图例线时,可涂黑
6	钢筋混凝土		
7	砂、灰土	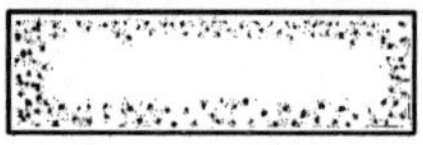	
8	石 材	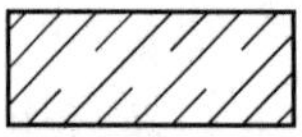	
9	毛 石		
10	金 属		①包括各种金属 ②图形小时,可涂黑
11	木 材		①上图为横断面,左上图为垫木、木砖或木龙骨 ②下图为纵断面
12	液 体	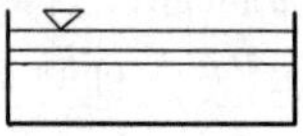	应注明具体液体名称
13	防水材料		构造层次较多或比例较大时,采用上图例
14	塑 料		包括各种软、硬塑料及有机玻璃等
15	粉 刷		本图例采用较稀的点

注:①序号 1、2、3、6、8、10、11、14 图例中的斜线、短斜线、交叉斜线等均为 45°。
　　②当不指明物体的材料时,可采用通用剖面符号表示。通用剖面符号可按普通砖的图例画出。

（2）建筑构造及配件图例（表 8－2）。

表 8－2　常用构造及配件图例（按照 GB/T 50104—2001）

名　称	图　例	名　称	图　例
空门洞 h 为门洞高度	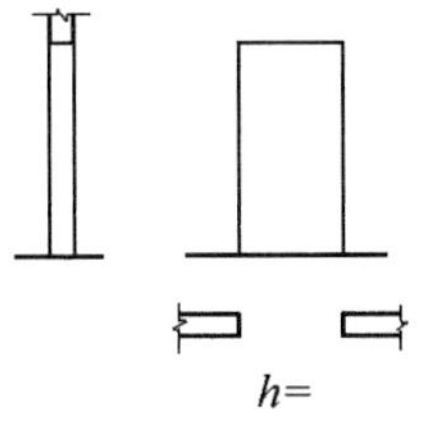 $h=$	上图:单层外开平开窗 　下图:单层推拉窗 （立面形式应按实际情况绘制） 　窗的名称代号用 C 表示 　在平面图中,下为外,上为内;在立面图中,开启线实线为外开,虚线为内开。开启线交角的一侧为安装合页一侧。开启线在建筑立面图中可不表示,在大样图中需绘出	
上图: 　单面开启单扇门（包括平开或单面弹簧） 中图: 　双层单扇平开门 下图: 　单面开启双扇门（包括平开或单面弹簧）,门的名称代号用 M 表示。在平面图中,下为外,上为内:开启线为 90°、60°、45°,宜绘出开启弧线。在立面图中,开启线实线为外开,虚线为内开。开启线交角的一侧为安装合页一侧。开启线在建筑立面图中可不表示,在大样图中需绘出		1. 上图为顶层楼梯平面,中图为中间层楼梯平面,下图为底层楼梯平面 2. 楼梯及栏杆扶手的形式和梯段踏步数应按实际情况绘制	
竖向卷帘门		坡道 / 长坡道	
		两侧垂直的门口坡道	
		有挡墙的门口坡道	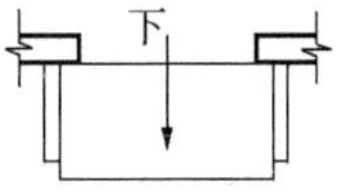
百叶窗 　立面形式应按实防情况绘制		两侧找坡的门口坡道	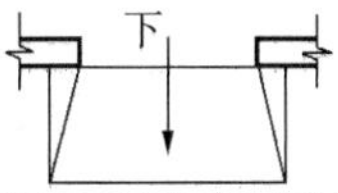

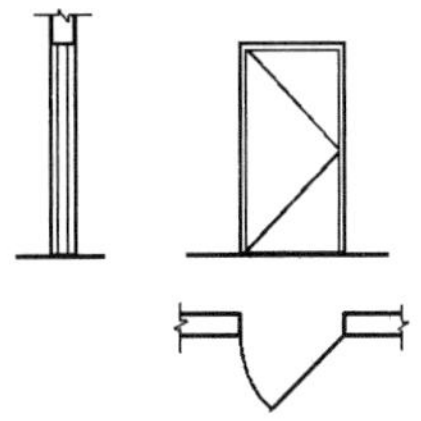

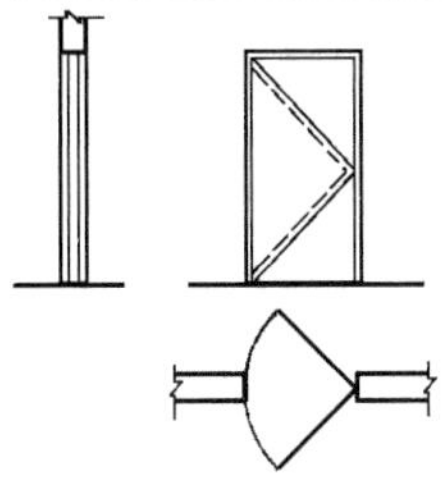

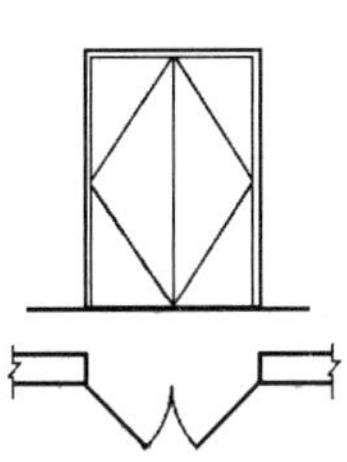

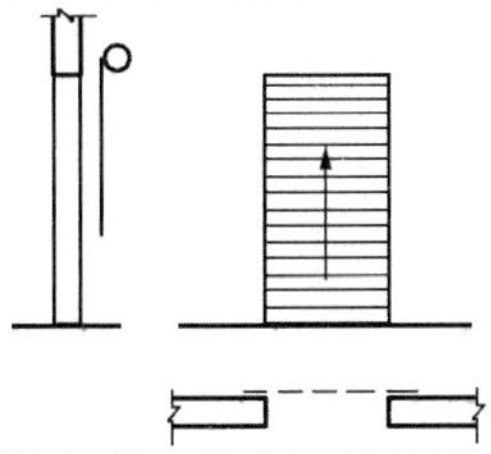

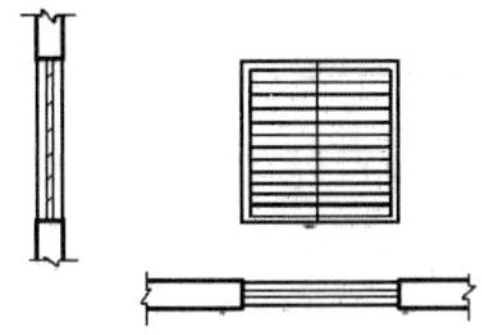

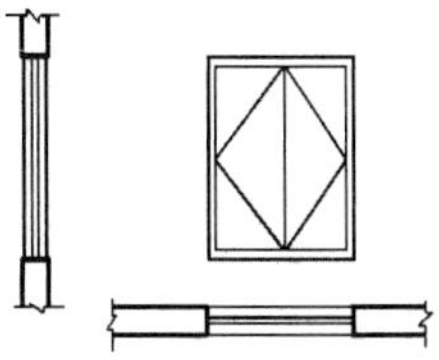

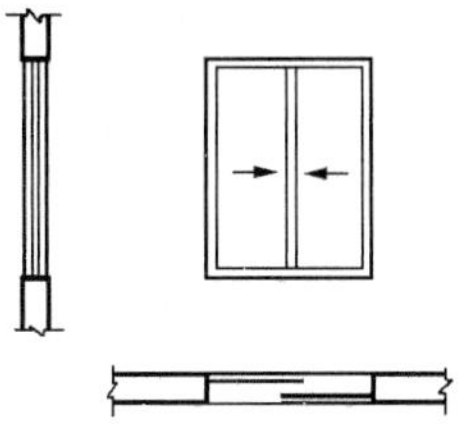

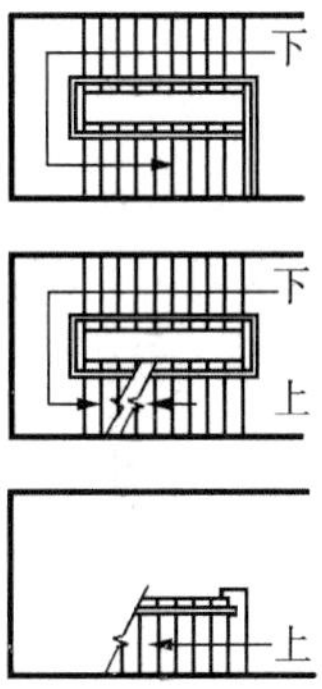

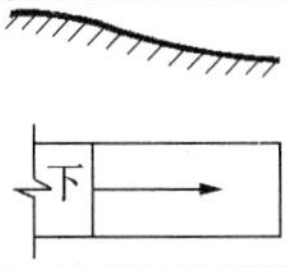

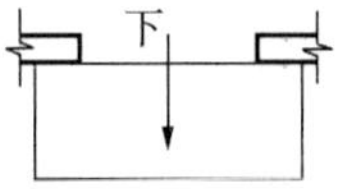

153

8.1.3.4 索引符号与详图符号

在图样中要绘制详图的某一局部或构件时,需要注明详图的编号和详图所在图纸的编号符号,这种符号称为索引符号。索引符号是用一引出线指出画详图的地方,在线的另一端以细实线绘一个直径为 8～10mm 的圆和其水平直径表示(图 8-9)。

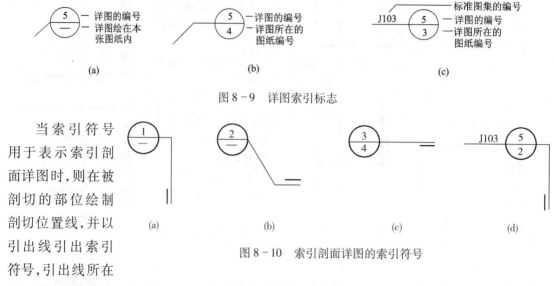

图 8-9　详图索引标志

当索引符号用于表示索引剖面详图时,则在被剖切的部位绘制剖切位置线,并以引出线引出索引符号,引出线所在的一侧为投影方向。如图 8-10b 表示为向下剖视。

图 8-10　索引剖面详图的索引符号

详图符号:采用在详图中注明详图的编号和位置(被索引的详图所在图纸的编号)的符号,称为详图符号。详图符号用一粗实线圆圈表示,直径为 14 mm(图 8-11)。如详图与被索引的图样不在同一张图纸内,可用细实线在粗实线圆内画一水平直径,在上半圆中注明详图编号,在下半圆中注明被索引图纸号(图 8-11b)。

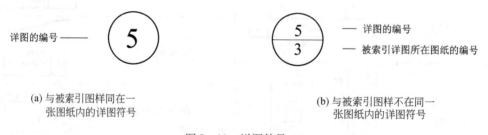

图 8-11　详图符号

8.1.3.5　引出线

对图样中某部位由于图形比例较小,其具体内容和要求无法在图形中标注时,常采用引出线标注。引出线应以中实线绘制,宜采用水平方向的直线,与水平方向成 30°、45°、60°、90° 的直线,或经上述角度再折为水平线。文字说明注写在横线上方或横线的端部(图 8-12)。

对多层构造或多层管道共用引出线,应通过被引出的各层。说明的顺序应由上至下,并应与被说明的层次相互一致。如层次为横向排列,则由上至下的说明顺序应与由左至右的层次相互一致(图 8-12d)。

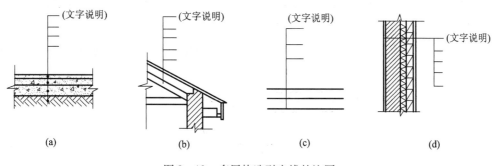

图 8 - 12　多层构造引出线的注写

8.1.3.6　对称符号

若图形本身对称,可在图形的对称中心位置绘上对称符号,这样可省略绘出图形的对称部分,或以中心线为界,将两个图形分别绘出一半合拼成为一个图样。

对称符号由对称线及其两端的两对平行线组成(图 8 - 13)。对称线用细单点长画线绘制;平行线用细实线绘制,其长度宜为 6 ~ 10 mm,每对的间距宜为 2 ~ 3 mm;对称线垂直平分于两对平行线,两端起出平行线宜为 2 ~ 3 mm。

8.1.3.7　指北针与风向频率玫瑰图

指北针的形状,其圆的直径为 24 mm,用细实线绘制;指针头部应注写出"北"或"N"字。需用较大直径绘制指北针时,指针尾部宽度宜为直径的 1/8(图 8 - 14)。

风向频率玫瑰图也称风玫瑰图(图 8 - 15)。它是根据当地多年平均统计的各个方位(一般用 12 个或 16 个罗盘方位表示)上吹风次数的百分率,以端点到中心的距离按一定比例绘制而成。由各方位端点指向中心的方向为吹风方向,有箭头的为北向。实线范围表示全年风向频率;虚线范围表示夏季风向频率,按 6 、7 、8 三个月统计。图 8 - 15 中表示该地区全年最大风向频率为北风,夏季为东南风。

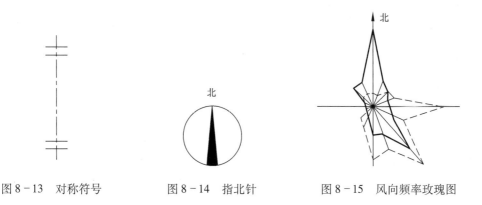

图 8 - 13　对称符号　　　　图 8 - 14　指北针　　　　图 8 - 15　风向频率玫瑰图

指北针应绘制在建筑物 ±0.000 标高的平面图上,并应放在明显的位置,所指的方向应与总图一致。

8.1.3.8　不同比例的平面图、剖面图,其抹灰层、楼地面、材料图例的省略方法

不同比例的平面图、剖面图,其抹灰层、楼地面、材料图例的省略方法应符合下列规定:

155

（1）比例大于 1∶50 的平面图、剖面图，应绘出抹灰层、保温隔热层等与楼地面、屋面的面层线及材料图例；

（2）比例等于 1∶50 的剖面图，宜绘出楼地面、屋面的面层线及保温隔热层，抹灰层的面层线应根据需要确定；

（3）比例小于 1∶50 的平面图、剖面图，可不画出抹灰层，但剖面图宜绘出楼地面、屋面的面层线；

（4）比例为 1∶100 ～ 1∶200 的平面图、剖面图，可绘简化的材料图例，但剖面图宜绘出楼地面、屋面的面层线；

（5）比例小于 1∶200 的平面图、剖面图，可不绘材料图例，剖面图的楼地面、屋面的面层线可不绘出。

8.1.4　施工图的阅读

施工图是根据投影理论和图示方法及有关专业知识绘制，用以表示房屋建筑设计及构造、结构做法的图样。因此，看懂施工图纸的内容，要做到：

（1）必须掌握投影原理和图示方法；

（2）必须熟悉图示图例、符号、线型、尺寸和比例的意义及有关文字说明的含义；

（3）必须善于观察、了解、熟悉房屋的组成和基本构造；

（4）必须明确各工种施工图的图示内容和作用，各种图样间的互相配合和紧密联系；

（5）读图时，对全套图纸来说，先看总说明和首页图，后依照建筑、结施、设施的顺序阅读，然后再深入看构件图。并按照先整体后局部，先图标、文字后图样，先图形后尺寸，依次有联系地、综合地仔细阅读。先通读以概括了解工程对象的建设区域、周围环境、建筑物的形状、大小、结构形式和建筑关键部位等工程概况；在通读基础上，了解各类图纸之间的联系，进一步结合专业要求，重点深入地阅读各不同类别的图纸。对于"建施"，先阅读平、立、剖面图，后读详图；对"结施"，先阅读基础施工图、结构布置平面图及剖面图，后读构件详图（本书不介绍"结施"图）。

8.2　建筑施工图

在绘制建筑施工图之前，应根据建筑物的复杂程度、施工要求和表达内容的需要，对图样的数量进行全面考虑，并根据各种图样所表达的内容、投影关系、图形大小及其他内容（如图名、尺寸、标高、文字说明及表格等）的表达要求，进行合理的幅面布置。然后，按"平→立（剖）→剖（立）→详"的顺序进行绘制。

8.2.1　建筑总平面图

8.2.1.1　建筑总平面图的内容和作用

建筑总平面图，简称总平面图，它表明一个工程的总体布局，反映原有和新建建筑物、构筑

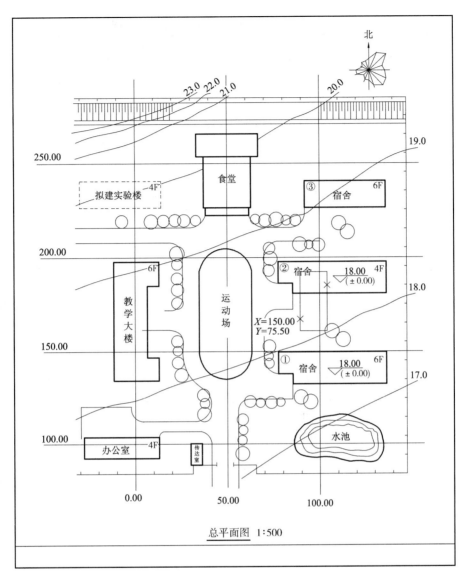

图 8-16　总平面图(局部)

物等的平面形状、位置、标高、朝向、道路、绿化区域等的平面布置及地形、地貌(图 8-16),必要时还要画出该地区的给排水、供热、供气、供电等一系列管线的平面布置。

总平面图是新建建筑物、构筑物定位、施工放线、土方施工、布置施工现场的依据,也是绘制水、暖、电等管线总平面图的依据。

8.2.1.2　总平面图的画法

(1)由于总平面图包括的范围较广,绘图比例小,所以图样中采用图例(表 8-3)表示。绘图时,应按图例(注意线型要求)绘制。如用粗实线绘制新建建筑物的水平投影外轮廓线;用中实线绘制新建的构筑物、道路、桥涵、景墙等;用细实线绘制原有建筑物、道路、桥涵、景墙、铺地的可见轮廓线,以及新建人行道、排水沟、坐标线、尺寸线、等高线、引出线、植物图例等;用粗虚线绘制地下管线及各种构筑物;用中虚线绘制计划扩建的建筑物。

157

表8-3 总平面图图例(摘自 GB/T 50103—2010)

名 称	图 例	说 明	名 称	图 例	说 明
新建的建筑物	$X=$ $Y=$ ①12F/2D $H=59.00m$	新建建筑物以粗实线表示与室外地坪相处±0.00外墙定位轮廓线 建筑物一般以±0.00高度处的外墙定位轴线交叉点坐标定位。轴线用细实线表示,并标明轴线号 根据不同设计阶段标注建筑编号,地上、地下层数,建筑高度,建筑出入口位置(两种表示方法均可,但同一图纸采用一种表示方法) 地下建筑物以粗虚线表示其轮廓 建筑上部(±0.00以上)外挑建筑用细实线表示 建筑物上部连廊用细虚线表示并标注位置	坐标	(1) $X105.000$ $Y425.000$ (2) $A105.000$ $B425.000$	(1)表示地形测量坐标系 (2)表示自设坐标系 坐标数字平行于建筑标注
			方格网交叉点标高	-0.50 $\frac{77.85}{78.35}$	"78.35"为原地面标高 "77.85"为设计标高 "-0.50"为施工标高 "-"表示挖方 "+"表示填方
			室内标高	$\frac{151.00}{(\pm 0.00)}$	数字平行于建筑物书写
			室外标高	▼ 143.00	室外标高也可采用等高线表示
原有的建筑物		用细实线表示	填方区、挖方区、未整平区及零线	+ / - + / -	"+"表示填方区 "-"表示挖方区 中间为未整平区 点画线为零点线
计划扩建的预留地或建筑物		用中粗虚线表示			
拟拆除的建筑物		用细实线表示	填挖边坡		

158

名　称	图　例	说　明	名　称	图　例	说　明
铺砌场地			新建的道路		"R＝6.00"表示道路转弯半径；"107.50"为道路中心线交叉点设计标高，两种表示方式均可，同一图纸采用一种方式表示："100.00"为变坡点之间的距离，"0.30%"表示道路坡度
敞棚或敞廊					
台阶及无障碍坡道	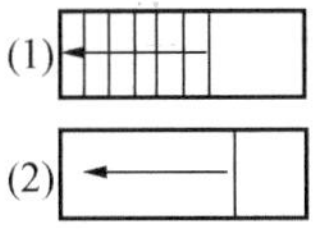 (1)　(2)	（1）表示台阶（级数仅为示意）（2）表示无障碍坡道	原有道路		
水池坑槽		也可以不涂黑	计划扩建的道路		
围墙及大门			拆除的道路		
挡土墙	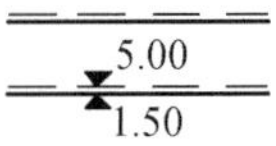 5.00　1.50	挡土墙根据不同设计阶段的需要标注墙顶标高墙底标高	人行道		
排水明沟	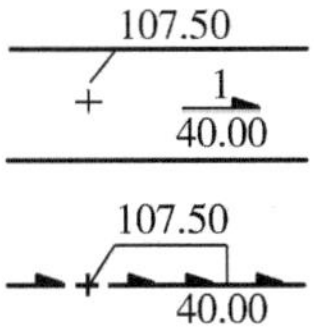 107.50　1/40.00　107.50　1/40.00	上图用于比例较大的图面　下图用于比例较小的图面　"1"表示1%的沟底纵向坡度，"40.00"表示变坡点间距离，箭头表示水流方向　"107.50"表示沟底变坡点标高（变坡点以"＋"表示），→表示坡向	常绿针叶乔木	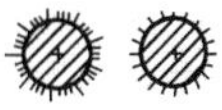	常绿乔、灌木加画45°细斜线；落叶乔、灌木均不填斜线　外围线：阔叶树用弧裂形或圆形线；针叶树用锯齿形或斜刺形线
			落叶针叶乔木		
			常绿阔叶乔木		
			落叶阔叶乔木		
			常绿阔叶灌木		
有盖板的排水沟	1/40.00　1/40.00		落叶阔叶灌木		
			落叶阔叶乔木林		

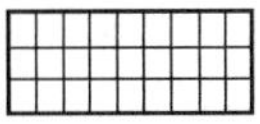

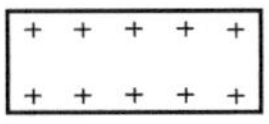

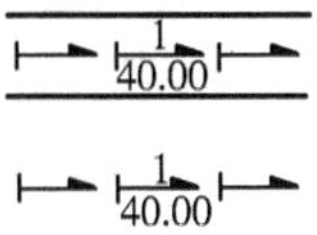

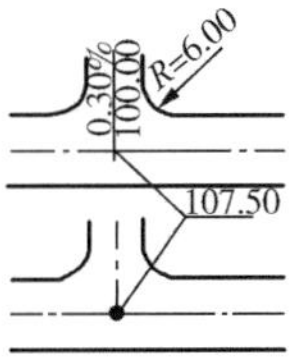

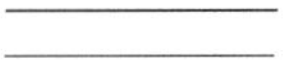

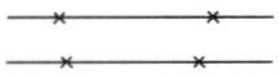

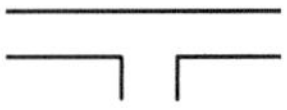

名 称	图 例	说 明	名 称	图 例	说 明
雨水口	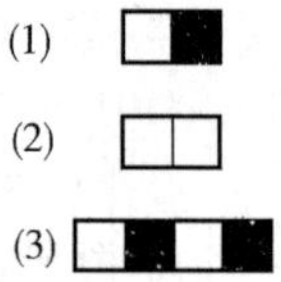 (1) (2) (3)	(1)雨水口 (2)原有雨水口 (3)双落式雨水口	常绿阔叶乔木林		
地表排水方向			常绿针叶乔木林		
急流槽	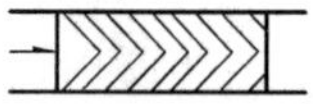	箭头表示水流方向	落叶针叶乔木林		
跌水			针阔混交林		
土石假山	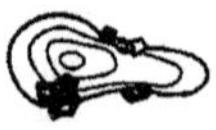	包括"土包石"、"石抱土"及假山	落叶灌木林		
独立景石			整形绿篱		
自然水体	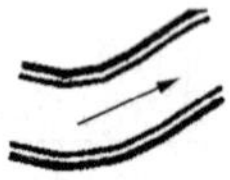	表示河流以箭头表示水流方向	草坪	(1) (2) (3)	(1)草坪 (2)表示自然草坪 (3)表示人工草坪
人工水体			花卉	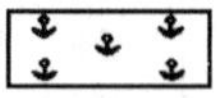	
			竹丛	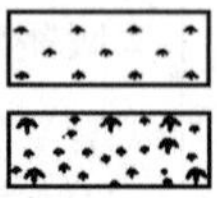	
喷泉			棕榈植物		
			水生植物	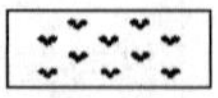	
			植草砖		

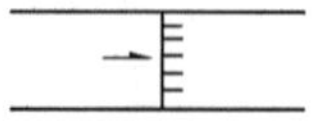

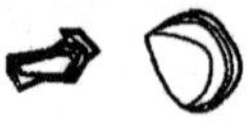

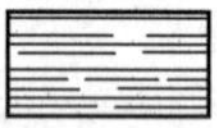

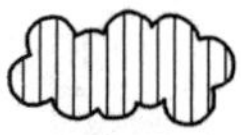

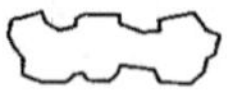

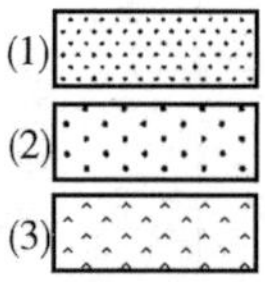

注:表中图例主要摘自国家标准《总图制图标准》GB/T50103—2010;为了满足总图表示需要,对园林景观绿化图例还适当摘录《风景林图例图示标准[S]》CJJ67—95 有关规定。

(2)总平面图一般标注建筑的底层标高、室外地面和道路的标高及等高线的高程。建筑物应以接近地面处的±0.00 标高的平面作为总平面。总平面的标高和尺寸均以 m(米)为单位,一般标注到小数点以后第二位。标注的标高应为绝对标高,假如标注相对标高,应注明相对标高与绝对标高的换算关系。

160

（3）对主要建筑物、构筑物的定位，当用坐标定位时，根据工程情况也可用相对尺寸定位；工程较大，项目较多时一般都采用直角坐标网格来定位。

对建筑物、构筑物、道路、管线等应标注的坐标或定位尺寸。如对建筑物、构筑物应标注出外墙轴线交点，圆形建筑物、构筑物的中心；道路的中线或转折点；管线的中心交叉点和转折点；挡土墙起始点、转折点墙顶外侧边缘。

直角坐标网格用细实线绘制，有测量坐标网格与施工坐标网格两种。测量坐标网格是指在地形图上绘制正方格形的坐标图，并以竖轴为 X 轴，横轴为 Y 轴；施工坐标网格是指将工程区域范围内的某一个点定为 O（称原始点），且以竖轴为 A 轴，横轴为 B 轴，坐标数字平行于建筑标注。在绘图时，上述两种坐标网格同样可以采用与地形图同一比例尺，如 50 m × 50 m 或 100 m × 100 m 等为一方格。放线时根据现场已有点的坐标，用仪器导测出拟建建筑物或构筑物的坐标。总平面图除了一些较为简单的工程外，一般都画在有等高线或坐标网格的地形图上（图 8 - 17）。

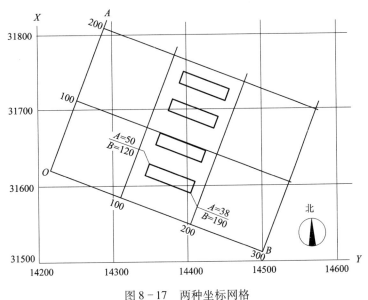

图 8 - 17　两种坐标网格

（4）注写建筑名称、编号（如图示①、②……）及层数（在图形上用数字与字母 F（表示地上层）或 D（表示地下层））表示。

（5）图中应该绘出指北针或风向玫瑰图以表示朝向。总平面图应按上北、下南的方向绘制。可根据场地形状与布局，向左或向右偏转，但不宜超过 45°。

8.2.1.3　建筑总平面图的读图

（1）首先看图标、图名、图例及有关文字说明，对工程做概括了解；

（2）了解工程性质、用地范围、地形地貌和周围情况；

（3）根据标注的标高和等高线，了解地形高低、雨水排除方向；

（4）根据坐标（标注的坐标或坐标网格）了解拟建建筑物、构筑物、道路、管线和绿化区域等的位置；

（5）根据指北针和风向频率玫瑰图了解建筑物的朝向及当地常年风向频率和风速。

8.2.2 建筑平面图

8.2.2.1 建筑平面图的形成和图示方法

建筑平面图,是假想在建筑物的门窗洞口处以水平面剖切(屋顶平面图应在屋面以上俯视),然后向水平投影面投影所得到的水平剖面图(图8-18)。建筑平面图,简称为平面图。

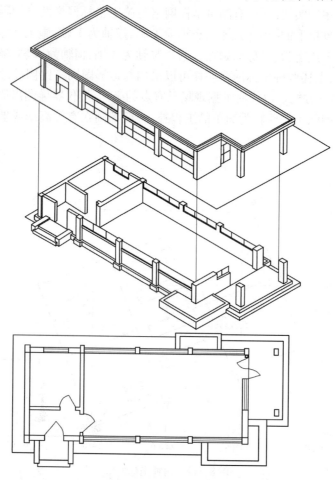

图8-18 平面图的形成

当建筑物的各层都不一样时,每层都应绘制平面图,且在图的下方中间位置注明相应的图名,并在图名的下方画一粗实线。按平面图所表示的楼层来命名,如地下一层平面图、首层平面图、二层平面图。对某些平面布置相同的楼层,可用一个平面图表示,该平面图称为标准层平面图。此外,还有表示在屋面以上俯视的屋顶平面图,根据需要绘制的局部平面图,以及采用镜像投影法绘制的顶棚平面图。

平面图中常采用国家标准规定的常用构造和配件图例(表8-2)。

若房屋平面布置左右对称,绘制平面图时可按对称表示方法,将两层平面图绘在同一个图上,左边画出一层的左半,右边画出另一层的右半,中间用对称符号作分界线,并在图的下方左右两边分别注明图名。

8.2.2.2 建筑平面图的内容及作用

如图8-2底层平面图所示,平面图主要用以反映:建筑物的建筑面积、平面形状;房间的

162

布置、大小、标高、名称(或编号)及平面交通情况;墙(或柱)的位置、厚度和材料;门、窗的位置、类型、大小、开启方向及编号;其他构、配件如阳台、台阶、花台、雨篷、雨水管、散水等的布置及大小;承重结构的轴线及编号;剖面图的剖切位置线及其编号等。

底层平面图除表示该层的内外形状外,还表示室外的台阶、花池、散水、明沟等形状和位置;标注出剖面图的剖切位置线、剖视方向线与编号,以便与剖面图对照查阅,画出指北针,以表明房屋的朝向(图8-2)。

屋面平面图反映屋面部位的设施和建筑构造。屋面平面图一般表示女儿墙、检查孔、天窗、变形缝等设施及屋面排水分区;屋面坡度、檐沟、分水线与落水口的位置、尺寸、用料和构造等。还表示有关设备、设施,如水箱、楼梯间、电梯机房、爬梯等,以及其他构筑物和索引符号。

建筑物平面图应注写房间的名称或编号。编号应注写在直径为6mm细实线绘制的圆圈内,并应在同张图纸上列出房间名称表。

顶棚平面图采用镜像投影法绘制,反映天花造型及各类设施、装饰件的名称、规格、材料、尺寸和工艺做法等。

为了表示室内立面在平面图上的位置,平面图上采用内视符号注明室内立面的视点位置、方向及立面编号。内视符号中的圆圈应用细实线绘制,直径为8～12mm。立面编号宜用拉丁字母或阿拉伯数字表示(图8-19)。

建筑平面图是施工图中最基本的图样之一,也是施工放线、砌墙、门窗安装和室内装修以及编制预算的重要依据。

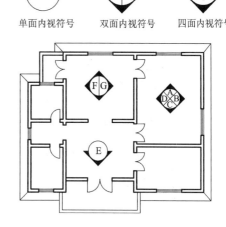

图8-19 平面图上内视符号应用示例

8.2.2.3 建筑平面图的绘图方法与步骤

1. 绘出定位轴线

平面图中用轴线表示各部分的准确位置,轴线间的距离由设计确定。绘图时先绘出定位轴线,再绘其他结构就有了基准(图8-20a)。

2. 绘出墙、柱轮廓线

根据墙身的厚度与柱的大小及它们与轴线的有关位置,绘出墙身、墙墩及柱子的轮廓线(图8-20b)。

3. 绘出细部

绘出门、窗和其他细部,如门、窗洞、楼梯、台阶、卫生间、阳台、散水、花台等(图8-20c)。卫生间的设施,如洗面盆、坐式大便器、浴盆、污水池等均用图例表示。图例可查建筑配件图例表。

4. 检查并加深图线

在对全图检查无误后,擦去多余的作图线,按"国家标准"关于图线的有关规定加深图线。对剖切到的墙、柱等的断面轮廓线采用粗实线画出;其他未剖切到的构造可见轮廓线、尺寸起止符号等用中粗实线画出;其余如尺寸线、尺寸界线用中实线画出;图例填充线、家具线等采用细实线(图8-20c)。

5. 标注尺寸

如图8-2平面图所示,应标注出定形尺寸、定位尺寸和总尺寸,包括外部及内部尺寸。

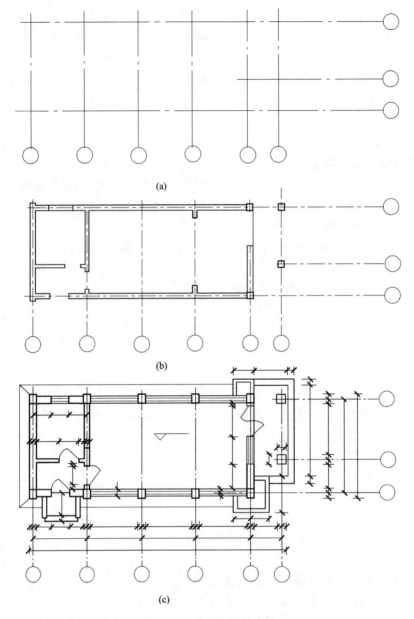

(a)

(b)

(c)

图 8-20　绘平面图的步骤

在平面图上所标注的尺寸以 mm(毫米)为单位,标高以 m(米)为单位。

(1)外部尺寸

一般在平面图的下方及左侧注出三道尺寸。第一道尺寸(最外一道)为外轮廓的总尺寸,表示建筑物(从一端外墙边到另一端外墙边)的总长和总宽尺寸。第二道尺寸为轴线间距尺寸,说明房间的开间(与房屋长度方向垂直的相邻横向两轴线之间的距离)及进深(房屋宽度方向上相邻纵向两轴线之间的距离),反映房间的大小及各承重构件的位置。第三道尺寸为各细部的位置及大小尺寸,如表示门、窗洞宽和位置,墙垛、墙柱等的大小和位置,窗之间墙宽等的详细尺寸。

标注三道尺寸时,应与轴线有尺寸关系。三道尺寸之间应留有适当的距离(一般为 7 ～

10 mm ,且第三道尺寸与图样最外轮廓之间的距离,不宜小于 10 mm),以便标注尺寸数字及剖切位置线。总尺寸的尺寸界线应靠近所指部位,中间的分尺寸的尺寸界线可稍短,但其长度应相等。

如建筑物的前后、左右都不对称,则平面图四边都需标注尺寸,但这时右边和上边可只标注出第二道轴线尺寸和第三道细部尺寸。在底层平面图中,若有台阶(或坡道)、花池及散水等细部结构,其尺寸可单独标注。

(2)内部尺寸

为了说明建筑物室内房间的开间和进深的净尺寸,室内的门、窗洞、墙、柱、梁和固定设备的大小、厚度和位置及室内楼、地面的高度,在平面图上应标注出有关的内部尺寸和楼、地面标高。楼、地面标高是表明各房间的楼、地面对标高零点(注写为 ±0.000)的相对标高。

一般内部尺寸分两道标注:一道尺寸标注内墙厚度及房间的开间和进深的净尺寸(即房间内墙各内表面间的距离);另一道是标注内墙上门、窗、墙、柱的尺寸,以及墙、柱与轴线的平面位置尺寸关系等尺寸。另外,如需要还应标注出墙上孔洞的大小、位置,洞底标高等。

6. 注写文字说明

注写出如房间名称或编号、门窗代号、轴线编号、详图索引、剖切位置线、图名、比例尺及施工说明等其他文字说明。

房间编号注写在直径为 6 mm 细实线绘制的圆圈内,并在同张图纸上列出房间名称表。

建筑图中的门窗一般都采用标准配件。在平面图中每一门窗都采用代号表示,门窗的图例及其编号,反映它的类型、数量及其位置。图例用细实线画出,门开启线为 90°、60° 或 45°。具体的标注方法:如门用代号 M 表示,其类型则在代号的右侧标注出编号加以区别,如 M_1、M_2 等来表示;窗用代号 C 表示,其类型同样在代号的右侧标注出编号加以区别,如 C_1、C_2 等来表示。同一编号表示同一类型的门窗,其构造和尺寸一样。也可直接用标准图集中的代编号表示。一般每一工程的门窗编号规格、型号、数量都有汇总表(门窗表)说明(见图 8 – 2)。

7. 标明朝向

在底层平面图上绘出指北针或风向频率玫瑰图,表示建筑物的朝向。

8. 其他

检查并完成全图。

8.2.2.4　建筑平面图的读图

从上述可见,建筑平面图的内容是以图形、符号、代号、图例、数字及文字来表示或说明。读图就是识读图样上的图示意义,并结合专业知识看懂图示内容。

(1)了解图名、层次、比例,以及纵、横定位轴线及其编号。

(2)明确图示图例、符号、线型、尺寸和比例的意义。

(3)了解图示建筑物的平面布置,包括:房间的布置、分隔,墙、柱的断面形状和大小,楼梯的梯段走向和级数等,门窗布置、型号和数量,房间其他固定设备的布置,以及在底层平面图中表示的室外台阶、明沟、散水坡、踏步、雨水管等的布置。

(4)了解平面图中的各部分尺寸和标高。通过外、内各道尺寸标注,了解总尺寸、轴线间尺寸,开间、进深、门窗尺寸及室内设备的大小尺寸和定位尺寸,并由标注出的标高了解楼、地面的相对标高。

(5)了解建筑物的朝向。

(6)了解建筑物的结构形式及主要建筑材料。

（7）了解剖面图的剖切位置及其编号，以及详图索引符号及编号。

（8）了解室内装饰的做法、要求和材料。

（9）了解屋面部分的设施和建筑构造的情况。对屋面排水系统，应与屋面做法表和墙身剖面的檐口部分对照识读。

8.2.3 建筑立面图

8.2.3.1 建筑立面图的形成和图示方法

按正投影法原理，在与建筑物立面平行的投影面上所绘制的投影图，称为建筑立面图，简称立面图（图8-21）。

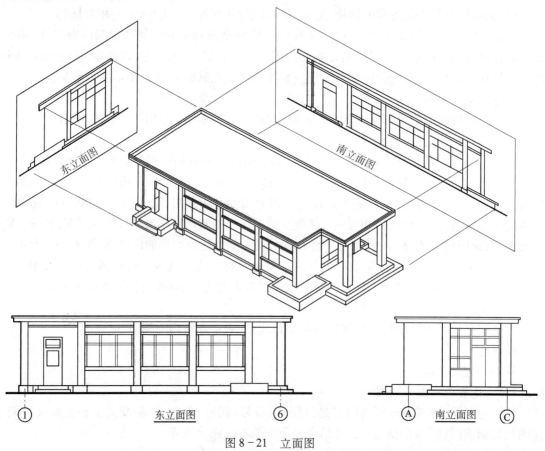

图8-21 立面图

建筑物的立面图可有多个，通常把反映主要出入口或比较显著地反映建筑物的外貌特征的那一个立面图作为正立面图，并相应地确定其背立面图和左、右侧立面图；有定位轴线的建筑物可根据两端定位轴线编号注出名称，如"①—⑥立面图"或"Ⓐ—Ⓒ立面图"等；无定位轴线的立面图也可按平面图各面的朝向来命名，如东立面图、南立面图、西立面图、北立面图等，图8-2所示的是南立面图、东立面图。

建筑物室内立面图的名称，应根据平面图中内视符号的编号或字母来确定（如"①立面图"，"Ⓐ立面图"）。

在建筑物立面图上，相同的门窗、阳台、外檐装修、构造做法等细部只分别画出一两个作为局部重点表示,绘出其完整图形,其他都可简化,只需绘出它们的轮廓线。

立面图上需标注外部材料和做法,对有花纹、装饰等的墙面结构,如果在立面图上不能表示清楚时,可采用局部剖面的表示方法,另外绘出相应的详图。

对称的建筑物可采用对称画法。如左右对称的建筑物,可采用正立面图和背立面图合并成一个图形的对称表示方法表示,这时应在对称轴线处画对称符号。

对于平面为回字形的建筑物,它的局部立面可在相关的剖面图上附带表示。如不能表示,则应单独画出。

平面形状曲折的建筑物,可绘制展开立面图、展开室内立面图。圆形或多边形平面的建筑物,可分段展开绘制立面图、展开室内立面图,但均应在图名后标注出"展开"二字。

8.2.3.2　建筑立面图的内容和作用

建筑立面图主要反映建筑物的外貌和立面装饰的做法,包括:投影方向可见的建筑外轮廓线和墙面线脚、构配件、墙面做法及必要的尺寸和标高等。如图 8-2①~⑥立面图和Ⓐ~Ⓒ立面图所示。其基本内容有:

(1)表示建筑物的外形。反映室外的地坪线,房屋的勒脚、台阶、花台、门、窗、雨篷、阳台、室外楼梯、墙、柱,外墙的预留孔洞、檐口,屋顶的女儿墙、隔热层、雨水管及墙面分格线或其他装饰构件等的形式和位置。

(2)注出标高,确定建筑物的总高度和外墙的各主要部位的高度。如室外地面、台阶、窗台、门窗顶、阳台、雨篷、檐口、屋顶的女儿墙等处的完成面高度,以及墙面分格线等的高度。立面图上一般不标注高度方向尺寸,但对于外墙预留洞口,除应标注标高外,还应标注出大小及定位尺寸。

(3)用图例和文字说明外墙面的装饰材料、色彩及做法。表明建筑物的外墙所用材料及饰面的价格。

(4)标注出各部分构造、装饰节点详图的索引符号及墙身剖面图的位置。

(5)标注出建筑物两端或分段的轴线及编号。

(6)室内立面图应包括投影方向可见的室内轮廓线和装修构造、门窗、构配件、墙面做法、固定家具、灯具、必要的尺寸和标高及需要表达的非固定家具、灯具、装饰物件等。室内立面图的顶棚轮廓线,可根据具体情况只表达吊平顶或同时表达吊平顶及结构顶棚。

立面图在设计阶段用以表现、研究建筑物的外观造型;在施工阶段,为室外装饰提供做法要求和依据。

8.2.3.3　立面图的绘制方法与步骤

立面图的作图比例,一般取与平面图相同。具体作图方法与步骤如图 8-22 所示。

(1)绘出室外地坪线、外墙轮廓线和屋顶轮廓线。其中,外墙轮廓线根据平面图的外部第一道尺寸绘出,并根据平面图尺寸绘出两端轴线(图 8-22a)。

(2)绘出门窗,其位置和大小根据平面图图示位置和宽度绘出(图 8-22b)。

(3)绘出门窗、窗台、台阶、雨篷、阳台、花池、勒脚、檐口、落水管等细节。对于门窗扇、檐口构造、阳台栏杆和墙面的复杂装饰,其细部只在局部重点表示,绘出其完整图形,其余部分只绘轮廓线。而详细的构造和做法,则用详图或文字或列表说明(图 8-22c)。

(4)绘出外墙装饰和墙面分格线等。

(5)检查并加深图线。应根据国家标准的有关规定加深图线,对屋面和外墙等最外的轮廓线采用粗实线;勒脚、窗台、门窗洞、檐口、阳台、雨篷、柱、台阶和花池等细部用中实线;门窗

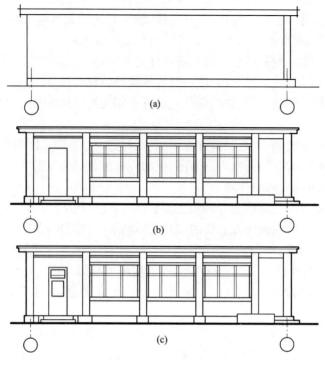

图 8 - 22　画立面图的步骤

扇、栏杆、雨水管和外墙面的分格线采用细实线;地坪线采用特粗实线(1.4*b*)(图 8 - 22*c*)。

(6)注写标高。立面图可不标注尺寸,只标注完成面的标高。标高注在引出线上,一般注在图形外的左侧,若建筑物立面左右不对称时,左右两侧均应标注,并做到符号排列整齐、大小一致。应标注的标高包括:室内、外地坪和台阶、窗台、门窗顶、阳台、雨篷、檐口、屋顶的女儿墙等处的完成面,以及外墙面的分格线等的标高。如果需要标注尺寸,可标注高度方向完成面的两道尺寸,一是房屋的总高度,另一是门窗高度和门窗之间墙的高度,为预算工程量和考虑施工方法提供依据。在标注时应注意对图内相互有关的尺寸及标高,宜标注在同一竖线上。

(7)注写施工说明及图名、比例及各部分构造、装饰及节点详图的索引符号等内容,并注出建筑物两端的轴线及编号。

8.2.3.4　建筑立面图的读图

(1)了解图名、比例和定位轴线编号。

(2)了解建筑物整个外貌形状;了解房屋门窗、窗台、台阶、雨篷、阳台、花池、勒脚、檐口、落水管等细部形式和位置。

(3)从图中标注的标高,了解建筑物的总高度及其他细部高度。

(4)从图上的图例、文字说明或列表,了解建筑物外墙面装饰的材料和做法。

8.2.4　建筑剖面图

8.2.4.1　建筑剖面图的形成

假想用一个或多个垂直于外墙轴线的铅垂剖切面,将建筑物剖开,所得的正投影图,称为建筑剖面图,简称剖面图(图 8 - 23)。

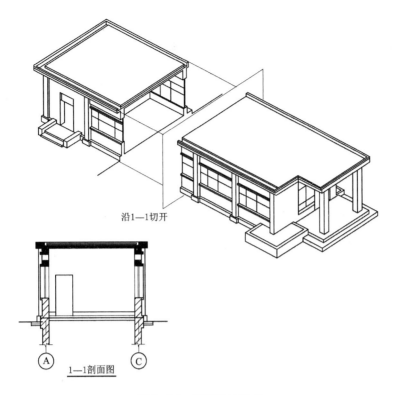

图 8－23　剖面图的形成

　　建筑剖面图的数量,根据建筑物的具体情况和实际需要决定,可绘制一个或多个剖面图。剖切平面一般选择在内部结构和构造比较复杂和典型的部位,如通过门窗洞的位置、多层建筑的楼梯间或楼层高不同的部位。剖切平面既可取横向(即垂直于屋脊线或平行于侧立面),也可取纵向(即平行于屋脊线或平行于正立面)。剖面图的图名应与平面图上所注写的剖切平面的编号一致,如 1—1 剖面图(图 8－23)。

　　剖面图中的断面,其材料图例、图中线型、粉刷面层线、楼地面的面层线等的表示原则及方法与平面图的处理相同。习惯上剖面图不画出基础,而在基础墙部位用折断线断开。剖面图采用的比例一般也与平、立面图一致。

8.2.4.2　建筑剖面图的内容和作用

　　如图 8－2 所示 1—1 剖面图,建筑剖面图主要表示建筑内部的空间布置、分层情况、结构、构造的形式和关系,装饰装修要求和做法,使用材料及建筑各部位高度(如房间的高度、室内外高差、屋顶坡度、各段楼梯的布置)等。

　　剖面图与平面图、立面图相互配合,作为施工的重要依据,是不可缺少的重要图样。

8.2.4.3　建筑剖面图的绘制方法与步骤

　　根据建筑物的具体情况选定剖切平面后,就可选用适当比例绘图。比例一般选用与平面图相同或放大一些的比例,通常选用 1:50 或 1:100。具体绘图方法与步骤如图 8－24 所示。

　　(1)绘出图形控制线,如地坪线、楼面线、屋面线和定位轴线(图 8－24a)。

　　(2)绘出内外墙身、楼板层、地面层、屋面层、各种梁、女儿墙及压顶(或挑檐)的构造高度(图 8－24b)。

　　(3)绘出门窗和楼梯的位置及其他细部结构。如门窗、雨篷、檐口、台阶、楼梯、楼梯平台、

169

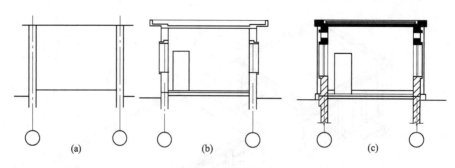

图 8 - 24　画剖面图的步骤

阳台等的位置、形状及图例。并绘出其他未剖切到的可见部分轮廓线,如墙面凹凸轮廓线,门、窗、踢脚、梁、柱、台阶、阳台、雨篷、水斗、雨水管以及有关装饰等的形状和位置。一般不画出地面以下的基础部分,而在基础墙部位用折断线断开(图 8 - 24c)。基础部分由结构图中的基础详图表示。

(4)检查底图,加深图线,绘出材料图例。

经检查底图无误后,按照国家标准规定的线型加深图线。剖面图中的断面的轮廓线采用粗实线表示;未被剖切到的可见部分轮廓线采用中粗实线表示;室内外的地坪线采用特粗实线表示(图 8 - 24c)。

剖面图上的材料图例及其线型应与平面图一致,线型采用细实线。其粉刷面层线和楼面、地面的面层线,表示原则及方法与平面图的处理相同,线型采用中实线。

(5)注写尺寸、标高、图名、比例和文字说明(图 8 - 2 的 1—1 剖面图)。

在剖面图中必须标注高度方向的尺寸。对建筑物外部围护结构可标注出三道尺寸:最外侧的第一道为室外地面以上的总尺寸,若为坡屋面则为室外地坪面到檐口的底面的尺寸,是平屋面则为室外地坪面到女儿墙的压顶或檐口的上平面的尺寸;第二道尺寸为楼层高尺寸,即底层地面至二楼楼面,各层楼面到上一层楼面,顶层楼面到檐口处屋面等,以及室内外地面高差尺寸;第三道为门、窗洞及洞之间墙的高度尺寸。此外,还应标注出某些局部尺寸。

在剖面图中注写出室内地面的建筑标高为相对标高的基准面(± 0.000),并标注包括建筑外部,即室外地面、窗台、门窗顶、檐口、雨篷的底面和女儿墙的顶面及建筑轮廓变化的部位的标高,以及建筑内部的底层地面、各层楼面与楼梯平台面的标高,室内的门、窗洞和设备等的位置和大小尺寸。在标注时应注意对图内相互有关的尺寸及标高,宜标注在同一竖线上。在标注剖面图中的尺寸和标高时,应注意与平面图和立面图一致。

建筑物的地面、楼面和屋面等是采用多层材料构成的,其构造、材料和做法在剖面图中用多层引出线,按构造的层次顺序,逐层加以文字说明。对于较复杂的装饰装修,还应该绘出相应的详图(如外墙身详图)。这时在剖面图中应该注出详图的索引标志(图 8 - 2)。为使图面简洁,通常用"构造说明一览表"将有关构造所用材料和做法列表统一说明。

对于建筑的倾斜部位,如屋面、散水、排水沟和出入口的坡道等,应该注写出坡度以表示倾斜的程度。

(6)检查并完成全图,如图 8 - 2 的"1—1 剖面图"。

8.2.4.4　建筑剖面图的读图

建筑剖面图可按下列步骤读图:

(1)将图名、定位轴线编号与平面图上的剖切位置编号和定位轴线编号相对照,确定剖面图的位置和投影关系。

（2）从图示建筑物的结构形式和构造内容,了解建筑物的构造和组合,如建筑物各部分的位置、组成、构造、用料及做法等情况。

（3）从图中标注的标高及尺寸,可了解建筑物的垂直尺寸和标高情况。

从上述可见,平、立、剖面图相互之间,既有区别又紧密联系。平面图可以说明建筑物各部分在水平面两个方向的尺寸和位置,却无法表明它们的高度;立面图能说明建筑物的外形的长（宽）、高尺寸,却无法表明它的内部关系;而剖面图则能说明建筑物内部高度方向的布置情况。因此,只有通过平、立、剖三种图互相配合才能完整地说明建筑物从内到外,从水平到垂直方向的全貌。

8.2.5 建筑详图

8.2.5.1 详图的内容和作用

对建筑物的细部或构配件,用较大的比例,将其形状、大小、材料和做法,按正投影法详细画出的图样,称为建筑详图,简称详图。

建筑详图的比例,一般选用1:20,1:10,1:5,1:2,1:1 等。具体选用根据图样的复杂程度和表达的细部和构配件的大小决定。由于建筑详图的绘图比例较大,因此对建筑细部和构配件的表示要求做到:图形准确清晰,尺寸标注齐全,文字说明详尽。

建筑详图包括:平面详图、立面详图、剖面详图和断面详图。具体选用应根据细部结构和构配件的复杂程度决定。对于套用标准图或通用详图的建筑构配件和节点,只要注明所套用图集的名称、型号或页码,就不必再绘详图。

建筑详图所画的节点部位,除了要在平、立、剖面图中有关部位标注索引标志外,还应在所绘详图上标注详图标志和写明详图名称,以便对照查阅。

建筑构配件详图,一般只要在所绘制的详图上写明该构件的名称或型号,就不必在平、立、剖面图中标注索引符号。

详图的基本内容包括:

（1）对有特殊设备的房间,如实验室、浴室、厕所等,应绘出详图表明固定设备的位置、结构、尺寸和安装方法等。

（2）对有特殊装修的房间,如吊平顶、花饰、木装修、大理石贴面等,应绘出装修详图,表示结构、材料、施工方法与装修方法等。

（3）建筑局部构造,如外墙身剖面、屋面坡面、屋面顶面、楼梯、雨篷、台阶、阳台等,应绘出详图,以表示结构、尺寸、材料、施工方法与要求等。

（4）园林建筑小品,如花窗、隔断、铺地、汀步、栏杆、坐凳、雕塑、桥津和园灯等,应绘制出详图,以表示结构、尺寸、材料、施工方法与要求等。

下面通过一些具体的图例,说明详图的表示方法与表达内容。

8.2.5.2 外墙身详图

1. 基本内容

外墙身详图是建筑剖面图中外墙身有关部位剖面的局部放大图。如图8-2所示,"2—2剖面图"为外墙身详图,其基本内容如下:

（1）表明砖墙的定位轴线编号,砖墙的厚度及其与轴线的关系。

（2）表明各楼层梁、板等构件的位置及它们与墙身的关系;表明楼、地面和屋面的标高、构造做法及它们与墙身的关系。对它们的构造,图中采用了多层构造说明方法表示(即采用引出线引出注写的方法表示)。

(3)表示窗台、窗过梁(或圈梁)、阳台栏板等的构造情况及门窗洞口的高度、上下坡标高。

(4)表示立面装饰的要求,包括砖墙各部位的凹凸线脚、窗口、挑檐、檐口、勒脚、散水踢脚板等的尺寸、材料和做法,或用索引符号引出做法详图。

(5)表明墙身的防水、防潮层的标高及防潮做法。

2. 外墙身详图绘图方法与步骤

如图 8 - 25 所示,为图 8 - 2 所示 2—2 外墙身剖面详图的绘图方法与步骤。

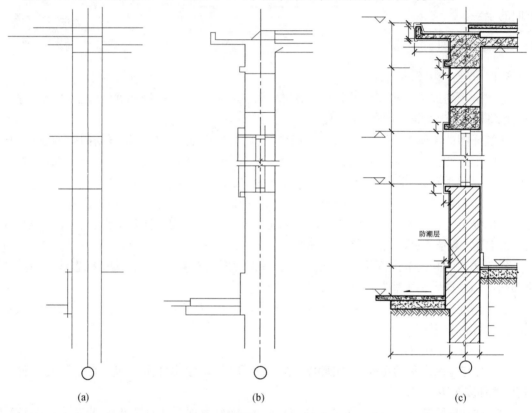

(a)　　　　　　　　(b)　　　　　　　　(c)

图 8 - 25　画墙身剖面图的步骤

(1)画轴线和墙身位置(图 8 - 25a)。

(2)画屋顶、墙身和门窗口的外轮廓线;画出窗、散水、踢脚、抹灰等细部和屋面、地面各层做法(图 8 - 25b)。

(3)画材料图例符号、尺寸线、标高符号(图 8 - 25c)。

(4)检查、加深图线:在墙身节点详图中剖切到的墙身线、檐口、楼面、屋面均应采用粗实线绘制;屋顶上的砖墩、窗洞处的外墙边线、踢脚线等用中粗实线绘制;粉刷线用中实线绘制;图例填充线用细实线绘制(图 8 - 25c)。

(5)注写数字、文字说明及图标,并完成全图。

3. 外墙身详图读图

(1)根据剖面图的编号,对照平面图上相应的剖切符号,明确剖面图的剖切位置和投影方向。

172

（2）根据各节点详图所表示的内容,详细分析读懂有关内容。具体如下:

① 檐口节点详图,表示屋面承重层、女儿墙外排水檐口的构造;

② 窗顶、窗台节点详图,表示窗台、窗过梁(或圈梁)的构造及楼板层的做法,各层楼板(或梁)的搁置方向及与墙身的关系;

③ 勒脚、明沟详图,表示房屋外墙的防潮、防水和排水的做法,外(内)墙身的防潮层的位置,以及室内地面的做法。

（3）结合图中有关图例、文字、标高、尺寸及有关材料和做法互相对照,明确图示内容。

（4）明确立面装修的要求,包括砖墙各部位的凹凸线脚、窗口、挑檐、勒脚、散水等的尺寸、材料和做法。

（5）了解墙身的防火、防潮做法,如檐口、墙身、勒脚、散水、地下室防潮、防水做法。

8.2.5.3 楼梯间详图

楼梯是多层建筑垂直交通的重要设施。在一般建筑中,通常采用现浇的钢筋混凝土楼梯,或是部分现浇、部分预制构件的楼梯。

如图 8－27 的立体图所示,楼梯主要由楼梯段(或称梯跑,包括踏步和斜梁)、平台(包括平台板和梁)和栏板(或栏杆)及扶手等组成。楼梯段是联系两个不同标高平台的倾斜构件,一般是由踏步和楼梯梁(或梯段板)组成:踏步是由水平的踏板和垂直的踢板组成;平台用来供行走时调节疲劳及转换楼梯段方向。栏板(栏杆)设在楼梯段及平台边缘上,是保证楼梯交通安全的保护构件。

楼梯详图主要表示楼梯的类型、结构形式、各部位的尺寸及楼梯段、栏板(栏杆)、扶手等的材料和装饰做法等内容,是楼梯施工、放样的主要依据。楼梯详图分有建筑详图和结构详图。一般两种详图分别绘制,但对一些装饰较简单的楼梯可合并绘制,编入"建施"或"结施"均可。楼梯详图包括:平面详图、剖面详图及踏步、栏板(栏杆)、扶手等节点详图三大部分。平面详图和剖面详图比例一致(如1:20 、1:30、1:50)。这些详图尽可能画在同一张图纸内以方便读图。下面分别说明其主要内容和绘图方法。

1. 楼梯平面详图

楼梯平面图是在略高于地板面或楼板面的窗口处作水平剖切,然后向下投影而形成的投影图。楼梯平面图一般分层绘制,在高层或多层建筑中,若中间各层的楼梯位置及其楼梯段数、踏步数和大小都相同时,可绘制出标准平面图,这时只绘制出底层、中间层(标准层)和顶层三个平面图即可,但应在标准层的平台面、楼面采用"同一位置注写多个标高数字"的形式加注中间省略的各层相应部位的标高。在绘图时,一般把三个平面图画在同一张图纸内,并互相对齐以方便读图,同时可省略标注一些重复尺寸(图 8－26)。

楼梯平面图详图应根据楼梯间的开间、进深及墙厚,画出墙、窗(窗台)、平台、栏板(栏杆)、各梯段踏面的投影。且应按国家标准规定,被剖切梯段(底层和中间层)的平面图中以一条或二条(中间层)和踏面成30°角的斜细折断线表示,并画出该楼梯的全部踏面数。同时应在梯段的投影中部画一长箭头,在箭头的尾端标注"上"或"下"字,表明"上行"或"下行"。在楼梯的底层平面图中还应标注出楼梯间剖面图的剖切符号(如图 8－26 中的 4－4)。在计算楼梯的踏面数时,由于楼梯段的最高一级的踏面与平台面或楼板面共面,因此每一楼梯段的踏面数,总比梯段的步级数少 1。具体如图 8－26 所示。

在底层平面图中,只画上行的第一楼梯段的投影,并在楼梯段投影的上部平台位置处以一条和踏面线成30°角的斜折断线表示折断。并在楼梯段投影的中部画一长箭头,在箭尾注写

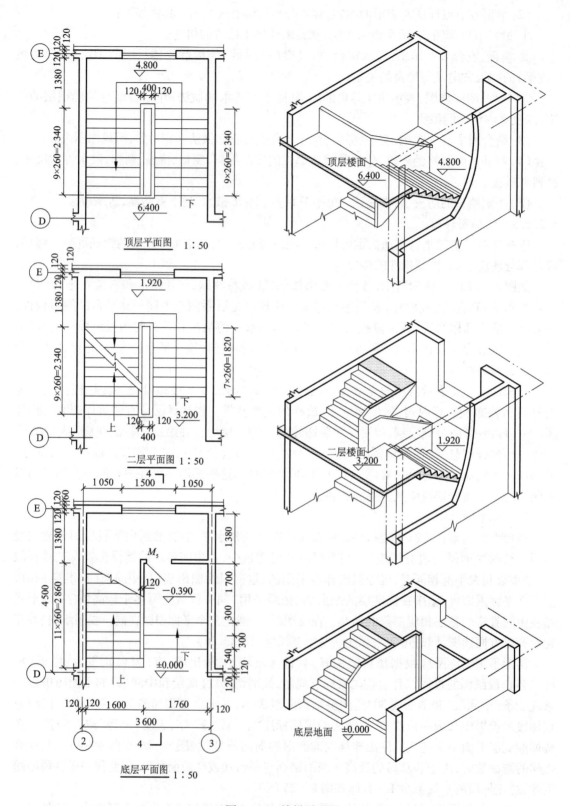

顶层平面图 1:50

二层平面图 1:50

底层平面图 1:50

图 8－26 楼梯平面图

174

出"上",表示"上行"。

在中间层平面图(图8-26二层平面图)中,在上行的第一个梯段的中部画二条和踏面线成30°角的斜折断线。在折断线的两侧,梯段的水平投影中部,分别画一条方向相反的长箭头,并在箭尾分别注出"上"或"下"字样,表示"上行"至顶层或"下行"至底层。

在顶层平面图中,由于顶层平面图剖切位置线在栏板(栏杆)以上,因此图中出现平台和完整的两楼梯段的投影,并在楼面的悬空处一侧,画有水平栏板的投影。同样,在梯段投影的中部画一长箭头,在箭尾注出"下"字样,表示"下行"。

在楼梯平面图中,标注定位轴线和编号表示楼梯间的位置,注明楼梯间的开间和进深尺寸(轴线间距尺寸)、楼梯段的宽度和长度、踏面数和踏面的宽度、楼梯井与平台等尺寸,以及窗洞的定形和定位尺寸。通常梯段的长度方向尺寸采用"踏面数(步级数-1)×踏面宽=梯段长度"的方式标注。如底层平面图中的"11 × 260 = 2860",表示该梯段有12(11+1=12)步级、11踏面,每一踏面宽为260 mm,梯段长为2860 mm。另外,还标注出楼面、地面和平台面等的标高(图8-26)。

2. 楼梯剖面详图

如图8-27所示,假想用一铅垂剖切平面沿楼梯段的长度方向,通过各层的一个楼梯段和门窗洞口将楼梯间剖开,向未剖切梯段或与梯段配套的走道方向投影,所得剖面图,称为楼梯剖面图。在多层建筑中,若中间各层的楼梯构造完全相同时,可只画出底层、中间层(标准层)和顶层的剖面,中间以折断线断开,并在中间层的楼面、平台面处,采用"同一位置注写多个标高数字"的形式加注中间省略的各层相应部位的标高。对未剖到而又被栏板遮挡而不可见的部分,其踏步可采用虚线画出,也可不画,但仍应标注出该梯段的步级数及高度尺寸。习惯上,如果楼梯间的屋面没有特殊结构,一般可折断不画。

楼梯剖面详图主要表示被剖切的墙身、窗下墙、窗台、窗过梁;表示出楼梯间的地面、楼面、平台面、梯段等的构造及其与墙身的连接,以及未剖到的梯段、栏板、扶手等。扶手坡度与梯段的坡度一致。并标注出扶手、栏板(栏杆)、踏步等详图的索引符号。

楼梯剖面详图中应标注出楼梯间的轴线及其编号、轴线间距尺寸(进深尺寸)、楼面、地面、平台面、门窗洞口的标高和竖向尺寸;通常采用"步级数×踢面高=梯段高度"的方式标注。如图中"8×160=1280",表示楼梯段有8步级数(8踢面),踢面高为160 mm,梯段高为1280 mm。另外,还应标注出栏板(栏杆)的高度尺寸(指从踏面中部到扶手顶面的垂直高度,一般为900 mm)。

3. 楼梯扶手、栏板(栏杆)、踏步详图

在楼梯详图中,对扶手、栏板(栏杆)、踏步等,一般都采用更大的比例(如1:10~1:20)另绘出详图表示(图8-28)。

如图8-28所示,踏步详图表明踏步的形状、尺寸,防滑条的位置、材料及面层的做法。一般只画出几级表示,其余以折断线断开。由于防滑条断面小,一般又用更大比例(如1:2)画出。

如图8-28b、c所示,扶手、栏板详图表明扶手、栏板的截面形状、尺寸、材料以及扶手与栏板、栏板与踏面之间的连接构造等。

4. 楼梯详图的绘图

(1)楼梯平面详图的绘图

现以二层平面图为例,说明楼梯平面图的绘图方法与步骤:

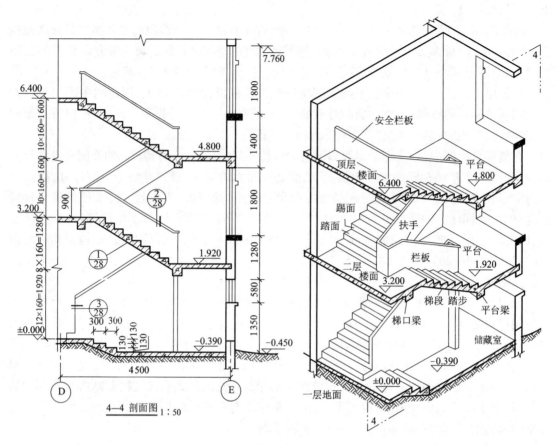

图 8-27 楼梯剖面图

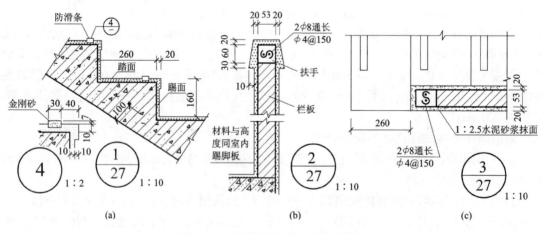

图 8-28 楼梯踏步、扶手、栏板详图

① 绘出楼梯间平面图(图 8-29a)。根据楼梯间的开间、进深尺寸和楼层高度,确定平台深度 s、梯段宽度 a、梯井宽度 k、踏面宽度 b 和步级数 n。

梯段的水平投影长度 $l = b(n-1)$。

② 采用"等分平行线间距"的作图方法,绘出踏面的等分点(踏面数 = $n-1$),再分别绘出

踏面的水平投影(图8－29b)。

③绘出栏板、箭头以及二层上行梯段被剖切部分与二层下行梯段被遮挡部分的投影分界线(两条30°角斜折断线),加深图线,标注标高、尺寸,注写图名、比例,绘出剖面符号,完成作图(图8－29c)。

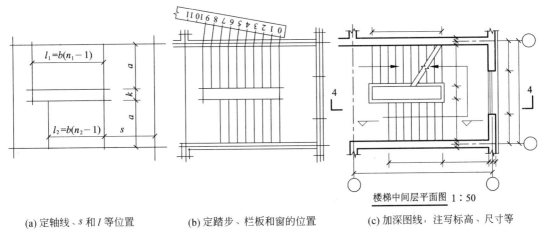

(a) 定轴线、s 和 l 等位置　　　(b) 定踏步、栏板和窗的位置　　　(c) 加深图线,注写标高、尺寸等

图8－29　楼梯平面图的画法步骤

(2)楼梯剖面详图的绘图

现依据图8－27楼梯平面图所示的剖切位置"4—4",绘出楼梯的"4—4剖面详图"为例,说明楼梯剖面详图的绘图方法与步骤(图8－30)。

①绘出定位轴线,确定楼面、地面、平台与梯段的位置(图8－30a)。图形比例和尺寸应与楼梯平面图一致;

②绘墙身,确定踏步位置(图8－30b):

根据踢面的高度、踏面的宽度和踏步的级数,采用"等分平行线间距"的作图方法进行分格。梯段高度(竖向)分格等于踏步级数,梯段高度等于踏步级数乘以踢面高度,即 $h = n \times c$。梯段长度(横向)分格等于踏步级数减1,梯段长度等于踏步级数减1再乘以踏面宽度,即 $l = (n-1)b$。

③绘细部,如窗、窗台、梁、楼面、地面、平台及栏板(栏杆)、扶手高度等(图8－30b)。

④加深图线,标注标高和尺寸,注写图名、比例,完成全图(图8－30c)。

8.2.5.4　木门窗详图

图8－31所示为木门窗的组成及各部分名称。木门窗一般都是由门窗框、门窗扇和五金件(铰链、插销、拉手、窗钩等)组成。

各地区都规定有各种类型和规格的门窗标准图,设计时可以选用。在设计中,若采用标准图,只需要用索引符号注明详图在标准图集中的编号。若采用非标准门窗,则必须画出其详图。

门窗详图主要反映门窗的外形、尺寸、开启方向和构造、用料等情况,一般包括门窗立面图、节点图、断面图、门窗扇立面图、五金表和文字说明,以及整幢建筑门窗统计表。门窗详图是结构施工留孔和门窗加工制作、安装的重要依据。具体表示方法与内容分别以图8－31、图8－32为例加以说明。

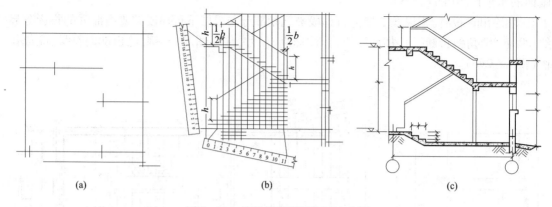

图 8-30　楼梯剖面详图的画法步骤

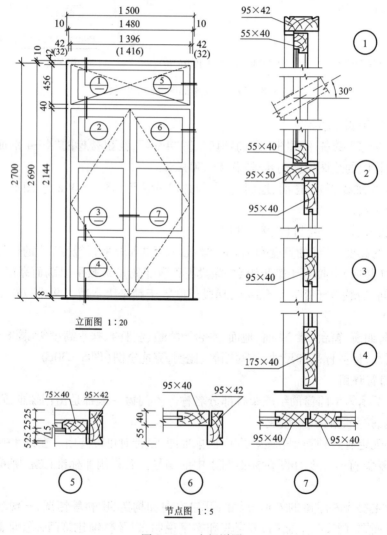

立面图 1:20

节点图 1:5

图 8-31　木门详图

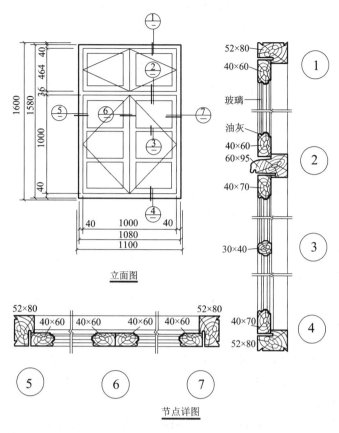

立面图

节点详图

图 8 - 32   木窗详图

1. 立面图

表示门窗的形式、开启方式和方向、主要尺寸及节点索引符号等内容。

立面图上标注有三道尺寸：

第一道即最外一道门窗洞口的尺寸（门窗洞口尺寸为砌砖墙时用，应与建筑平面、立面、剖面图标注的尺寸一致）；

第二道为门窗框外包尺寸（门窗框成品的净尺寸）；

第三道为门窗扇尺寸（门窗扇成品的净尺寸）。

在立面图中，轮廓线采用中实线绘出，其余可见部分用细实线绘出。

2. 节点详图

为了图示简明，一般不画门窗的剖面图而以节点详图代替。

节点详图表明门窗各部件的断面形状、材料、尺寸、开启方向，以及安装位置和门窗扇与门窗框的连接关系等内容。

绘图时，一般将同一方向的节点详图连在一起，中间用折断线断开，并分别在节点详图上编注出与立面图相对应的详图标志。

节点详图上应标注门窗材料断面的外围尺寸以及门窗扇在门窗框中的位置尺寸。

3. 断面图

断面图表示门窗框和门窗扇的用料断面形状和尺寸，断面内应标注断面净料的外围尺寸

(实际下料尺寸比外围尺寸略大)和断面各截口尺寸,以便下料加工。断面图所用比例一般比立面图和节点详图都大。当节点详图比例大时,断面图可省略。

　　4.门窗扇立面图

　　立面图中应表示门窗扇及其各组成部分的形状和尺寸。图中一般标注两道尺寸:外面一道为门窗扇外包尺寸;里面一道为扣除截口的梃或冒头的尺寸,以及表示玻璃板和门芯板的尺寸。

8.3　亭建筑施工图

　　亭子常作为风景构图的主体,是停憩凭眺之所。其功能简明,体量小巧,玲珑美丽,精巧多彩,为人们游赏活动提供驻足休息、纳凉避雨、纵目眺望之处,且满足人们"观景"、"点景"需求。它是我国园林中运用得最多的一种建筑形式。

　　亭子体量小而集中。亭的平面形状和屋顶形式决定了亭子的造型。其平面形状变化多样,自由灵活。屋顶形式结构独特,绚丽多彩。

　　亭子的立面构成,分为屋顶、柱、台基三个部分。台基,随境而异;柱,一般空灵;屋顶形式丰富,结构独特,是亭子外形表达上较为复杂的部分。尤其是传统亭的特种屋面曲线及其起翘手法——发戗,更是中华民族传统精神文化以建筑语言符号表现的象征模式(图8-33)。

　　如图8-33所示,传统的攒尖顶亭,由于屋顶无正脊,只由无数条戗脊交合于顶部,再覆以宝顶。其屋面曲线复杂,由纵向曲线与横向曲线结合,构成一双曲屋面。因此,对其屋顶的表示,重点在于对屋顶曲线的表示。

　　图8-34所示为图8-33所示攒尖亭屋顶曲线示意图。亭的剖面图和平面图的表示如图8-35、图8-36所示。现将具体表示方法阐述于下。

8.3.1　檐口曲线

　　檐口曲线是由于檐柱逐渐升起和屋角起翘形成的。檐口曲线的立面形状直接取决于屋脊曲线和屋面曲线。该曲线的平面投影形状,只需在实际放样时,以建筑角部的檐口和屋面最低纵向曲线位置处的檐口的尺寸为极限,适当调整就可得到。故此,对檐口曲线,一般不需单独绘出详图表示。

8.3.2　屋脊曲线

　　屋脊曲线,一般通过屋脊对称面取剖切平面进行剖切,绘出剖面详图表示,并在图上水平距离等分段注出屋脊坡度曲线的高度尺寸(以坐标形式或网格法标注曲线尺寸形式标注),作为屋脊坡度放线大样的依据(图8-37的1—1剖面详图)。

8.3.3　屋面曲线

　　屋面曲线包括纵向曲线和横向曲线。

　　1.纵向曲线

　　纵向曲线是直接通过建筑屋面的最低纵向曲线位置处,取剖切平面进行剖切,绘出屋面坡度剖面详图表示,并在详图上直接标注出屋面坡度曲线的高度尺寸和水平分段尺寸(以坐标形式或网格法标注曲线尺寸形式标注),作为屋面纵向坡度放线大样的重要依据之一(图8-

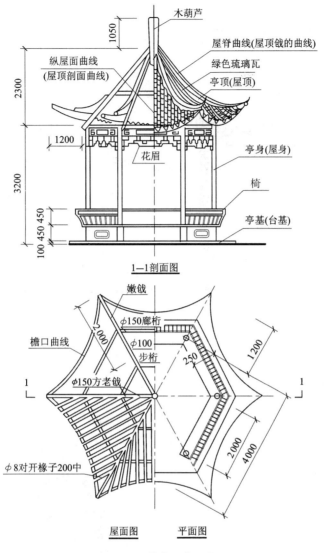

木葫芦

屋脊曲线(屋顶戗的曲线)

绿色琉璃瓦

纵屋面曲线
(屋顶剖面曲线)

亭顶(屋顶)

1050

2300

1200

花眉

亭身(屋身)

3200

椅

450 450

亭基(台基)

100 450

1—1剖面图

嫩戗

φ150廊桁

檐口曲线

φ100

步桁

2,000

φ150方老戗

1200

250

φ8对开椽子200中

2,000

4000

屋面图   平面图

图 8－33　攒尖顶亭的构造

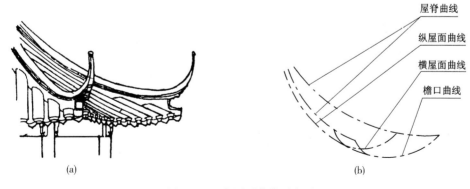

屋脊曲线

纵屋面曲线

横屋面曲线

檐口曲线

(a)   (b)

图 8－34　亭屋顶曲线示意图

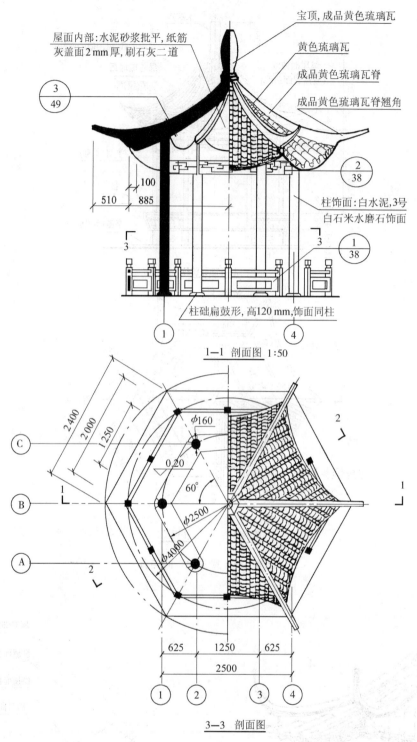

屋面内部:水泥砂浆批平,纸筋
灰盖面2 mm厚,刷石灰二道

宝顶,成品黄色琉璃瓦

黄色琉璃瓦

成品黄色琉璃瓦脊

成品黄色琉璃瓦脊翘角

柱饰面:白水泥,3号
白石米水磨石饰面

柱础扁鼓形,高120 mm,饰面同柱

1—1 剖面图 1:50

3—3 剖面图

图 8-35 攒尖亭建筑施工图(一)

37 的 2—2 剖面详图)。

2. 横向曲线

横向曲线一般可用支承屋面板(或椽子)的桁条的高度曲线来表示。若屋面是屋面板,则

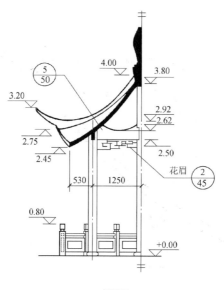

2—2 剖面图 1:50

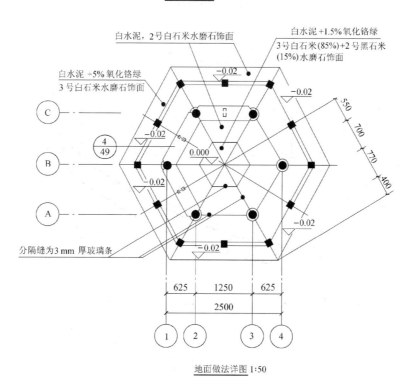

地面做法详图 1:50

图 8－36 攒尖亭建筑施工图(二)

可给出桁条高度曲线的最高、最低极限位置高度尺寸,然后说明按实际放样适当调整该曲面的形成(图 8－40);若屋面不是由屋面板而是由椽子直接承受屋面载荷,则最好在桁条上搁椽子的每一位置的中线处都标注出高度尺寸及中线间的间距尺寸(以坐标形式标注),作为直接放样的依据。

对亭子的表示,除屋面的表示有特别要求外,还要注意到亭子结构和构造上的对称对选择各种投影图的影响,屋面斜梁的断面、花眉、栏杆、坐凳和宝顶等其他细部结构都应该画出详图

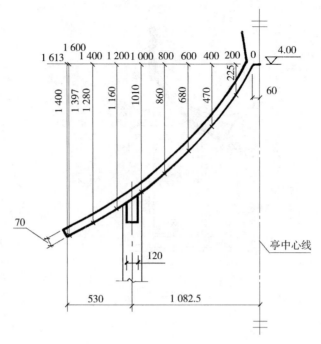

2—2 剖面详图1:20

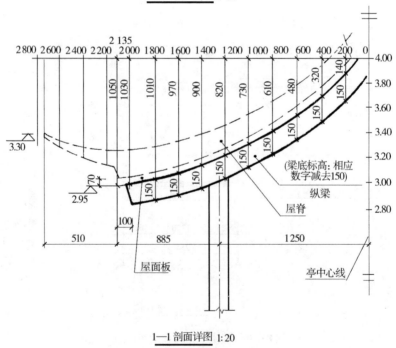

1—1 剖面详图 1:20

图8-37 攒尖亭建筑施工图(三)

清晰表示(图8-38、图8-39)。

现代亭子有平板亭及其衍生亭、野菌亭、组合构架亭等(图8-41)。由于形式、功能、建材的演变进步,使现代亭子亭顶有平顶、斜坡、曲线等变化;而屋面变化也多样化,如做成折板、弧形、波浪形,或采用新型建材、瓦、板材;还有仿自然、富野趣的式样,如仿竹、松木、棕榈外形,或用木结构,或用茅草作顶。此外,还有采用气承薄膜结构,或彩色油(帆)布为顶的软结构亭。

对现代亭子的表示,同样要注重屋面的表达,特别是对使用高强轻质材料的各种组合构架亭的屋面表达。

图8-42是亭子与其他园林建筑如花架、长廊、水榭组合的平面图和立面图。

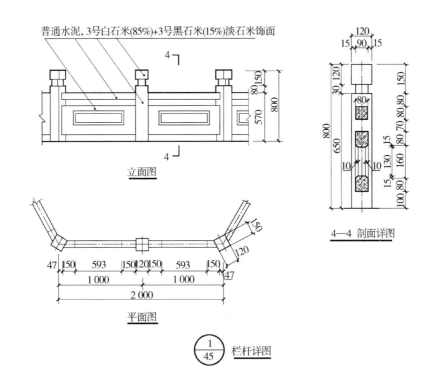

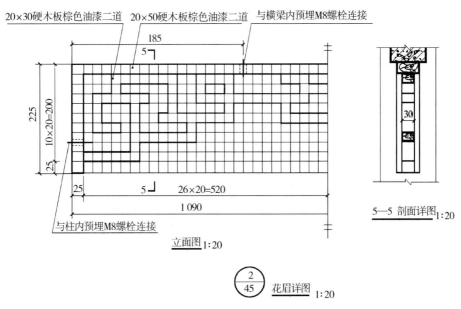

图8-38 攒尖亭建筑施工图(四)

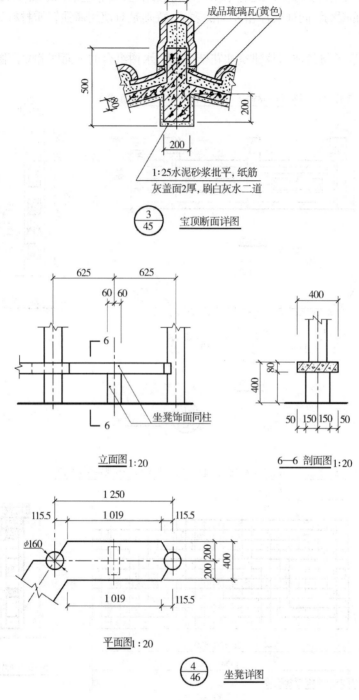

成品琉璃瓦(黄色)

150

500

80

200

200

200

1:25水泥砂浆批平,纸筋
灰盖面2厚,刷白灰水二道

$\dfrac{3}{45}$ 宝顶断面详图

625   625

60 60

6

6

坐凳饰面同柱

立面图1:20

400

80

400

50 150 150 50

6—6 剖面图1:20

1 250

115.5   1 019   115.5

φ160

200 200

400

1 019   115.5

平面图1:20

$\dfrac{4}{46}$ 坐凳详图

图8-39 攒尖亭建筑施工图(五)

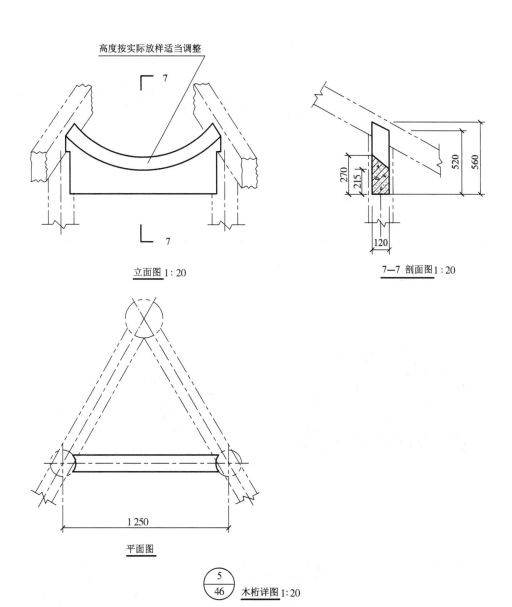

高度按实际放样适当调整

7

7

立面图 1:20

270
215
120
520
560

7—7 剖面图 1:20

1 250

平面图

5
46 木桁详图 1:20

图 8-40 攒尖亭建筑施工图(六)

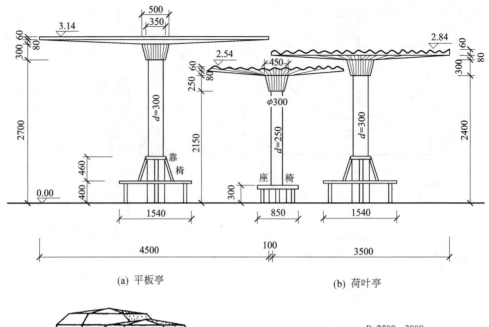

(a) 平板亭　　　　　　　　　　　　(b) 荷叶亭

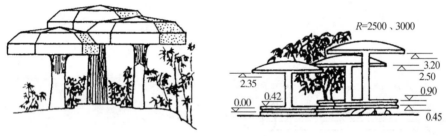

(c) 类灵芝菌组亭

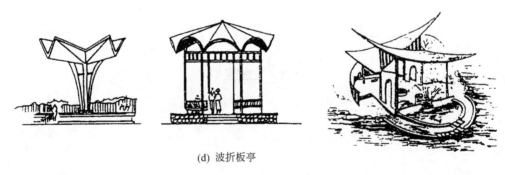

(d) 波折板亭

图 8-41　现代亭

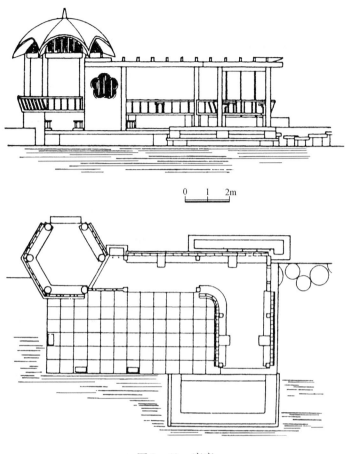

图 8 – 42 廊亭

8.4 园林建筑小品施工图

园林建筑小品,是功能简明、体量小巧、造型别致、带有意境、富于特色、配置恰当、适得其所的精巧建筑物与构筑物,既有使用功能,作为人们观赏景色之所在,又具有强烈装饰作用与环境组成良好的景色,作为被观赏的对象,真可谓是"风景之观赏,观赏之风景"。它将周围的景色巧妙地组织起来,赋予园林以无穷的活力、个性和美感,使园林庭院景致更为优美动人,画面更富诗情画意,意境更加新颖生动。它种类繁多,其内容包括:亭、廊、花架、景墙、景窗、门洞、花格、栏杆、台阶、园灯、园椅、园凳、果皮箱、宣传牌、花坛、花卉盆池、喷泉、游船码头、各种园林标志以及儿童游园中的玩具设施等。

由于造型的艺术化、景致化和小品化,使园林建筑小品外形虽小,却形状复杂。故不论它是依附于景物或建筑之中,还是相对独立,一般都需单独画出详图表达。具体有如下例示:

廊,是中国园林建筑小品的重要组成部分。廊随山就势,曲折迂回,逶迤蜿蜒,是通行之道。它联络建筑,分隔院宇,划分景区空间,丰富空间层次,增加景深,为联系风景景点建筑的纽带。廊还可起透景、隔景、框景等作用。它依平面分有直廊、曲廊、回廊等。图 8 – 43 所示为卷棚歇山顶游廊。

花架,是最接近于自然的园林小品,一方面供人歇足休息,欣赏风景;一方面创造攀缘植物

189

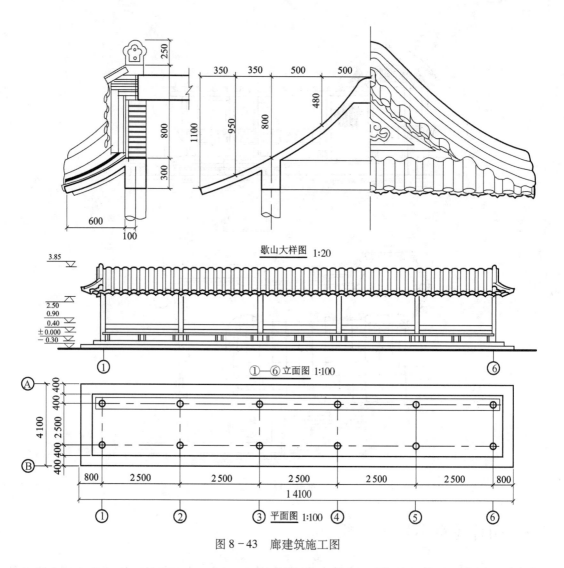

图 8-43 廊建筑施工图

生长的条件。它具有组织园林空间、划分景区、增加风景深度的作用,既具有廊的功能,又比廊更接近自然。花架造型灵活、轻巧,其形式有条形、圆形、弧形、转角形、多边形、复柱形等。花架设计的尺寸一般控制在高度 2500～2800 mm,开间 3000～4000 mm,进深 2700～3300 mm。示例如图 8-44 所示。

栏杆,主要起保护作用,同时可划分活动范围和组织人流导向。一般防护栏杆高度约为 900 mm,必要时可有 1100～1200 mm,装饰性镶边栏杆的高度为 150～300 mm(图 8-45)。

景墙,一般高 1.8～2.4 m,是园林景观的一部分,有隔断、围合、划分、组织空间的作用,也有组织游览路线,装饰、衬景、美化环境等多种功能。景墙造型简洁、色彩协调、比例适当、内外通透,墙上有漏窗、门洞、雕花刻木的巧妙处理,为园林景观的建筑小品。景墙融合于绿地之中,使其如蜿蜒在绿丛中一般。示例如图 8-45。

门洞和漏窗,在园林造景上有着特殊的地位与作用,它们使园林空间通透,流动多姿,并与园林环境配合营造一定的意境。门洞、漏窗与其外空间的景物结合,构成"框景""对景",组成一幅幅立体图画,而优美画幅虚实相衬,画意更浓,使情趣倍增。门洞和漏窗的示例如图 8-46、图 8-47 所示。

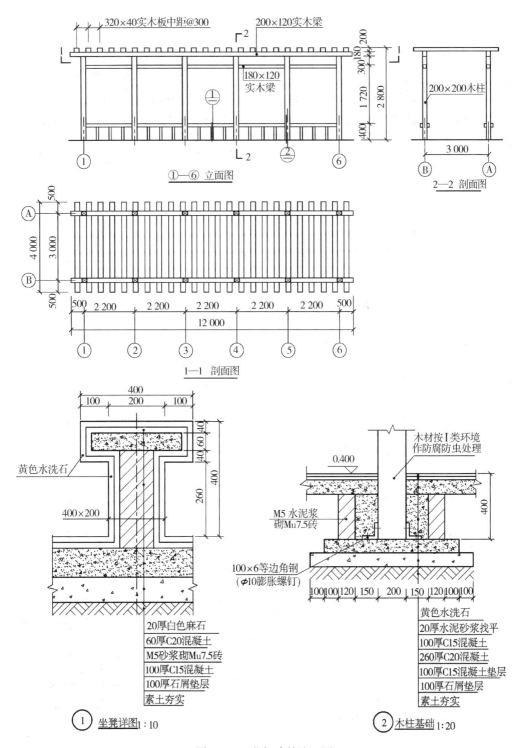

图 8-44 花架建筑施工图

桥,是组织水面风景必不可少的组景要素,具有联系水面风景点、引导游览路线、点缀水面景色、增加风景层次的作用。庭园中,桥一般采用小桥或汀步。桥有单跨平桥、曲折平桥、拱券桥等,而汀步宜用于浅水河滩、平静水池、山林溪涧等地段。小桥与汀步的表示示例分别见图

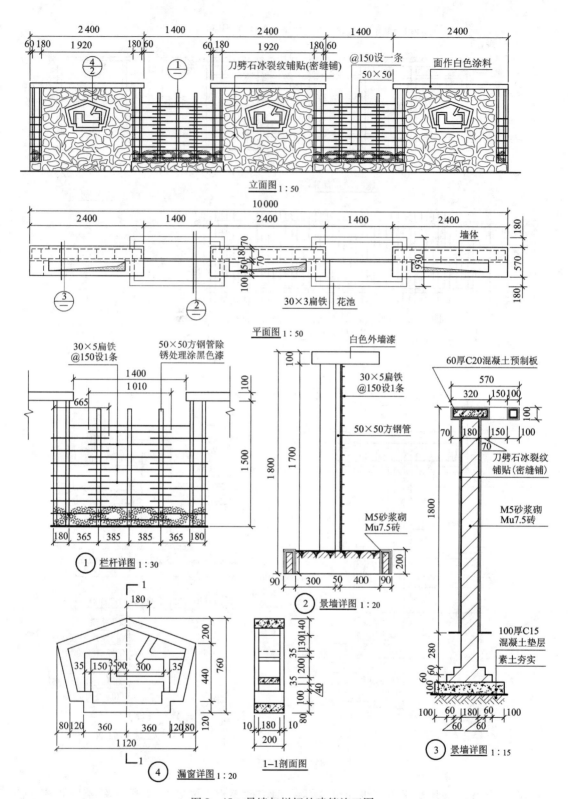

图 8-45 景墙与栏杆的建筑施工图

8-48 与图 8-50 所示。图 8-49 为水景示例与表示法。

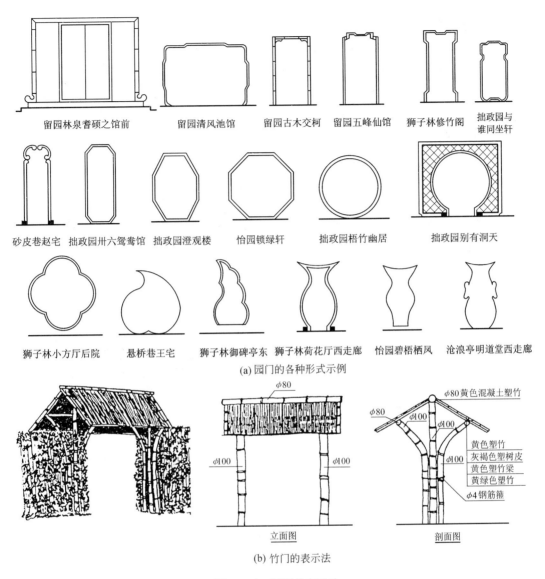

留园林泉耆硕之馆前　　留园清风池馆　　留园古木交柯　　留园五峰仙馆　　狮子林修竹阁　　拙政园与谁同坐轩

砂皮巷赵宅　　拙政园卅六鸳鸯馆　　拙政园澄观楼　　怡园锁绿轩　　拙政园梧竹幽居　　拙政园别有洞天

狮子林小方厅后院　　悬桥巷王宅　　狮子林御碑亭东　　狮子林荷花厅西走廊　　怡园碧梧栖凤　　沧浪亭明道堂西走廊

(a) 园门的各种形式示例

立面图　　　剖面图

(b) 竹门的表示法

图 8 – 46　门洞的表示法

园椅,是人们在园林中休憩歇坐、欣赏周围景物不可缺少的设施,而其优美精巧的造型,又是园林装饰小品。所以,在园林中恰当地设置桌椅,不但给园林增添生活情趣,且会点缀园林环境,衬托园林气氛,加深表现园林意境。园桌与园椅示例见图 8 – 51。

园灯,既有照明功能,给园林景色增添生气,衬托园林气氛,又以其精美的造型装饰点缀园林环境,增添情趣。园灯构造图示例见图 8 – 52。

园林观景造景设施,有花盆、花坛(台)与立体花坛等,一般有方形、圆形、正多边形,需要时还可拼合。如图 8 – 53 所示为花坛施工图示例,图 8 – 54 所示为树池连座椅施工图示例。

园林展示性小品,是园林中的文化宣教设施,其类型包括展览栏、阅报栏、展示台、园林导游图、园林布局图、说明牌、布告板及指路牌等各种形式。它与其他园林建筑小品一样,具有造型美观及实用功能并重的特点。园林展示性小品从布局到造型均应与园林环境协调统一,展示性小品在设计上尺寸要合理,体量适宜,大小高低应与环境协调。其示例见图 8 – 55,图示为钢筋混凝土双肢柱阅报栏。

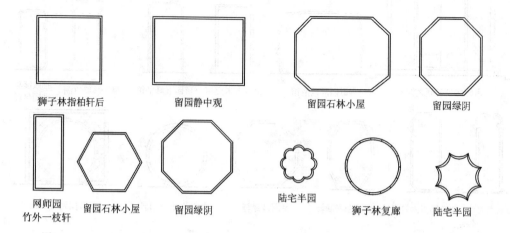

狮子林指柏轩后　　　留园静中观　　　留园石林小屋　　　留园绿阴

网师园　　　留园石林小屋　　　留园绿阴　　　陆宅半园　　　狮子林复廊　　　陆宅半园
竹外一枝轩

图 8－47　园窗示例

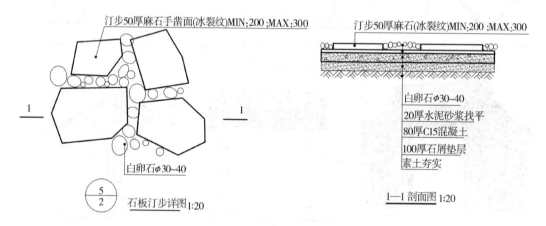

图 8－48　汀步建筑施工图

194

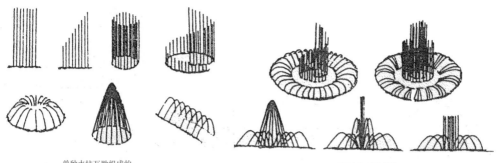

单种水柱互助组成的 多种水柱子组成的

(a)射流水柱组成的喷水水景造型

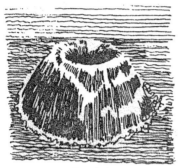

喇叭形水膜

扇形水膜

(b) 水膜喷泉

(c) 组合水景造型示例

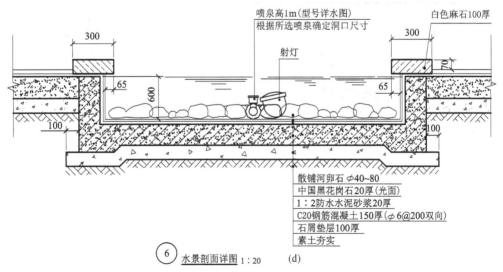

喷泉高1m(型号详水图)
根据所选喷泉确定洞口尺寸

白色麻石100厚

射灯

300

300

70

65

65

600

100

100

散铺河卵石 φ40~80
中国黑花岗石20厚(光面)
1：2防水水泥砂浆20厚
C20钢筋混凝土150厚(φ6@200双向)
石屑垫层100厚
素土夯实

⑥ 水景剖面详图 1：20 (d)

图 8－49 水景的表示法

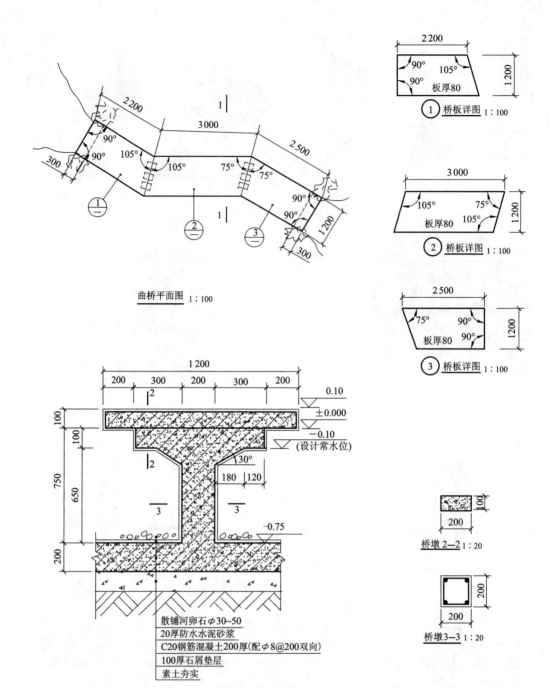

图 8-50 曲桥建筑施工图

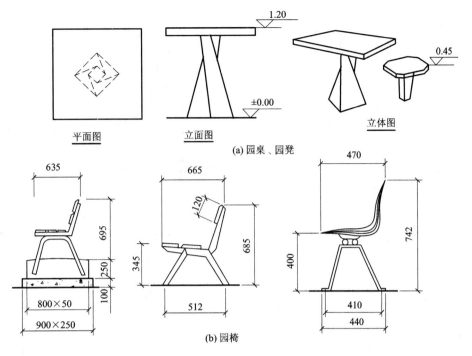

平面图　　　立面图　　　　　　　　　　　　立体图

(a) 园桌、园凳

(b) 园椅

图 8-51　园桌与园椅示例

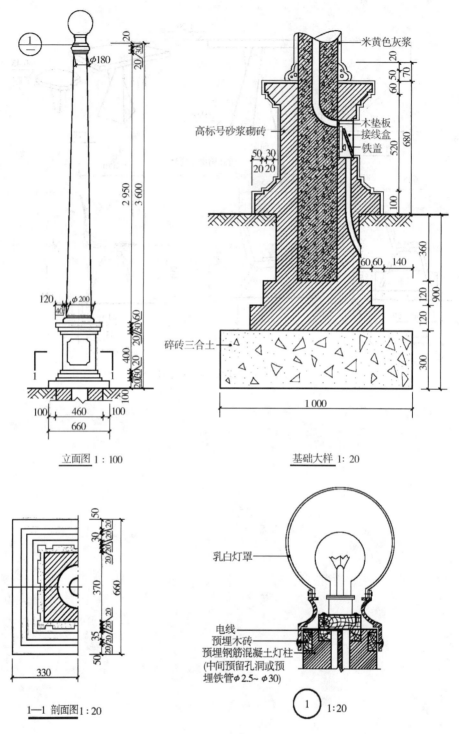

米黄色灰浆

高标号砂浆砌砖

木垫板
接线盒
铁盖

碎砖三合土

立面图 1:100

基础大样 1:20

1—1 剖面图 1:20

乳白灯罩

电线
预埋木砖
预埋钢筋混凝土灯柱
(中间预留孔洞或预
埋铁管φ2.5~φ30)

① 1:20

图8-52 园灯建筑施工图

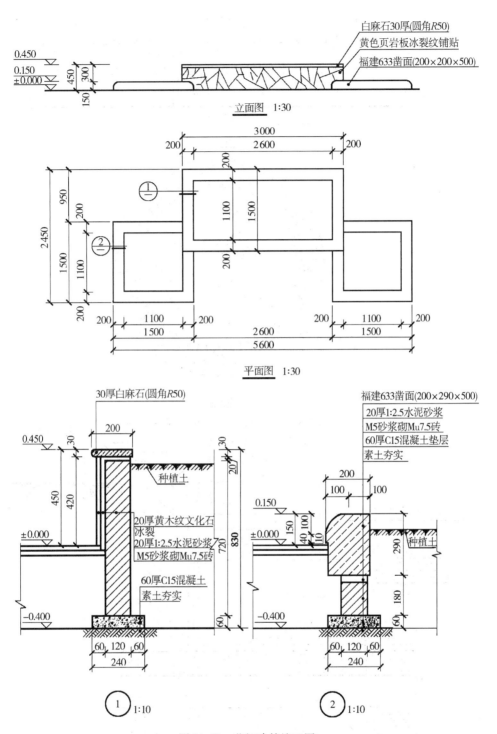

图 8-53 花坛建筑施工图

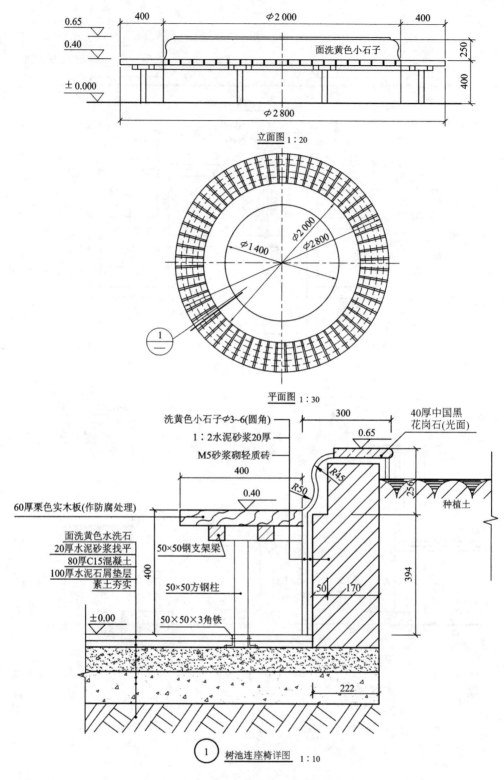

图 8-54 树池连座椅建筑施工图

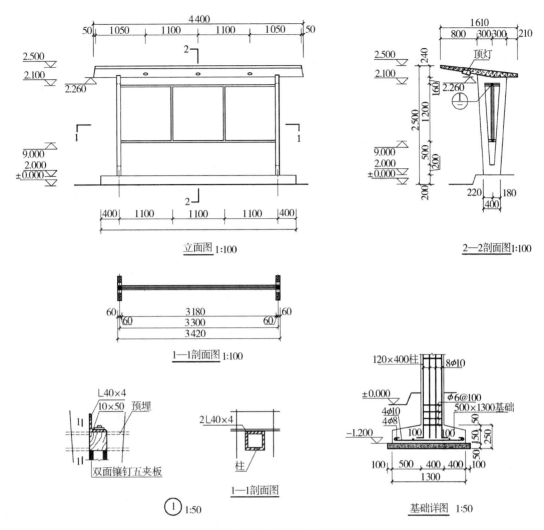

图 8-55 钢筋混凝土双肢柱阅报栏

本章小结

本章主要阐述了建筑施工图、亭的表示,园林小品等施工图的产生、分类、内容、作用、图示特点,以及绘制与阅读的方法和技能。

一、建筑施工图

重点介绍建筑施工图,包括总平面图、平面图、剖面图和详图。

(一)总平面图

总平面图是将一定范围内新建、拟建、原有和拆除的建筑物、构筑物连同其周围的地形、地貌与绿化布置,用水平面投影和规定了图例所画出的图样。它主要反映有关建筑物的平面形状、位置、朝向和周围环境的关系,是新设计建筑物定位、放线和布置施工现场的依据。

由于总平面图包括的范围较广,一般用较小的比例和图例(图例画法及线型要求见有关国家标准规定)表示。总平面图画有等高线或加上坐标网格,根据原有建筑物或道路或坐标定位;其标高和尺寸均以 m(米)为单位,注写到小数点以后第二位。总平面图按上北下南方向绘制(可向左或右偏转,但不宜超过 45°),绘制有指北针或风玫瑰图。

(二)平面图

平面图是假想在建筑物的门窗洞口处水平剖切俯视所得到的剖面图;屋顶平面图是在屋面以上俯视所得的平面图。平面图反映的内容包括:剖切面及投影方向可见的建筑物的建筑构造以及必要的尺寸、标高以及注写房间的名称(或编号)等。

具体包括:

(1)表达房屋的平面形式及内部布置、房间的分隔和墙(或柱)的位置、厚度和材料。

(2)门窗的位置、类型大小、开启方向及编号。

(3)其他构配件如阳台、台阶、花台、雨篷、雨水管、散水等的布置及大小。

(4)承重结构的轴线及编号。

(5)尺寸标注出反映其外部和内部的定型尺寸、定位尺寸和总尺寸。外部三道尺寸:最外一道,表明房屋的总尺寸;中间一道标注房间的轴线尺寸,即房间开间尺寸(房屋长度方向)和进深尺寸(房屋宽度方向);靠内一道表明外墙上门、窗洞的位置及窗间墙与轴线的关系。内部尺寸:标注内墙厚及房间的净空大小;标注内墙上门、窗、墙、柱的尺寸及墙、柱与轴线的平面位置关系尺寸等。另外,应标注出室内楼地面标高。

(6)在底层平面图上绘出指北针或风向频率玫瑰图,表明建筑物的朝向及风向的频率,并标注剖面图的剖切位置和编号。

平面图中图线规定:剖切到的墙、柱等的断面轮廓线采用粗实线,通常不画剖面线;门、窗、楼梯都用图例表示,图例都用细实线画出,门的开启线为 90°、60°或 45°;其他未剖切到的可见轮廓线、尺寸起止符号用中粗实线;尺寸线、尺寸界线、标高符号、粉刷线等用中实线。

(三)立面图

立面图主要反映建筑物的外貌和立面装修的材料及做法。立面图中,用图例和文字说明外墙面的装修材料及做法,用图例表示门窗扇、檐口构造、阳台栏杆等细部;注出外墙各主要部位完成面的标高,反映建筑物的总高度和外墙的各主要部位的高度;标注出各部分构造、装饰节点详图的索引符号及墙身剖面图的位置;标注出建筑物两端或分段的轴线及编号。立面图一般不标注高度方向尺寸,如需要可标注两道,即外一道是房屋的总高度,靠里一道是门窗高度和门窗间墙的高度。立面图可为室外装饰装修提供做法要求和依据。

立面图中图线规定:外轮廓线采用粗实线;勒脚、窗台、门窗洞、檐口、阳台、雨篷、柱、台阶和花池等细部的轮廓线用中粗实线;门窗扇、栏杆、雨水管轮廓线和外墙面的分格线采用细实线;地坪线采用特粗实线。

(四)剖面图

假想用一个或多个垂直于外墙轴线的铅垂剖切面,将建筑物剖开,所得的正投影图,称剖面图。剖面图主要表示建筑内部的空间布置、分层情况、结构、构造的形式和关系,以及装饰装修要求和做法,使用材料及建筑各部位高度。

剖面图中图线规定:剖面图中的断面的轮廓线采用粗实线;未被剖切到的可见部分轮廓线采用中粗实线;室内外的地坪线采用特粗实线表示。剖面图上的材料图例填充线、家具线采用细实线。其粉刷面层线和楼面、地面的面层线,采用中实线。

在剖面图中必须标注高度方向的尺寸。如对建筑物外部围护结构应标注出三道尺寸:最外侧的第一道为室外地面以上的总尺寸;第二道尺寸为楼层高尺寸,以及室内外地面高差尺寸;第三道为门、窗洞及洞墙间的高度尺寸,室内的门、窗洞和设备等的位置和大小尺寸,以及某些局部尺寸。剖面图上应标注出建筑物外部标高,即室外地面、窗台、门窗顶、檐口、雨篷的底面和女儿墙的顶面及建筑轮廓变化部位的标高;建筑物内部的底层地面(为相对标高的基准面"±0.000")、各层楼面与楼梯平台面的标高。在标注剖面图中的尺寸和标高时应注意与平面图和立面图一致。

(五)建筑详图

对建筑物的细部或构配件为清楚表达其局部构造,用较大的比例将其形状、大小、材料和做法,按正投影法详细画出建筑详图。详图要求:图形准确清晰,尺寸标注齐全,文字说明详尽。需画出的详图一般有外墙身、楼梯、门窗、厨房、厕所、阳台等。

二、亭的表示

亭子的立面构成,分为屋顶、柱、台基三个部分。台基,随境而异;柱,一般空灵;屋顶形式丰富,结构独特,是亭子外形表达上较为复杂的部分。尤其是传统亭的特种屋面曲线及其起翘手法——发戗,由于屋顶无正脊,只由无数条垂脊交合于顶部,再覆以宝顶;其屋面曲线复杂,由纵向曲线与横向曲线结合,构成一双曲屋面。因此,对其屋顶的表示,重点在于对屋顶曲线的表示。同时,对如屋面斜梁的断面、花眉、栏杆、坐凳和宝顶等其他细部结构,都应画出详图清晰表示。

三、园林建筑小品

园林建筑小品由于造型的艺术化、景致化和小品化,使园林建筑小品外形虽小,却形状复杂。因此,不论它是依附于景物或建筑之中,还是相对独立,一般都需根据其特征单独画出详图表达。

第 9 章　风景园林工程图

9.1　概　述

9.1.1　园林工程图的内容和作用

园林景观是一种有明确构图意识的美的空间造型。建筑的抽象美,山石、流水的自然美,绿地树木形成的环境美,道路、桥梁的人工设计规划美,风景园林规划设计就是指对组成园林整体的山形、水系、植物、建筑、基础设施等造园要素进行综合设计,就是在一定地域以空间审美为主导,运用工程技术和艺术手段,通过改造地形(或进一步筑山、叠石和理水),种植树木、花草,营造建筑,布置园路、园林小品等途径,创作出丰富多彩、富有情趣的美的自然环境和游憩境域,实现人类对美丽的自然环境的追求愿望,给人们以赏心悦目的美的享受。

园林工程则包括土方工程、筑山工程、理水工程、园路工程、种植工程等园林组成要素的有关专业专项工程。园林规划设计经过总体规划、详细规划、总体设计(方案设计)、施工图设计等四个阶段,最后,提供满足施工要求的设计图纸、说明书、材料标准和施工概(预)算。按风景园林规划园林设计的结果绘制出的施工图,就称为园林工程图。一套园林工程图,根据其内容和作用的不同分类如下:

(1)设计施工总说明:包括设计图纸、文件目录及设计总说明。

(2)风景园林总体规划设计图:表达风景园林总体规划设计的内容。主要包括总平面图、总立面图、剖面图及整体或重要景区局部鸟瞰透视图。

(3)土方工程施工图:表达土方工程设计的内容。主要包括竖向设计图、土方调配图的平面图及剖面图。

(4)筑山工程施工图:表达筑山工程设计的内容。主要包括假山工程施工图和置石工程施工图的平面图、立面图(或透视示意图)、剖面图及详图。

(5)园路工程施工图:表达园路工程设计的内容。主要包括园路工程施工图、广场工程施工图的平面图、剖面图与详图。

(6)理水工程施工图:表达理水工程设计的内容。主要包括驳岸工程施工图、水体工程施工图的平面图、立面图、剖面图、断面图及水体单项土建工程详图,综合管网图的平面图与剖面图。

(7)种植工程施工图:表达种植工程设计的内容。主要包括公园绿地、生产绿地、防护绿地、附属绿地和其他绿地等的规划设计内容,有如道路绿化、广场绿化、园林绿化等种植工程施工图的平面图、立面图、剖面图和详图。

园林工程图主要用于表达园林工程设计意图,说明工程施工要求与做法,为工程编制预算、施工放线及施工组织规划提供依据。

9.1.2 定位轴线

在园林工程图中,工程平面位置的标定方法与前述建筑总平面图的平面布置标定方式相同;对于小型工程,如在原有的园林庭院中新增园林景观设施及单体建筑物、构筑物,则可在图上直接标注出新增建工程与原有的保留景物、园路、建筑物等坐标(定位尺寸)及标高,作为新增建工程施工放线的依据;对于大中型工程,由于工程项目较多,规模较大,为了确定定位放线的基准,在总平面图与其他工程施工图中常利用直角坐标网格(测量坐标网格或施工坐标网格)来定位,以表示工程规划设计的平面布置。

在采用坐标网格法标定工程的平面位置时,采用细点画线法画出定位轴线。定位轴线可直接用坐标网格线延长线表示,并在其一端应用细实线绘制出直径为 8～10 mm 的圆圈,定位轴线圆的圆心应在定位轴线的延长线上(图9-1)。

在工程的平面图上,定位轴线的编号标注在图样的下方和左侧。横向用阿拉伯数字,按从左向右顺序编号;竖向编号应用大写拉丁字母(除 I、O、Z 不采用,以避免误解为 1、0、2 等数字),按从下至上顺序编写(图9-1)。其中,图9-1a的基准点是"0",基准线分别是横坐标方向为Ⓐ,纵坐标方向为①;图9-1b,其基准线通过说明注解。不管采用图a或图b的形式,都应清楚表明基准点和基准线的位置。

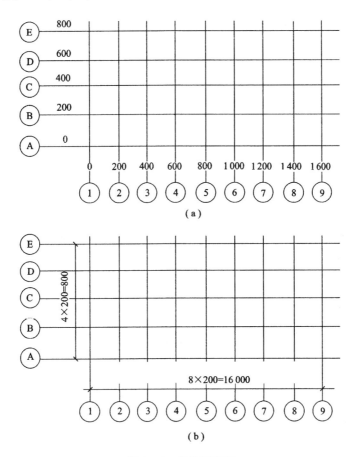

图9-1 定位网格图

9.1.3 图例

由于总平面及其他专业工程施工图包括的范围较广,且采用比例较小,所绘图样多采用图例表示。在施工图中常用的图例有除前章所述的摘自国家标准《总图制图标准》GB/T50103—2010 之"表8-3 总平面图图例"外,还有摘自《风景园林图例图示标准》CJJ 67—95 规定的"表9-1 小品设施图例"和"表9-2 植物树冠平面图例"等。在绘图中也可直接查阅、采用有关国家标准《总图制图标准》与行业标准《风景园林图例图示标准》所规定的有关图例。若采用有关标准规定之外的图例,其派生依据图例图示的形象应简明、清晰、美观,应与代表性实物形态特征或国内外常用符号相一致,并对所设图例采用文字说明其名称或意义。

表9-1 小品设施图例

名　称	图　例	说　明	名　称	图　例	说　明
雕塑		仅表示位置,不表示具体形态,以下同也可依据设计形态表示	指示牌		也可根据设计形态表示
花台			人行桥		
坐凳			车行桥		
花架			铁索桥		
围墙	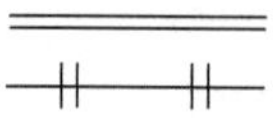	上图为实砌或漏空围墙　下图为栅栏或篱笆围墙	亭桥		
栏杆	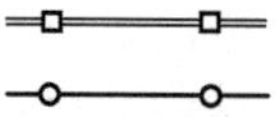	上图为非金属栏杆　下图为金属栏杆	汀步		
园灯			驳岸	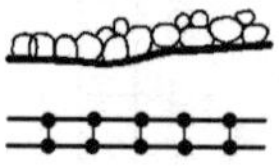	上图为假山石自然式驳岸　下图为整形砌筑规划式驳岸
饮水台					

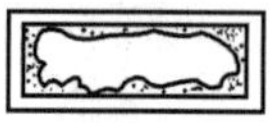

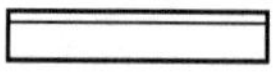

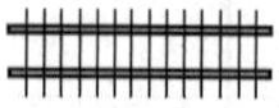

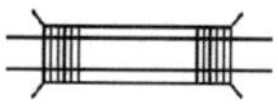

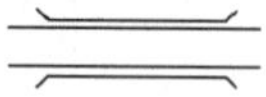

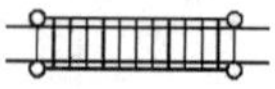

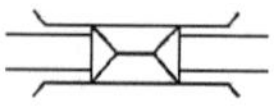

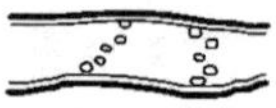

表 9-2　植物树冠平面图例

名　称	图　例	说　明	名　称	图　例	说　明
常绿针叶乔木		针叶树的外围线用锯齿形或斜刺形　阔叶树的外围线用弧裂形或圆形线　灌木外形成不规则形　粗线小圆表示现有乔木;细线小十字表示设计乔木;黑点表示灌木种植位置　凡大片树林可省略图例中的小圆、小十字及黑点	自然形绿篱		
落叶针叶乔木			镶边植物		
常绿阔叶乔木			缀花草皮		
落叶阔叶乔木	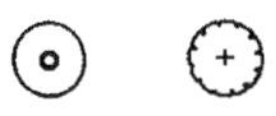		整形树木		
常绿灌木			仙人掌植物		
落叶灌木			藤本植物		

9.2　风景园林总体规划设计图

9.2.1　风景园林总体规划设计图的内容和作用

风景园林总体规划设计图有平面图、立面图、剖面图。

风景园林总体规划设计平面图,简称总平面图。它主要表达整体规划和局部各区域的关系以及对于各功能的处理,具体内容见下所述。总平面图可以分析征用地域平面的自然特征,并对场地的功能进行区域划分及组织交通。

立面图主要表达景观设计内容物,如建筑物、构筑物、树木等的外观及与景观其他要素的关系和地形起伏的标高的变化等。

剖面图主要表达景观设计地域范围内景观的形式与地平面的关系,如地形的起伏、标高的变化、水体的宽度和深度,以及围合构件的形状、建筑物或构筑物的室内高度、屋顶形状、台阶的高度。

立、剖面图可以直观表现地形的特征,可以研究植物、坡地与建筑之间的构成方式及虚实关系。

整体或重要景区局部鸟瞰透视图逼真地反映了风景园林整体或重要景区局部的外貌,使人看图如同身临其境目睹实物一样。如图9-2所示科学馆庭园鸟瞰透视图,它逼真地反映了图9-3科学馆庭园规划设计总平面图所表示的庭园整体外貌。

图9-2　科学馆庭园鸟瞰透视图

9.2.2　风景园林总体规划设计平面图

总平面图表明一个征用地域范围的总体规划设计的内容,是表现工程总体布局的图样,表明各系统工程相互关系及与周围环境的配合关系,提供工程施工放线、土方工程及编制施工规划的依据。

总平面图表示根据任务书和城市规划的要求、征用地域的大小,表达在景园范围内对原有的自然状况的改造和新规划的总体综合设计意图,是在一定区域范围基本条件下,艺术意境和功能巧妙融合的结晶。如图9-3庭园规划设计总平面图所示,主要包括有:景区景点的设置,出入口位置及主要拟建建筑物、假山石及其他构筑物(包括桥梁)等的风格、造型、规模、位置等各专业工程系统的规划;竖向设计及地貌设计,如园路系统(道路的宽窄及布局)、河湖水系(水体的位置及类型)、绿化规划、环境小品及设施的位置、地坪的铺装材料、地形的起伏及其不同的标高等;标明指北针或附上风向频率玫瑰图,以表明区域位置和风向。此外,还有根据条件设置的一些必要的常规设施:如游憩设施、服务设施、公用设施、管理设施和活动场所等的综合设计。

总平面图对综合设计的各项目可在图中直接采用文字标注说明,也可采用阿拉伯数字按顺序标注出序号,再用文字说明(图9-3)。

总平面图应清晰准确,图文相符,图例一致。总平面图一般采用1:300、1:500的比例尺,对征地区域范围大而工程简单的,也可用1:1000比例尺。

总平面图的具体内容一般应包括:

(1)表明工程征地区域现状及规划范围,准确的放线基准点、基准线位置,并在基准点处注明其标高。

(2)表明工程征地区域现状及规划范围内对地形、地貌原有自然状况的改造和新的规划,以及地形竖向控制标高。

(3)以详细定位尺寸或坐标网格标明园林植物种植范围,建筑物、构筑物及地下或架空管线的位置和外轮廓线。

(4)为了减少误差,对整形式平面要注明轴线与现状的关系。自然式道路、山丘、种植应以坐标网格为控制依据,坐标网的方向尽量与测量坐标网格一致。

(5)注明道路、广场、建筑物、水体水面、地下管沟、山坡、山丘、绿地和古树根部的标高,并注明其衔接部位。

(6)应在图纸上标明图名、图例、风玫瑰、规划期限、规划日期、规划单位及其资质图签编号等内容。

(7)撰写规划说明书。规划说明书应分析现状,论证规划意图和目标,解释和说明规划内容。

由于总平面图要说明的是总体规划设计的内容,而不是园林组成要素的专项设计内容。其工程项目多,征用地域范围较大。如果工程内容较复杂,有时还需分别绘出各子项工程施工总平面图。必要时还可绘出总立面图、剖面图、整体或重要景区的局部鸟瞰透视图等。

9.2.3　总平面图的绘图方法与步骤

9.2.3.1　确定设计内容,进行合理布局,做出综合设计

进行设计时,首先要了解整个项目概况,包括对园林整体的立意构思、风格造型、项目建筑

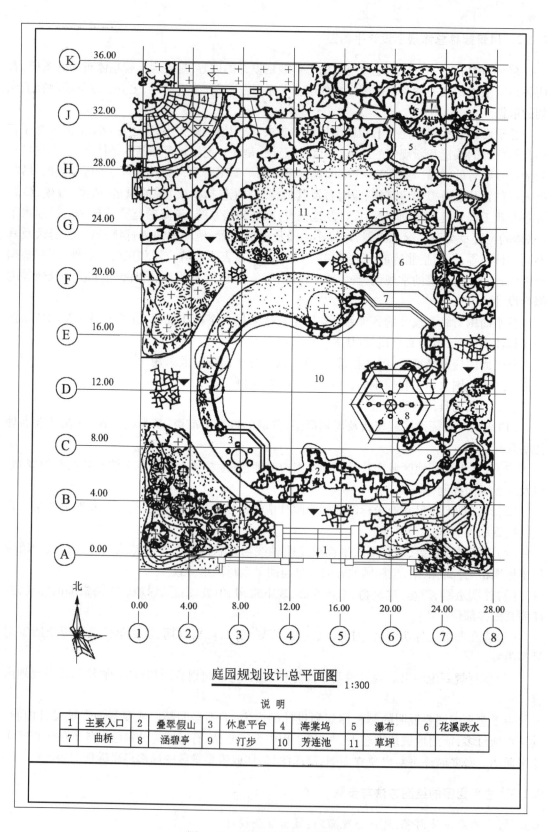

北

庭园规划设计总平面图 1:300

说 明

1	主要入口	2	叠翠假山	3	休息平台	4	海棠坞	5	瀑布	6	花溪跌水
7	曲桥	8	涵碧亭	9	汀步	10	芳连池	11	草坪		

图 9-3 庭园规划设计总平面图

规模、投资规模、可持续发展等方面,确切理解设计任务书和城市总体规划对园林绿地的性质、服务对象的规定和要求,正确制定其内容;再通过调查、基地现场踏勘,收集并掌握有关原始资料,了解的内容包括:建筑物、构筑物、道路、水体系统、各种地上地下物的平面位置(对地下物还需了解其埋置的确切深度),以及地面坡度和雨水排除方向;然后,根据设计任务书,结合城市总体规划、绿地性质与服务半径要求,按照科学规律,运用艺术和科学技术手段筹划,进行合理布局,做出总体设计(方案设计),并着手绘制施工图。总平面图应按上北下南方向绘制。根据场地形状或布局,可向左或向右偏转,但不宜超过下45°。

9.2.3.2　根据征用地范围和工程内容,确定比例尺

一般应根据征地面积的大小及总体布置的内容来选择确定比例尺的大小。若征用地范围大而总体布置较简单,施工工程项目不多,可考虑用较小比例尺;若征用地范围较小而总体布局较为复杂,或征用地范围大,且施工工程项目多,考虑到图样图面的清晰性,应该采用较大的比例尺。

9.2.3.3　选定图纸幅面,确定坐标及基准点与基准线,绘制定位轴线

比例尺确定后,根据图形的大小,就可选择确定图纸幅面。

图纸幅面选定后,考虑布置图形。总平面图中一般用坐标表示平面布置,放线时根据现场已有点的坐标,用仪器导测出平面布置的有关坐标。所以,布置图形,首先确定基准点与基准线,对采用坐标网格为依据的总平面布置,则应以基准点与基准线为基准,采用细实线绘出坐标网格,并绘制标注定位轴线。

9.2.3.4　绘底稿

(1)绘出现有地形、地貌。绘出现有地形及将保留的主要原有地上物及综合管线(包括地上、地下)。

(2)绘出新设计的建筑物、构筑物及其他设施。

(3)绘出新设计的道路系统和活动用地。

9.2.3.5　检查底稿,描深图线

检查底稿正确无误后,将多余作图辅助线擦掉,根据图纸功能,按照前述表1-5(第9页)图线中有关国家标准规定的图线线型的要求,描深图线。

(1)坐标网格应以细实线表示。

(2)对现有地形的主要地上物,如原有的建筑物、构筑物、道路、桥涵、围墙等的可见轮廓线用细实线表示。

(3)对新建建筑物±0.00高度的可见轮廓线、铁路、管线用粗实线表示。

(4)新建构筑物、道路、桥涵、边坡、围墙、运输设施等可见轮廓线采用中实线表示。

(5)对新建建筑物±0.00高度以上可见建筑物、构筑物轮廓线及新建人行道、排水沟、坐标线、尺寸线、等高线采用细实线表示。

(6)对新建建筑物、构筑物地下轮廓线用粗虚线表示。

(7)对计划预留扩建的建筑物、构筑物、道路、运输设施、管线、建筑红线及预留用地各线用中虚线。

(8)对原有建筑物、构筑物、管线的地下轮廓线用细虚线表示。

9.2.3.6　标注尺寸和绝对标高

在总平面图中,标注出新设计的建筑物、构筑物、道路、其他设施等的坐标或定位尺寸和大小尺寸,作为施工放线的依据。对建筑物、构筑物、道路、管线等应标注的坐标或定位尺寸的要

求与前述建筑总平面一样,应依据《总图制图标准》GB/T 50103—2010 规定执行,不再详述。建筑物、构筑物用坐标定位时,根据工程具体情况也可用相对尺寸定位。若采用坐标网格,则以坐标网格作为施工放线的依据。

如前所述,总图中标注的标高应为绝对标高,假如标注相对标高,应注明相对标高与绝对标高的换算关系。

总平面图中的尺寸和标高以 m(米)为单位,并取小数点后两位,不足的以 0 补齐。详图以 m(米)为单位,若不以 m(米)为单位应加以说明。

9.2.3.7 注写设计说明

设计说明主要包括下述内容:分析现状,论证规划意图和目标,解释和说明规划的内容。具体有:

(1)总体规划、布局的有关说明;

(2)工程情况的有关说明;

(3)关于总体标高以及水准引测点的说明;

(4)关于补充图例的说明;

(5)施工技术要求和做法的说明。

9.2.3.8 完成全图

绘出风向玫瑰频率图,标注比例尺、填写图签、标题栏,完成全图。

9.2.3.9 涂色

在平面图或效果图上,可涂上颜色以增强直观性和效果,表达设计意图及突出创意。

具体可用水彩着色,也可采用马克笔或彩色铅笔涂色。水彩着色,由浅至深,由淡至浓,逐渐分层次地叠加,具有明快、湿润、水色交融的独特艺术魅力。马克笔着色,色彩亮丽,透明度高,干得快,着色简便,可以进行色彩叠加,也可以与其他色彩工具相结合,运用灵活方便。图上着色与设计过程考虑一样,在色彩搭配上应注意稳定和协调,不要太过强烈,以免造成凌乱和不稳定的感觉。着色色彩搭配具体可考虑:水体涂上浅蓝色,草地涂上浅绿色,灌木涂上中绿色,树木涂上深绿色,木制凳椅涂上浅黄色等。

9.2.4 总平面图读图要则

(1)大概了解。

①了解工程设计意图、工程性质、图样比例;阅读文字说明,熟悉图例。

②了解工程征地范围、地形、地貌和周围环境情况。

(2)了解总体规划,分析规划内容的合理性。

①了解总体规划,根据园林性质、服务对象分析其规划内容的合理性;

②明确各子项工程的合理设计及相互关系,以及与周围环境的关系。

(3)了解总体平面布置,分析规划设计布置的合理性。

了解总体平面布置,明确新造景物的平面位置和朝向,并根据下述条件分析其规划设计的合理性:

①出入口的类别和具体位置,应根据城市的规划和内部布局的要求确定。

②园路系统应既满足交通需求,又具引导游览功能。

③河湖水系设计应以满足使用要求(如活动水面和观赏水面)确定。

④种植设计应既满足功能上的需要,又创造优美的景观。

⑤工程管线综合管网布置必须考虑安全、卫生、节约和保护景观等因素。

⑥其他常规设施和位置应根据实际条件设计。

（4）了解各处位置的标高,分析竖向设计的合理性。

了解各处位置的标高,并根据周围的城市规划标高、规划内容和景观要求,分析庭园竖向设计的合理性,明确地面坡度和雨水排除方向。

（5）明确工程施工放线的基准依据。

（6）明确对工程情况的有关说明。

9.3 土方工程施工图

土方工程施工图,主要反映地形设计和竖向设计的内容和要求。地形设计是对原有地形、地貌进行工程结构和艺术造型的设计。地形设计和竖向设计结合,确定高程、坡度、朝向、排水方式、工程上的安全要求、环境小气候的形成以及游人的审美要求等。

土方工程施工图包括竖向设计图和土方调配图,下面分别进行介绍。

9.3.1 竖向设计图

9.3.1.1 竖向设计图的内容和作用

园林总体规划设计应与竖向设计和地形景观规划同时进行。竖向设计的关键是处理好自然地形和景园建设中各单项工程(如建筑物、构筑物、园路、园桥、水池、排水沟道、工程管线等)之间的空间关系。根据景点及设施工程的控制高程和排水方向,顺应其土地使用性质的不同,因地制宜,以最少的土方量,在原有地形上创造性地布置小地形,创造出自然、和谐的园林景观地貌骨架,使景观造型丰富优美,风景建筑工程经济合理,以其极富变化的创造力,赋予园林风景生机。

竖向设计图主要表达竖向设计所确定的各种造园要素的坡度和各点高程。如各景点、景片的主要控制标高;主要建筑群的室内控制标高,室外地坪、水体、山石、道路、桥涵、各出入口和地表的现状和设计高程。竖向设计图包括平面图、剖面图,必要时还要绘出土方调配图。

竖向设计图主要为工程土方预算、地形改造的施工做法与要求提供依据。

9.3.1.2 竖向设计平面图

1. 竖向设计平面图的内容

平面图主要表示设计和现状高程,以设计等高线表示。设计等高线的等高距离,根据图样的比例不同,要求也不同:比例尺为1:100,1:200,1:500,1:1000;等高距离要求分别为0.2 m、0.5 m、1.0 m。

图9-4所示为某庭园竖向设计平面图。平面图表示的具体内容包括:

（1）设计和现状标高;

（2）建筑物室内及室外地坪标高;

（3）出入口标高;

（4）园路主要折点、交叉点、变坡点的标高和护坡坡度;

（5）水体驳岸的岸顶、岸底标高,人工水体的进水口、泄水口、溢水口(常水位)和自然水体的最高水位、最低水位、常水位的标高及池底标高;

（6）假山山顶标高;

（7）绿地高程采用等高线表示；

（8）排水方向及雨水口的位置。

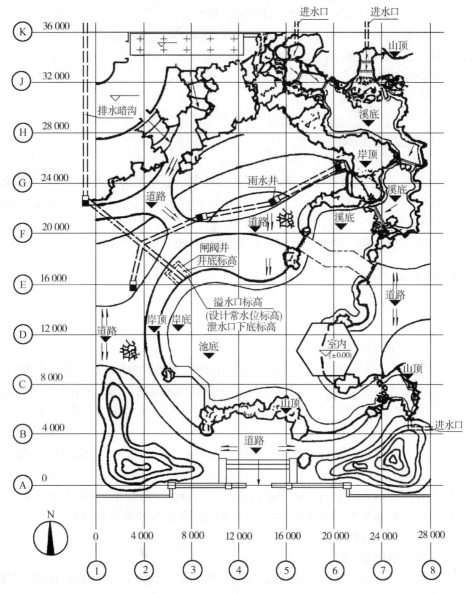

庭园竖向设计平面图 1:300

图 9-4 庭园竖向设计平面图

2. 竖向设计平面图作图方法与步骤

（1）根据征用地和图样复杂程度，选择比例（尽量选择以总平面图一致），确定图纸幅面。

（2）绘出定位轴线与坐标网格，确定基准点与基准线。

（3）依据坐标绘出工程的平面布置，对建筑物只要求采用粗实线绘制出外形轮廓线。

（4）检查底稿，并描深图形。

（5）标注尺寸和标高等。标注出网格尺寸；标注标高、等高线的高程数字；标注定位轴线编号。

214

(6)写出做法说明,包括:施工放线依据;夯实程度;土质分析;工程要求的地形处理及客土处理。

(7)标注图名、比例尺,填写图签、标题栏,完成全图。

9.3.1.3 竖向设计剖面图

根据表达需要,在重点地区、坡度变化复杂的地段应绘制出剖面图。剖面图主要表示各重点部位的标高及做法要求(图 9－6)。剖面图的比例可选取 1:20 ～ 1:50。

9.3.1.4 竖向设计图读图要则

(1)了解图名、比例。

(2)了解地形现状及原地形标高,结合园林整体规划和地形景观规划,分析竖向设计坡度和高程的合理性(图 9－4)。

(3)了解竖向设计地形填挖标高,填挖土方总量,以及客土的处理方法。

(4)了解地形改造的施工要求及做法的设计合理性。

9.3.2 土方调配图

土方工程施工图是表明土方调配改造和平面布置的图样,也称土方调配图。它包括平面图和剖面图。

9.3.2.1 土方调配平面图

如图 9－5 所示为庭园土方调配平面图。土方调配图采用坐标网格标定工程的土方调配改造的平面布置;采用表 8－3(第 158 页)中所示的"方格网交叉点标高"的标注方法,表示各方格交叉点的原地面标高(图 9－5 中各方格交叉点的右下数字)、设计标高(图 9－5 中各方格交叉点的右上数字)、填挖高度(图 9－5 中各方格交叉点的左上数字,其中,数字前面加"＋"表示填方,加"－"表示挖方),并采用等高线表示填挖方区间分界线。同时,列出土方平衡表,表明各方格土方量和总土方量,用文字说明工程土方调配做法与要求。

9.3.2.2 土方调配剖面图

必要时对重点地区、坡度变化复杂的地段,可绘制剖面图表示。剖面图的内容和作用与竖向设计图相同。剖面图的比例可选取 1:20 ～ 1:50,也可选取与平面图相同的比例尺。

图 9－6 为庭园水池 1—1 剖面展开示意图。

9.4 筑山工程施工图

山石,既可作庭园的点缀、陪衬小品,也可作为主题构成庭园的景观中心;既可固岸筑桥,又可供人攀高作蹬。它可围山作栏、叠山构峒、引泉作瀑、伏池喷水成景。

山,按其质料构成,有石山、土山和土石相间的山。筑山工程包括假山工程和置石工程。假山、置石在我国园林中占有重要地位。它以造景游览或登高览胜为主要目的,既可作为主景,亦可组织空间,结合作为障景、对景、背景、框景、夹景。

假山是用土、石或人工材料,人工构筑的模仿自然山景的构筑物。它可以用混凝土作基础,采用天然山石材料以水泥胶结:经选石、采运、相石、立基、拉底、堆叠中层及结顶等工序,叠砌而成称为掇山;或采用艺术手法将水泥混合砂浆、钢丝网(或 GRC,低碱度玻璃纤维水泥)等人工材料,塑造翻模成型,称为塑山。

置石是以石材或仿石材料布置成自然露岩景观的造景手法。它具有挡土、护坡和作种植

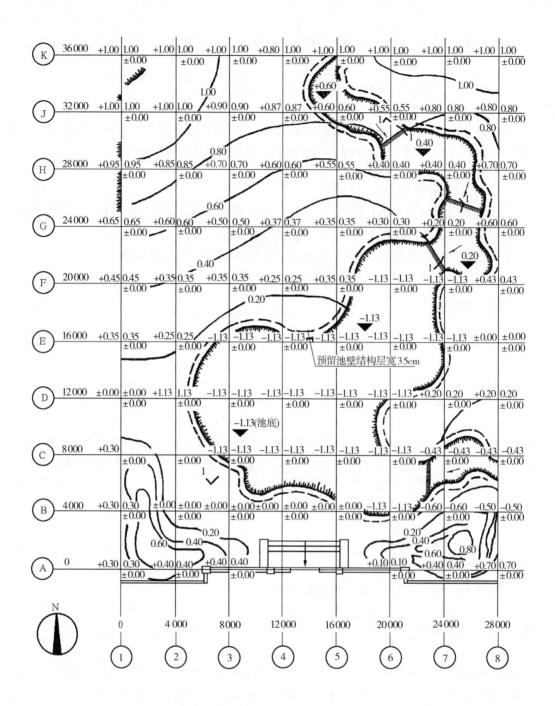

庭园土方调配平面图　1:300

图 9 - 5　庭园土方调配平面图

床等实用功能及点缀园林空间的功用。置石可作独立性的观赏石,也可作造景布置(如散点石),主要表现山石的个体美或局部组合美。

筑山工程施工图包括有假山工程施工图和置石工程施工图的平面图、立面图、剖面图。

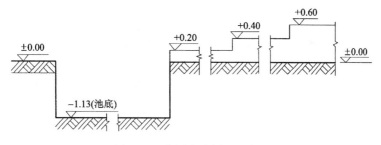

图 9-6　庭园水池剖面示意图

9.4.1　山石的表示方法

我国庭园常用之石有湖石、黄石、英石、青石、石笋石,不同的山石其质感、色泽、纹理、形感等特性不一样,绘法也各具特点。石的组合形式与功用不同,表现的方法也有所差异。

9.4.1.1　常用山石特性及绘法特点概括

1. 湖石

湖石:石灰岩。色以青黑、白、灰为主,产于江、浙一带。湖石纹理纵横,脉络起隐,面多坳坎,具有自然形成沟、缝、穴、洞的特点。绘图时,首先绘出自然曲折的轮廓线,再绘出随形线条变化自然起伏的纹理,最后利用深淡线点组织刻画大小不同的洞窝,表现出明暗对比。

2. 黄石

黄石:细砂岩。色有灰、白、浅黄。产于江苏、常州一带。黄石石纹古拙,型形顽夯,轮廓分明,块钝而棱锐,锋芒毕露,具有强烈的光影效果。绘图时,用平直转折线表现块钝而棱锐的特点,用重线条或斜线加深,加强明暗对比,表现山石的质感和空间感。

3. 英石

英石:石灰岩。色呈青灰、黑灰等,常夹有白色方解石条纹,产于广东英德一带。英石节理天然,褶皱繁密,具多棱梢滢澈、峭峰如剑戟的特点。绘图时,用平直转折线条表现多棱梢滢澈、峭峰如剑戟的特点,用深淡线点表现涡洞,粗细线条表示褶皱繁密,表现出明暗对比。

4. 青石

青石:细砂岩。色青灰。青石具有交叉互织的斜纹,无规整节理面,形体多呈片状,故有"青云片"之称。绘图时,着重注意该石多层片状的特点。为此,水平线条要有力,侧面要用折线,石片层次要分明,搭配要错落有致。

5. 石笋石

石笋石:竹叶状石灰岩。色呈淡灰绿、土红,带有眼窝状凹陷。产于浙、赣常山、玉山一带。石笋石形状修长,表面有些纹眼嵌卵石,有些纹眼嵌空。绘图时,首先要掌握好修长比,以表现修长之势。而表面的细部纹理则根据其个性特点刻画:如纹眼嵌卵石,则着重刻画石笋石中的卵石,表现出卵石嵌在石中;若纹眼嵌空,则利用深淡线点,着重刻画出窝空;而对乌炭笋石,则用斧壁线条表示;对钟乳石,则利用长短不同随形而异的线条表示。

9.4.1.2　山石的表示法

山石一般采用尖钢笔仿中国画的绘法,分别以皱表示石山和土山的质感和立体感(图 9-7)。其中,对石山可采用大斧、小斧劈法(图 9-7a、b),或解索皱法(图 9-7c)表示其形体;对土山可采用披麻类皱法(图 9-7d)。

山石的平面图表示,可按表 8-3 其中关于"土石假山"和"独立景石"所示图例。对散石

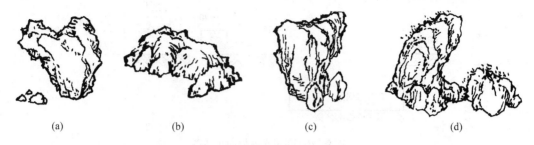

图9-7　尖钢笔仿中国画绘山石表示法

可依照图9-8所示绘图。

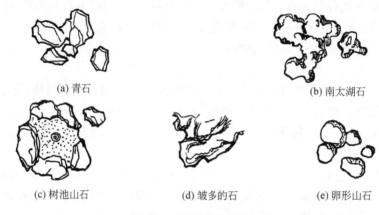

(a) 青石　　　　　　　　　　　　　　　(b) 南太湖石

(c) 树池山石　　　　(d) 皱多的石　　　(e) 卵形山石

图9-8　散石的表示法

图9-9所示为山石小品的表示法。

图9-10表示距离不同的山石表示法。对距离不同的山石,表现的深度也不一样。对近景山石,应如图9-10a所示细致地描绘出山石的细部特征、纹理、形态、质感和立体感;若为远景山石,则如图9-10c所示,只需描绘出山石的粗略轮廓线,不必表示它的细部。

9.4.1.3　山石的绘图方法与步骤

绘画山石,首先根据山石形体结构特点,将它们概括为简单的几何形状,然后将它们切割(图9-11)或累叠(图9-12),勾画出山石的基本轮廓。最后,表示纹理、脉络、洞窝,反映出明暗光影,体现出质感和立体感。

具体绘图方法与步骤如下述:

(1)用细实线绘出主体几何体形状(图9-11a、图9-12a);

(2)用细实线切割(图9-11b)或累叠出山石的基本轮廓(图9-12b);

(3)依据山石的形状特征及阴阳背向,"依廓加皱"描深线条(图9-11c、图9-12c);

(4)检查并完成全图。

9.4.2　假山工程施工图

9.4.2.1　假山的基本结构

假山根据"有真为假,做假成真"的法则,其组合单元有峰、峦、洞、壑等变化;其造型有法无式,变化万千。其基本结构与建造房屋有共通之处,可分为三大部分:

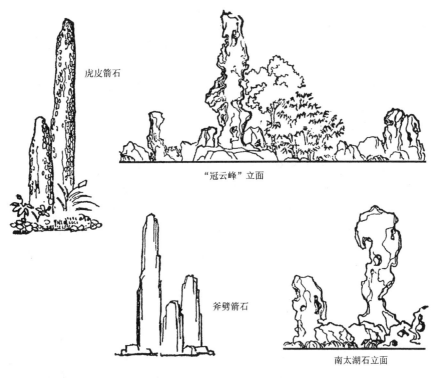

虎皮箭石

"冠云峰"立面

斧劈箭石

南太湖石立面

图9-9 山石小品表示法

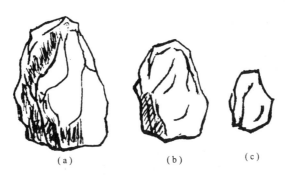

(a)   (b)   (c)

图9-10 距离不同的山石画法

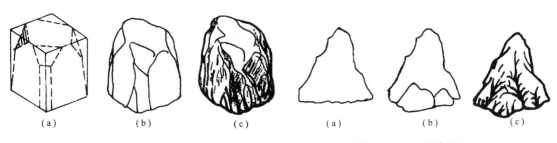

(a)   (b)   (c)   (a)   (b)   (c)

图9-11 山石绘法(一)   图9-12 山石绘法(二)

1.基础

基础包括立基(基础部分)和拉底(在基础铺置底层的自然山石)两部分。基础的大部分在地面以下,只有拉底的山石的小部分露出地面。

2.中层

中层即基础以上、顶层以下部分。这部分占体量最大,用材广泛,单元组合和结构变化多,是假山造型的主要部分。这一部分也是表达上较为复杂的部分。

3.顶层

顶层即最顶层的山石部分。一般有峰、峦和平顶三种类型。顶层结构要求山石体量大,轮廓和体态富有特征性,外观上起着画龙点睛的作用。在表示时要着重对其体态特征的表达。

9.4.2.2 假山工程施工图

由于假山是集零为整、寓情于石,从设计到施工均受到具体山石素材特征的影响。即使塑山,也由于山形、色质和气势的可塑性,使设计对假山从整体形状到结构细节,既难于以确切的图样表示,也不易于以精确的尺寸注明。所以,为了简化图中的尺寸标注,在假山工程图中,一般多采用坐标网格来直接确定尺寸,而只标注一些设计要求较高的尺寸和必要的标高。

假山工程施工图包括平面图、立面图(或透视示意图)、剖面图及详图。现以总体规划图(图9-3)中的一假山为例,阐述假山工程施工图的内容和绘图方法。

1.平面图

假山平面图是在水平投影面上,表示出假山的形状结构的图样。具体作图可按标高投影作图方法绘制,如图9-13所示的"假山跌水平面图"。

平面图主要表示:俯视假山形状,特别是底面和顶面的水平面形状特征和相互位置关系;周围的地形、地貌,如构筑物、地下管道、植物和其他造园设施的位置、大小及山石间的距离;假山的占地面积、范围,采用直角坐标网直接表示平面位置和尺寸大小,注明必要的标高表示各处高程,如山峰制高点,山谷、山洞的平面位置、尺寸及各处高程。

平面图作图比例根据实际情况选取,可取1:20~1:50,度量单位为m(米)。

平面图绘图方法与步骤:

(1)绘出定位轴线。绘出定位轴线和直角坐标网格,为绘制各高程位置的水平面形状及大小提供绘图控制基准。

(2)绘出假山平面形状轮廓线。绘制底面、顶面及其中间各高程位置处水平面形状时,根据标高投影法绘图,但不注明高程数字。

(3)检查底稿,并加深图线。在加深图线时,依据山石的图示方法加深轮廓线。

(4)标注有关数字和文字说明:注明直角坐标网格的尺寸数字和有关高程、标高;注写轴线编号、剖切位置线、图名、比例尺及其他有关文字说明和朝向,完成全图。

2.立面图

立面图,是向与假山立面平行的投影面所作的正投影图。立面图主要表示假山的整体形状特征、气势和质感,表示假山的峰、峦、洞、壑等各种组合单元变化和相互位置关系及高程,并具体表示山石的形状大小、相互间层次、配置的形式及与植物和其他设施的关系。立面图是表示假山的造型及气势的最佳施工图(图9-13)。也可绘制出类似造型效果图的示意图或以效果图代替。

图9-13所示为假山的"瀑布、跌水造型示意图"。

立面图的绘图方法与步骤:

(1)绘出定位轴线,并绘出以长度方向尺寸为横坐标,以高程尺寸为纵坐标的直角坐标网格,作为绘图的控制基准线。

(2)绘假山的基本轮廓。绘制假山的整体轮廓线,并利用切割或累叠的方法,逐渐绘出各

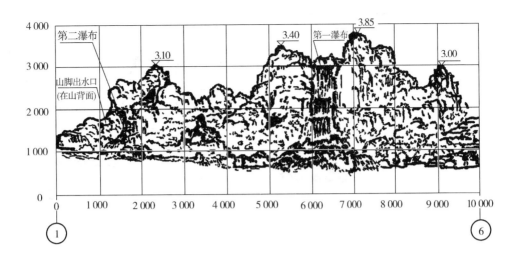

瀑布、跌水造型示意图 1:100

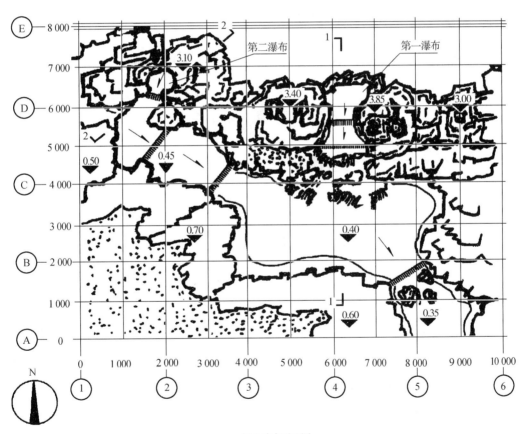

假山跌水平面图 1:100

图 9－13　庭园假山跌水平、立面图

部分基本轮廓。

（3）依廓加皱,加深线条。根据假山的形状特征、前后层次,依廓加皱,加深线条,体现假

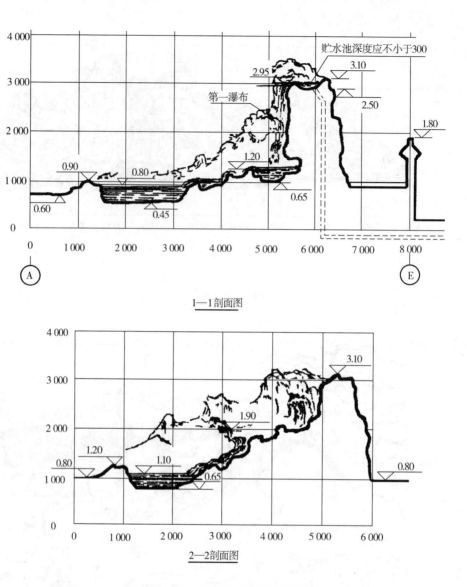

1—1剖面图

2—2剖面图

图9-14　庭园假山瀑布、跌水剖面图

山的气势和质感。

（4）标注数字和文字。标注出坐标数字、必要的标高、轴线编号、图名、比例及有关文字说明，完成全图。

3.剖面图

剖面图是假想采用剖切平面将假山剖开，将剖切平面后面部分投影到与剖切平面平行的投影面上，得假山剖面图。

剖面图主要表示：假山、置石的断面轮廓及大小；它们内部及基础的结构和构造形式，布置关系、造型尺度及山峰的控制高程；有关管线的位置及管径的大小；植物种植地的尺寸、位置和做法。

图9-14所示为假山的两个不同位置剖切所得的剖面图。剖面图的数量及剖切位置的选择，根据假山形状结构和造型复杂程度的具体情况和表达内容的需求决定，可根据下列几方面考虑：

222

（1）有内部结构需要表达的部位，如山洞结构的表达。

（2）断面外形较典型部位，如瀑布成形地势造型及跌水成形地势造型等。

（3）山石造型形状较复杂，对断面造型尺寸有特殊要求的部位。

（4）需要表示内部分层材料做法的部位，如堆石手法、接缝处理、基础作法等。必要时对上述内容还可采用详图表达。

剖面图作图方法与步骤如下：

（1）绘出图形控制线。图中如有定位轴线，则先画出定位轴线，再绘出直角坐标网格（图9－14）；若不便标注定位轴线，则直接画出直角坐标网格（图9－14）。

（2）绘出截面轮廓线及其他细部轮廓线。

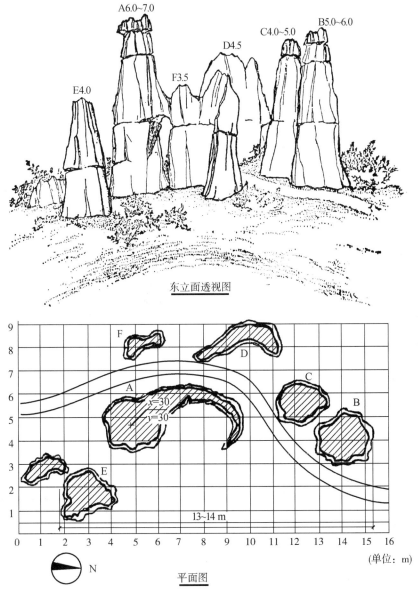

东立面透视图

平面图

图9－15　置石工程设计图

223

（3）检查底稿,并加深图线。其中截面轮廓线采用粗实线,其他图线采用细实线。

（4）标注尺寸、标高与文字说明。标注直角坐标值和必要的尺寸及标高,注写轴线编号、图名、比例及有关文字说明,完成全图。

除上述三种基本施工图外,必要时还可绘出详图,表示各细部结构及基础。

图9-15所示为置石工程施工图。

4. 做法说明

在假山工程施工图中,根据需要应对下列各项具体做法进行说明:

（1）堆石手法;

（2）接缝处理;

（3）山石纹理处理;

（4）山石形状、大小、纹理、色泽的选择原则、具体要求及用量控制;

（5）植物种植池做法。

9.4.3 假山工程施工图读图要则

（1）了解假山、山石的平面位置,周围的地形、地貌及占地面积和尺寸;

（2）了解假山的层次,山峰制高点,山谷、山洞的平面位置、尺寸和控制高程;

（3）了解假山的配置形式、基础结构及做法;

（4）了解管线及其他设备的位置、尺寸;

（5）了解假山与附近地形地貌,如构筑物、各种管线、植物等及其他设备的位置和尺寸关系。

9.5 园路工程施工图

园路,是园林的脉络,联系园林景点、景区的纽带。园路设计既要方便游人步行,又丰富园林景色,达到因景设路,因路得景;以路隔景,步移景异;景、路一体,行、游统一的效果。

9.5.1 园路的构造及分类

9.5.1.1 园路的构造型式

（1）街道式,其结构如图9-16a所示。

（2）公路式,其结构如图9-16b所示。

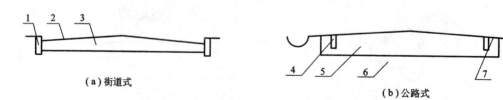

（a）街道式　　　　　　　　**（b）公路式**

图9-16 园路构造

1—立道、立道牙;2—路面;3—路基;4—平道牙;5—路面;6—路基;7—路肩;8—明沟

9.5.1.2 园路各组成层的作用

如图9-17所示,为园路的路面构造。

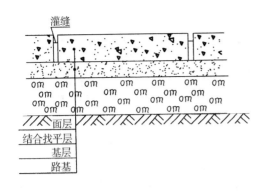

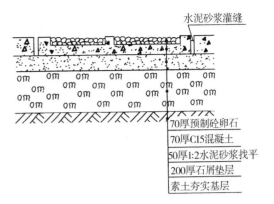

水泥砂浆灌缝

70厚预制砼卵石
70厚C15混凝土
50厚1:2水泥砂浆找平
200厚石屑垫层
素土夯实基层

(a) 一般的路面结构   (b) 卵石嵌花路路面结构

图9-17 园路的路面构造

1. 面层

面层是路面的表层,直接承受磨损及给游人观光。因此,要求坚固、平稳、耐磨耗、不滑、少灰尘且美观。

2. 结合层

采用块料做路面时,在辅层上铺设有结合层,起着结合与找平的作用。

3. 基层

基层是路面结构中的主要承重部分,能增加面层抵抗荷载的能力,使荷重扩散到路基,并增进路基部分排水,防止冰冻。

垫层,在面层和基础层之间的一个薄层,属于基层的一部分,主要起找平作用,要求均匀密实。

4. 路基

路基是道路的基础,承受路面及外力的压力。

9.5.1.3 园路的分类

园路,有主要道路、次要道路、林荫道、滨江道和各种广场、休闲小径、健康步道等。按路面材料的不同,园路主要有三类:

1. 整体路面

这类路面有水泥混凝土路面和沥青混凝土路面。此种路面色彩单调,但其流畅的线型具有运动感和弹性韵律(图9-18a)。

2. 碎石路面

这类路面用各种碎石片、瓦片、卵石、砖等组成。这些路面铺装的地纹图案精美、色彩丰富,增添景色,深化意境(图9-18b、c、d)。如图9-18c所示为杭州花港观鱼牡丹园的"梅影坡",它在一株古梅树下,以黄卵石为底,黑卵石为画,组成一幅苍劲古朴的铺地图案。对着梅桩铺砌其倒影,此情此景,让人浮想联翩,流连忘返。

3. 块料路面

这是一种由各种天然块石或各种预制块料铺装的路面。此种路面简朴、大方、美观、舒适,易与大自然环境协调(图9-18e、f)。

9.5.1.4 园路设计图例(表9-3)

表9-3所示为工程上常用园路设计图例,可供设计绘图时参考。

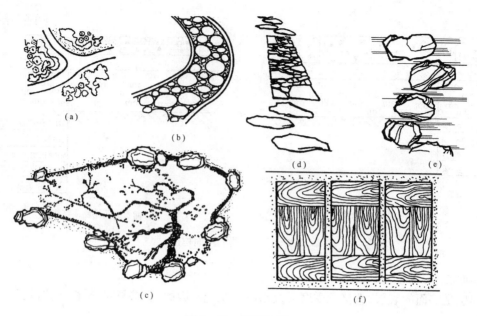

图9-18 园路示例

表9-3 园路设计图例

序号	名　称	图　例		说　明
		平　面	断　面	
1	预制混凝土砖			
2	仿木纹混凝土板			
3	冰裂纹块石路			
4	卵石镶嵌路			
5	砖铺路面			
6	缸砖类路面			
7	砂砾三合土路面			
8	白灰砂浆路面			

9.5.2 园路工程施工图

园路工程施工图,一般包括平面图、断面图和详图,以及做法说明和预算等内容。

9.5.2.1 平面图

平面图主要表示园路、广场的平面状况(包括形状、线型、大小、位置、铺设状况、高程等内容)及周围的地形地貌。

(1)表示路面宽度及细部尺寸;广场总尺寸及细部尺寸。

①园路宽度应根据游人的通过量确定,并与养护管理所用机具、车辆的宽度相适应;其线型应根据不同功能确定。

②广场根据集散、活动、演出、休息等使用功能要求做出不同设计。

(2)表示根据不同的功能所确定的路面的线型、广场的轮廓,以及表面铺装材料及其形状、大小、图案、花纹、色彩、铺排形式和位置关系。

(3)表示路面、广场的高程;路面纵向宽度,路面中心标高(按其长向为每 10～30 m 处标出高程);各转折点标高及路面横向坡度。坡度较大时,需作防滑处理,采取防滑措施的路段,须绘出详图表示。

①主园路纵坡宜控制在 8% 以下,横坡宜控制在 1%～4%,超过 8% 应采取防滑措施。

②支园路及小径纵坡宜控制在 18% 以下,超过 10% 应作防滑处理,超过 22% 应按台阶、梯道设计。

③坡度大于 58% 的梯道应作防滑处理,应设扶手栏杆。

④表明广场的高程,如广场的中心及四周标高,并标明排水方向。

(4)表明与周围地形地貌的关系,如与周围构筑物及地上地下管道、管线的距离尺寸和对应标高。

(5)表明雨水口的形状、大小位置。也可采用详图或注明雨水口标准图索引号表示。

(6)表明施工放线用的基点、基线及坐标。

(7)在平面图中,路和广场的轮廓用具体的尺寸标明;其位置或曲线线型标出转弯半径或直接用直角坐标网格(或轴线、中心线)控制;绘出轴线,注出编号(注意基准点和基准线的坐标)。平面图的比例尺尽量同总平面图的比例尺。

(8)对碎石路面和块料路面,一般采用局部详图表示。

图 9-19 所示为园路的设计平面图。

9.5.2.2 剖面图

园路、广场是根据造景的需要及地形的变化来设计的,因地形变化较大,其立面形状一般用剖面图表示。

剖面图有纵剖面图和横剖面图。纵剖面图主要以其水平方向表示路线的长度,垂直方向表示地面及设计路基边缘的标高;横剖面图主要表示路面的面层结构(包括表层、基础做法)、分层情况、分层尺寸、材料、施工要求和施工方法,以及剖面上的标高。

9.5.2.3 详图

对园路、广场的重点结合部和花纹图案等,一般应采用详图表示(图 9-20)。

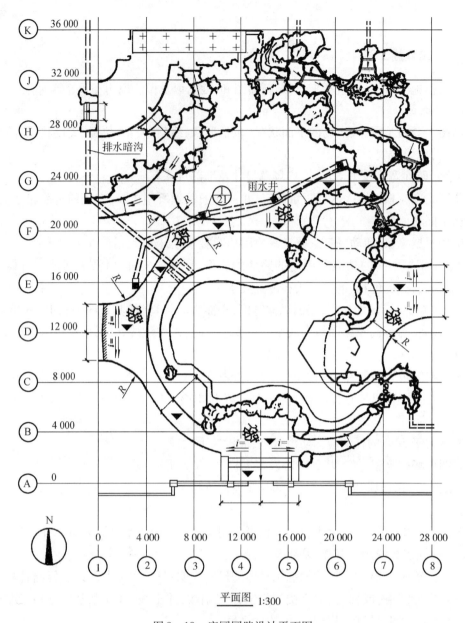

平面图 1:300

图9-19 庭园园路设计平面图

9.5.2.4 做法说明

对园路、广场的具体做法、要求要进行说明。说明的具体内容包括：①放线依据；②路面强度、表面粗糙度；③铺装缝线允许尺寸；④路牙和路面结合部做法，路牙与绿地结合部高程及做法；⑤异形铺装块与道牙衔接处理；⑥正方形铺装块的折点转弯处做法。

9.5.3 园路工程施工图读图要则

阅读园路工程施工图,应着重了解:①图名、比例;②道路宽度,广场外轮廓具体尺寸,放线基准点、基准线坐标;③广场中心部位和四周标高,回转中心标高,高处标高;④了解园路、广场的铺装情况,包括根据不同功能所确定的结构、材料、形状(线型)、大小、花纹、色彩、铺装形

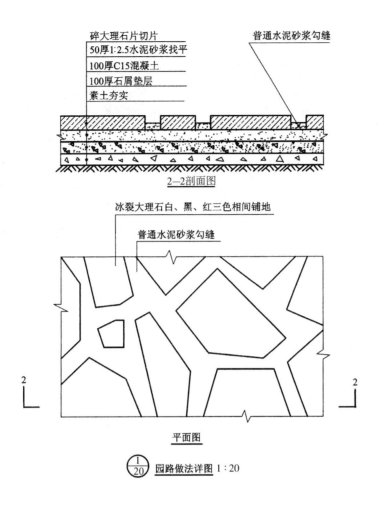

碎大理石片切片
50厚1:2.5水泥砂浆找平
100厚C15混凝土
100厚石屑垫层
素土夯实
普通水泥砂浆勾缝

2—2剖面图

冰裂大理石白、黑、红三色相间铺地
普通水泥砂浆勾缝

平面图

$\frac{1}{20}$ 园路做法详图 1 : 20

图 9 - 20   园路详图与断面图

说明:园路铺地纵坡随地形,路面略高于两侧地面 2 cm。

式、相对位置、做法处理和要求;⑤了解排水方向及雨水口位置。

9.5.4   园路铺地示例

图 9 - 21、图 9 - 22 所示为园路示例。其中图 9 - 21 为"通幽曲径",在游园的幽静景点的园路宜曲,即所谓曲径。图示将幽静的竹林小径设计为曲径,使其更加幽静。图 9 - 22 所示为园路与山石配合,在岩山崎岖怪石间设计石径盘旋,蜿蜒而上,其间设石级,并每隔十余级设有平台,路边设置石凳、石椅,供游人休息。

图 9 - 23 ~ 图 9 - 31 为园路的路面示例,各种路面的平面图图示及所适用的园路宽度如图所示,其中图 9 - 31 为古典园林中的路面示例。

图 9 - 32 所示,为铺地示例。

图 9－21　园路示例——通幽曲径

图 9－22　园路示例——园路与山石的配合

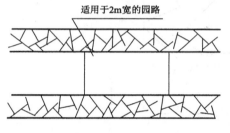

图 9－23　园路示例——条板冰裂路

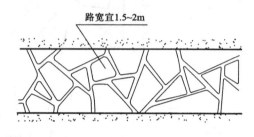

图 9－24　园路示例——冰裂水泥嵌缝路

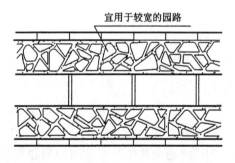

图 9－25　园路示例——条板冰裂嵌草路

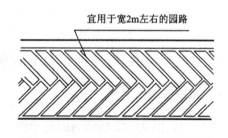

图 9－26　园路示例——人字纹嵌草路

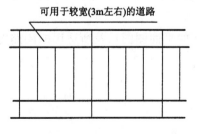

图 9－27　园路示例——条板路之一

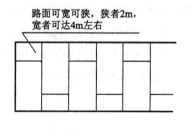

图 9－28　园路示例——条板路之二

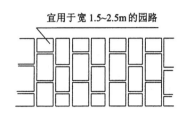

图 9-29 园路示例——预制水泥块路

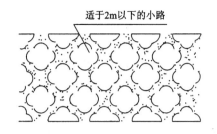

图 9-30 园路示例——预制梅花格嵌草路

1—海棠芝花

2—十字海棠

3—海棠冰裂纹

4—立砖铺席纹路面

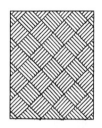

5—立砖铺间方路面

图 9-31 古典园林中的园路路面示例

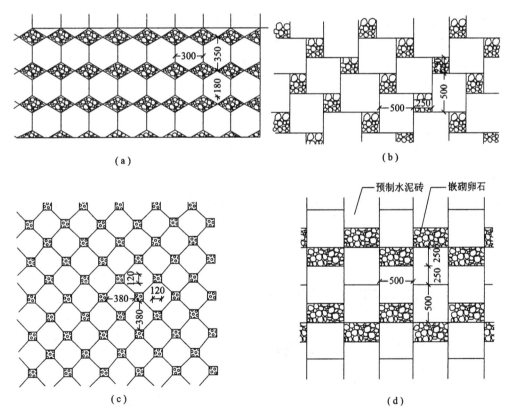

（a）

（b）

（c）

（d）

图 9-32 铺地示例

9.6　理水工程施工图

水若置于江、河、湖、海之中,既有怒卷巨浪、翻江倒海之态,也有风恬浪静、烟光淼渺之景。园林之水,既可创造出激流奔腾、气势磅礴的景观,又可表现出"小桥、流水、人家"的诗情画意。其基本表现形式有静水、流水、跌水、喷泉、涌泉或各种喷泉水流形态的组合。"水为面、岸为域",水景的造型,岸形的规划,是园林水景景观设计的关键。

9.6.1　水的表示方法

水面,有静水面与动水面,还有喷泉、涌泉。水景景观不同,表现方法也有异。

静水面,水明如镜,清澈可鉴,可见倒影,如静止水和萦流水水景。对静水面,用平行直线表示。绘图时,平行直线可连接也可断续,断续留出空白表示受光部分,反映光影效果。对大水面、平行直线可绘成中间疏、周边密。

动水面,水随风动,微波起伏,其纹如锦。对动水面,可用"网巾法"(绘图时,笔平拉,有规则地屈曲,上线向下,下线向上,互相联结形成网状)表示,也可利用波形短线条表现水面随风拂动的波纹。

喷泉,由压力水通过喷头而形成,造型的自由度大。绘图时,可依据所选喷泉的形式绘制。

水池,可在平面图上用粗实线绘出水池轮廓线,然后在水池轮廓线内绘出一条与水池轮廓线平行的细实线(似池底等高线)表示。有关相关设计、绘图图例,可参考表8-3,如对跌水、急流槽、自然水体、人工水体和喷泉等都有规定的图例。在绘图时,对不规则池岸的水池,细实线应绘得流畅自然,且线间距不等;对规则水池,细实线应画得规则整齐。

图9-33所示为水面的平面图表示方法。

图9-33　水的平面图表示

232

图9-34所示为水面的图案绘法,一般多作立面图图例。

图9-34 水面的图案绘法

9.6.2 驳岸、护坡施工图

为提供稳定的园林水域,防止地面被淹,维持地面和水面的一定面积比,园林的水体边缘都建有驳岸和护坡(图9-35)。

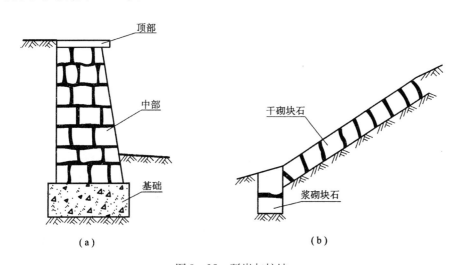

图9-35 驳岸与护坡

图9-35所示为驳岸的断面图。驳岸有基础、中部和顶部三个部分。根据驳岸的特点可分为整体式(图9-36与图9-37所示驳岸的平面图和断面图)和自然式(图9-38)两种形式。其形式不同,设计图的表达也有所差异。下面简述驳岸的表示内容和方法。

驳岸工程设计图,主要有平面图、断面图,必要时还采用立面图和详图补充。

9.6.2.1 驳岸平面图

驳岸平面图表示驳岸的平面位置、区段划分及水面的形状、大小等内容(图9-36)。驳岸

233

平面位置的确定:若为园林内部水体的驳岸,则根据总体设计确定;若水体与公河接壤,则按照城市规划河道系统规定的平面位置确定。

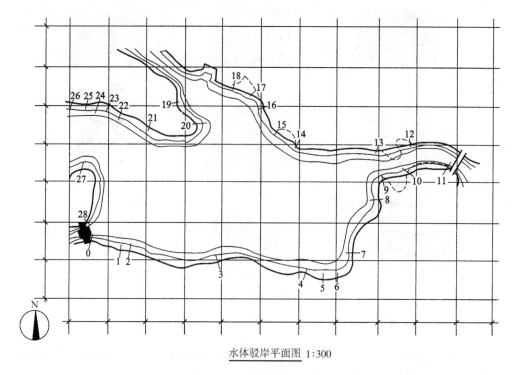

水体驳岸平面图 1:300

图9-36 水体驳岸平面图

在设计平面图中,一般以常水位线显示水面位置:对垂直驳岸,显然常水位线就是驳岸向水一侧的平面位置,即水面平面投影位置重合于驳岸平面投影位置;对倾斜驳岸的平面位置,根据倾斜度和岸顶高程向外推算求得,也即驳岸平面投影位置应比水面平面投影位置稍大。在平面图中,驳岸的平面位置根据直角坐标网格确定,直角坐标网格应尽量选用与确定驳岸的平面位置的规划图样一致。

9.6.2.2 驳岸的断面图

驳岸的断面图,主要表示驳岸的纵向坡度的形状、结构、大小尺寸和标高,以及驳岸的建造材料、施工方法与要求等,并标注出水体的底部、水位(包括常水位、最高水位、最低水位)和驳岸顶部、底部的位置和标高。对人工水体,则标注出溢水口标高为常水位标高。对整形驳岸,驳岸断面形状、结构尺寸和有关标高均应标注(图9-37);对自然式驳岸,由于形体欠规则,尺寸精度要求不高,为了简化图样中的尺寸,一般采用直角坐标网格直接确定驳岸,宽度(即驳岸的壁厚)为横坐标,高程为纵坐标,这时设计图中只需注出一些必要的要求较高的尺寸和标高(图9-38)。

图9-36和图9-37分别为一水体驳岸的平面图和断面图。从平面图(图9-36)可见:驳岸分为28个区间(图示驳岸被截为29个断面,每两个断面之间为一个区间)。为了表达根据原有地形条件、土质和设计要求分别表达7种类型驳岸的纵向坡度的形状结构、尺寸、标高及建造材料、施工方法与要求等内容(图9-37)。并附有驳岸的断面类型表(表9-4),说明驳岸在各区间采用的断面类型及具体的标高要求和施工要求。在设计说明中,规定了驳岸平面位置的确定方法。

234

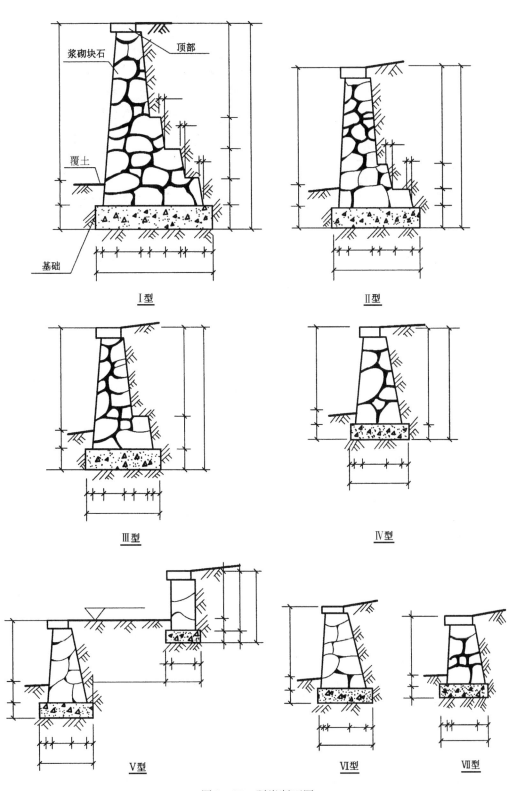

浆砌块石

顶部

覆土

基础

I型

II型

III型

IV型

V型

VI型

VII型

图 9－37　驳岸断面图

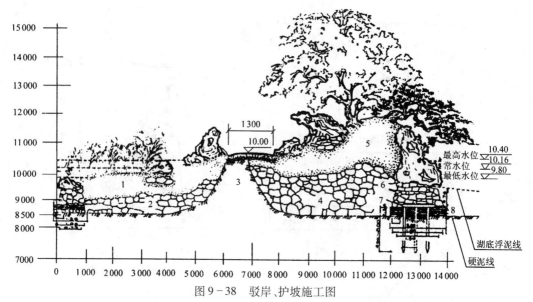

图 9-38 驳岸、护坡施工图

1—园林及西湖淤泥;2—灰礫碎块填底;3—原有土埂;4—利用坟地灰礫废物填底;

5—灰礫土方加埂土每次 30 cm 分层夯实;6—干砌块;7—桩头加盖石板;8—木柴沉褥,每束木柴直径 10～12 cm

表 9-4　驳岸断面采用类型

区间	标高（m）				高度（m）	驳岸类型	备注	区间	标高（m）				高度（m）	驳岸类型	备注
	压顶	覆土	基础	平台					压顶	覆土	基础	平台			
0～1	3.25	1.85	1.40		140	II		8～9	3.05	1.65	1.20		140	III	覆土
1～2	3.20	1.65	1.15		155	III		9～10	3.10	1.70	1.25			III	外移
2～3	城	建	局	施		I		10～11	3.15	1.80	1.35		135	III	内移
3～4	3.15	1.65	1.15		150	II	覆土	11～12	3.15	1.70	1.35		145	III	地位变更
4～5	3.00	1.70	1.25		130	III	覆土	13～14	3.15	1.65	1.10	2.50		V	踏步式
5～6	3.00	1.85	1.50		115	VI		14～15	3.00				175	I	外移
6～7	3.00	1.60	1.15		140	III		15～16	2.85	1.25	0.75		160	I	原拆新建
7～8	3.05	1.65	1.15	2.50		V	踏步式	16～17	整			修			上装栏杆
17～18	3.30	1.80	1.30		150	II	原拆外移	23～24	3.25	1.90	1.45		135	III	
19～20	整		修					24～25	3.30	2.15	1.80		115	IV	
20～21	3.15	1.65	1.25	2.50		II	踏步式	25～26	3.30	3.15	1.80		115	IV	
21～22	3.00	1.60	1.15		140			26～28	3.05	3.05	1.20		140	III	
22～23	3.10	1.70	1.25		140	III									

说明:①断面平面位置根据设计逐段放样决定。

②覆土面须夯实,表面 1:10 坡度。

③所注标高以 3.15 m 标高为准。

④块石驳岸截面大于 50 cm,用细砼灌浆;截面小于 50 cm,用 M15 水泥砂浆。基础 C25。

⑤每隔 30 m 左右做二毡二油伸缩缝一道(截面变化边)。每隔 20 m,设两处毛竹出水口。

图 9-40 所示为杭州花港观鱼公园金鱼池的驳岸设计图。原地形的基础是一条水塘中间的土埂,利用当地的废料填筑扩大建成。设计图只绘出断面图,从图中可见驳岸左右均临水面,左面是水生莺尾栽植带,且因岸坡平缓采用木材沉褥护岸。右面因岸墙徒直,故做成桩基假山石驳岸,桩间除以碎石固定间隙外,还设有木柴沉褥。由于驳岸造型尺寸精度要求不高,图中除直接标出必要的外形轮廓尺寸及必要的标高外,其他各部分尺寸由直角坐标网格直接确定。

9.6.3 水体工程施工图

水体在园林造景中应用广泛。水体设计包括:平面设计、立面设计、剖面结构设计和管线安装设计等内容。

水体工程施工图包括:平面图、立面图、剖面图、管线布置图、详图等图样。

9.6.3.1 平面图

平面图用以表达水体平面设计的内容。

图 9-39 为图 9-3 所示庭园的水体工程施工图的平面图。平面图主要表示水体的平面形状、布局及周围环境,构筑物及地下、地上管线中心的位置;表示进水口、泄水口、溢水口的平面形状、位置和管道走向。若表示喷水池或种植池,则还须表示出喷头和种植植物的平面位置。水池的水面位置,在平面图中按常水位线表示。

水体平面图中,一般标注出必要尺寸和标高,具体包括:

(1)放线的基准点、基准线。

(2)规则几何图形的轮廓尺寸;对自然式水池轮廓可用直角坐标网格表示。

(3)水池与周围环境、构筑物及地上、地下管线、管道位置距离的尺寸。

(4)人工水体的进水口、泄水口、溢水口等的形状和位置的尺寸和标高;对自然水体,则标注出最高水位、常水位、最低水位的标高。

(5)周围地形的标高,池岸岸顶、岸底、池底转折点、池底中心、池底标高及排水方向。

(6)对设有水泵的,则应标注出泵房、泵坑的位置和尺寸,并注写出必要的标高。

9.6.3.2 立面图

立面图表示水体立面设计内容,着重反映水池立面的高度变化、水体池壁顶与附近地面高差变化、池壁顶形状及喷水池的喷泉水景立面造型。

9.6.3.3 剖面图

图 9-40 所示为水体的部分剖面详图。图 9-41 为水体的小溪 1—1 剖面图。

剖面图表示剖面结构设计的内容(图 9-41),主要表示水体池壁坡高,池底铺砌及从地基全池壁顶的断面形状、结构、材料和施工方法与要求;表示表层(防护层)和防水层的施工方法;表示池岸与山石、绿地、树木结合做法;表示池底种植水生植物的做法等内容。

剖面图的数量及剖切的位置,应根据表示内容的需要确定。

剖面图中主要标注出断面的分层结构尺寸及池岸、池底、进水口、泄水口、溢水口的标高。对与公河连接的园林水体,在剖面图中应标注常水位、最高水位和最低水位的标高。

9.6.3.4 详图

对水体的一些结构、构造,必要时应绘制出详图表示。如图 9-42 所示为散石做法示意图。

对各单项土建工程,如假山及泵房、泵坑、给排水、电气管线、配电装置、控制室等,应绘制出详图表示。

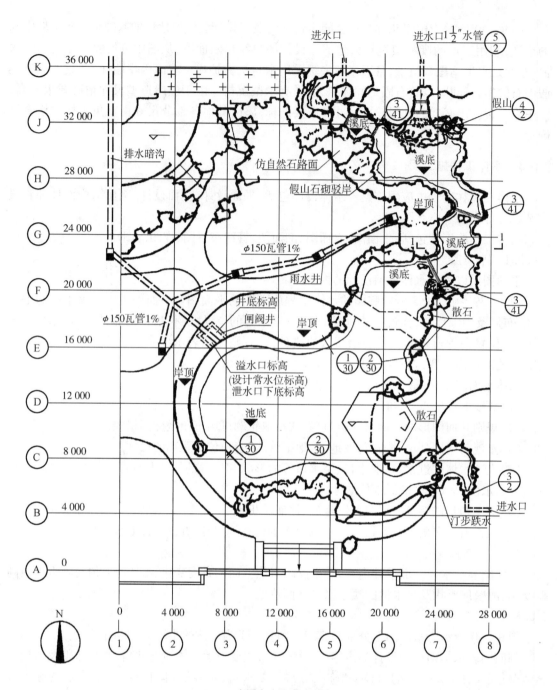

庭园水池设计平面图 1:300

图 9-39　庭园水池设计平面图

说明：①给水，大瀑布为76.2mm(3英寸)进水管；小瀑布为50.8mm(2英寸)进水管；一般进水口直径为
　　　279.4～304.8mm(11～12英寸)。管线与原建筑给水系统相连通，就近布管，每组给水
　　　管均应有单独控制水量之阀门，按一般做法施工。
　　②泄水口和溢水口按一般做法与原建筑下水管联系。泄水暗管为 φ200 瓦管，比降为 1%，泄水
　　　口用闸阀控制；溢水口尺寸为 60mm×350mm，外加栏栅，与泄水暗管相通。
　　③草坪排水口盖为铸铁400mm×400mm，排水暗管为 φ150 瓦管。

238

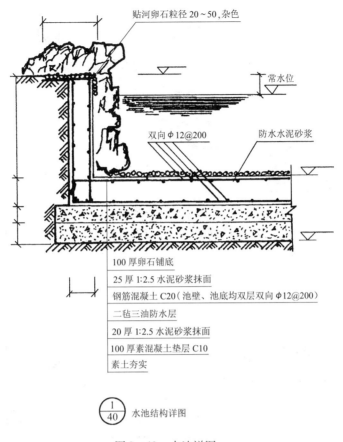

图 9 - 40 水池详图

9.6.4 综合管网图

综合管网图表达管线安装设计的内容,主要表明各种管线的平面位置和管线的中心相距尺寸。如给排水、电气管线、配电装置、水体的进水口、泄水口、溢水口的平面位置、形状结构、材料及安装要求等内容。若管线较为简单,也可直接在水池平面图和剖面图中表示。

综合管网图,包括平面图和剖面图,必要时还可绘出轴测图和构件详图。

在图 9 - 39 中,由于在水体工程施工图的平面图和剖面图中直接反映了管线的安装设计的内容(剖面图未绘出),图中未画出综合管线图。

9.6.5 水景工程施工图读图要则

(1)了解图名、比例;了解放线基准点、基准线的依据。

(2)了解水体平面的形状、大小、位置及其与周围环境、构筑物、地上地下管线的距离尺寸。

(3)了解池岸、池底结构,表层(防护层)、防水层、基础做法。

(4)了解进水口、泄水口、溢水口位置、形状、标高。

(5)了解池岸、池底、池底转折点、池底中心标高及排水方向。

(6)了解池岸与山石、绿地、树木结合做法及池底种植水生植物的做法。

(7)了解给排水、电气管线布置及配电装置、泵房等情况。

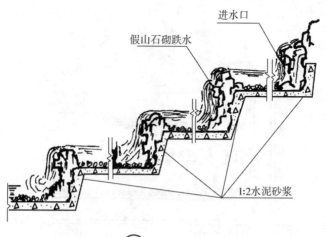

进水口

假山石砌跌水

1:2水泥砂浆

$\overset{3}{\underset{39}{\bigcirc}}$ 小溪纵剖示意图

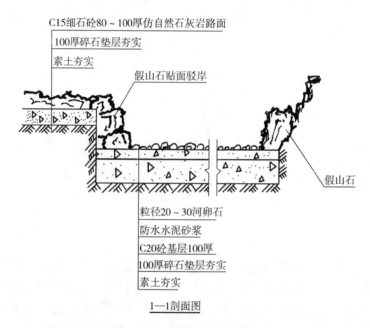

C15细石砼80～100厚仿自然石灰岩路面

100厚碎石垫层夯实

素土夯实

假山石贴面驳岸

假山石

粒径20～30河卵石

防水水泥砂浆

C20砼基层100厚

100厚碎石垫层夯实

素土夯实

1—1剖面图

图9－41 庭园水池剖面图

9.7 种植工程施工图

9.7.1 概述

种植工程施工图,是表示设计植物的种类、数量、规格及种植规格和施工要求的图样,是种植施工、定点放线的主要依据。

种植工程施工图主要表明下述内容:

(1)在图样上用图形、符(代)号和文字表示设计

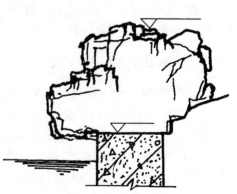

图9－42 散石做法示意图

种植植物的种类、数量和规格。如表 8 - 3(第 158 页)总平面图图例和表 9 - 2(第 207 页)植物树冠平面图例,为摘自国家标准《总图制图标准》GB/T 50103—2010 及行业标准《风景园林图例图示标准》CJJ/T 67—95 中规定的用于园林植物平面图中表示树冠的图例。

(2)在图样上用图形、符(代)号和文字表示种植植物的种植规格和位置。

以自然植被和人工植被为主要存在形态的城市绿地,主要分为:公园绿地、生产绿地、防护绿地、附属绿地、其他绿地等五大类。下面以道路绿化工程施工图和园林绿化工程施工图为例,说明种植工程施工图的内容、作用及表达方法。

种植工程施工图表示的主要对象是园林植物,包括乔木、灌木、藤木、草本花卉几大类,种类繁多、千姿百态,经过人工组合,有机配置,使不同形态、不同颜色、不同花期、不同栽培要求的花木“景到随机”,有节奏、有韵律地利用其花、果、叶、形、香给园林带来四季生气、多彩多姿,构成园林景栽空间的各种形态和格调。

9.7.2 乔木的表示方法

乔木种类繁多、枝多叶茂、形态万千,不易表现。绘图前,必须对所表达的乔木,从树干特征到树枝结构,从叶片形状到树冠整体进行认真的观察、分析、研究,从而了解和掌握树木的特点,抽象出简单的树冠线符号来表示。

园林种植工程施工图,对树木主要表明:①乔木的种类;②乔木的大小;③乔木的位置;④乔木的形状(整形乔木或树林)。并通过平面图和立面图来表示。

9.7.2.1 平面图中乔木的表示

1. 乔木的平面图符号

在平面图中,乔木是以有一定线条变化的象征圆圈作为树冠线符号来表示。符号可简可繁,最简单的可以是一个象征性圆圈;最繁杂的可以是树木、树枝和树叶相互缠绕、交织成图形;一般常用的是由不同变化的绵线条画出的圆圈来表示,以区别树木的种类。

(1)乔木种类的平面图表示法

树木的种类,在平面图中是以树冠线平面图例符号表示。

同一图样中,对不同种类的树木,其树冠平面符号图例应采用不同的变化线条画出,树木种类相同其树冠平面符号也相同。树冠平面图符号的变化线条一般是根据所表示的树木的树叶形状进行抽象、简化。如图 9 - 43 所示,通常人们常以放射短线圆圈为树冠线平面符号图例表示柳树;以三角形叶片圆圈表示杨树;而以成簇针状叶圆圈表示松、柏树。

(a)柳树符号　　　　　(b)杨树符号　　　　　(c)松、柏符号

图 9 - 43　树冠平面图图例

图 9 - 44 所示为树冠平面符号图例,也为常用的表示针叶乔木平面图的图例;图 9 - 45 所示为常用的表示阔叶乔木平面图的图例。

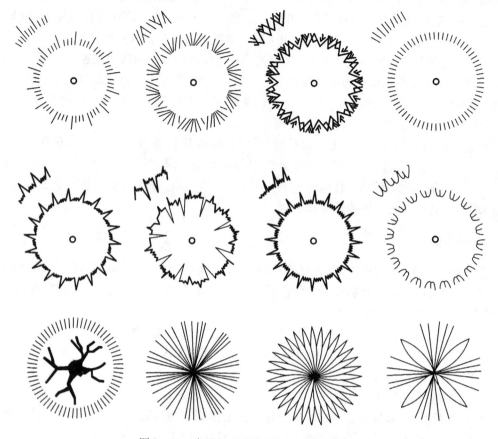

图 9-44　常用针叶乔木树冠平面图图例

如上述图例及表 9-2 所示,依据《总图制图标准》GB/T 50103—2010 和《风景园林图例图示标准》CJJ 67—95 规定:

①树冠平面图图例外形

a. 乔木外形成圆形:针叶树的外围线用锯齿形或斜刺形线;阔叶树的外围线用弧裂形或圆形线。

b. 灌木外形成不规则形。

②常绿与落叶乔、灌木图例表示

a. 常绿乔、灌木于树冠平面图例中加画 45°细斜线;落叶乔、灌木均不填斜线。

b. 常绿林根据图面表现的需要,加画或不加画 45°细斜线。

③现有乔木、设计乔木和灌木种植位置的表示

a. 乔木图例中粗实线小圆表示现有乔木;细线小十字表示设计乔木。

b. 灌木图例中黑点表示种植位置。

c. 凡大片树林,可省略图例中的小圆、小十字及黑点。

在图样中,树冠平面图图例的说明常采用图 9-47 所示的方法。其中,图 9-47a 是在图样中对图例标注出编号,然后再用表格对编号和图例加以说明;图 9-47b 所示为种植工程施工图中常用的表示方法,即在图样中用文字直接注写说明,方便看图。这时,还可以在标注的植物名称右下角注写出该种植物需要的数量。

图 9-45 常用阔叶乔木树冠平面图图例

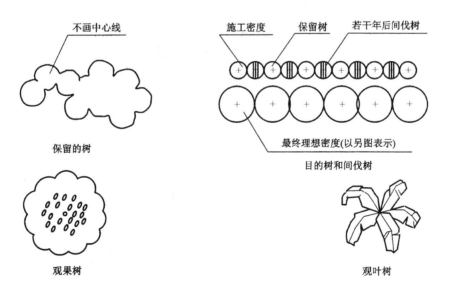

图 9-46 常用树冠平面图图例

图 9-48 所示为建筑平面图中一些常用的具有装饰效果的树冠平面图图例。在园林图样中画出树冠平面图图例,目的是给工程施工提供依据,尽可能绘得简单、清晰;而在建筑平面图

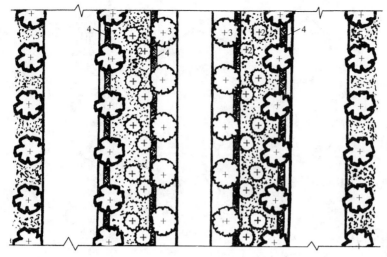

(a) 用编号和图例说明园林植物

	1	兰花
	2	鱼尾葵
	3	假槟榔
	4	杜鹃
	5	麦冬草

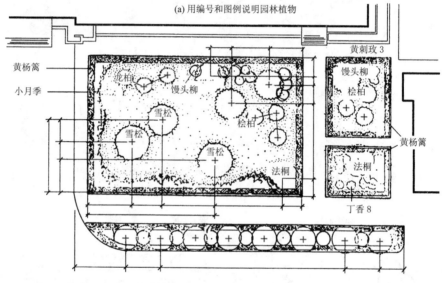

(b) 在图上直接标注树种、株数、株距

图9-47 园林植物在平面图上的表示法

注:在平面图上标注树种、株数、株距,也可如右图所示,其中,[4]表示苗木编号,3表示株数;树冠直径,
一般一种树用同一规格;株行距按中心点实际位置。

中,是作为配景图形,要求协调、衬托画面,因此要求具有装饰性的图案花纹。

(2)乔木的大小

不同的乔木,其树冠的大小也不同;就是同一种树木,因为树龄不同,树冠大小、形状也不同。采用树冠平面符号图例表示时,要根据设计意图、图纸表示的内容、图面要求确定,并根据所表示树木所在年期的树干和树冠的直径按比例绘出。

当所示乔木的成形效果没有特别要求时,一般可按下述几方面考虑确定:

244

①若表示施工后的成形效果,则按苗木出圃时的规格绘制。一般取干径为 1～4 cm,树冠径为 1～2 m。

②若表示现状树,对原有大树、孤立树,则根据图纸的表现要求,可将树冠径适当绘得大一些。

③除上述情况外,一般按施工后若干年时成形效果尺寸表示,如乔木从出苗圃后 5 年,干径为 10 cm,冠径为 4 m 以上,可按下述冠径绘制:

高大乔木(如毛白杨、槐树、柳树、悬铃木、栾树、银杏等),成年树冠径为 5～10 m;孤立树冠可绘大些,为 10～15 m。

中小乔木(元宝枫、玉兰、海棠、卫矛、山桃、白蜡),成年树冠径为 3～7 m。

常绿乔木(汕松、雪松)幼树冠 4～8m。

锥形常绿树(桧柏、云杉、杜松等)幼树冠为 2～3 m。

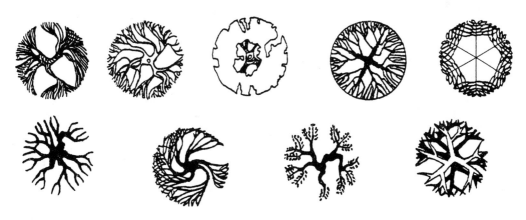

图 9-48　建筑图中常用的树冠平面图图例

(3)乔木的位置

乔木的位置采用树冠平面符号图例中的粗实线小圆或细实线小十字表示。在大片树林中可省略表示。

(4)乔木的形状

乔木的形状,一般以变化线条的圆形树冠平面符号图例表示,区别对整形乔木、乔木疏林、乔木密林的表示。

2.乔木平面图绘图

绘图时,先确定乔木在平面图中的坐标位置,然后根据树冠直径的大小,按比例选定的线条变化形式,顺圆周方向流畅绘图。

(1)在平面图中确定坐标位置,按比例用细实线绘出表示树冠线大小的圆周(图 9-49a)。

(2)用选定的线条变化形式,按图示运笔方向,绘出表示树冠平面图例(图 9-49b)。

(3)在树冠平面图图例的中心(即平面图中确定的乔木坐标位置),加绘粗实线小圆或细实线小十字,完成绘图(图 9-49c)。

9.7.2.2　立面图中乔木的表示

在立面图中,通过对树冠形状,树叶特点,树木枝干的组合、大小及树干的粗细、形状和长度等的描绘,使乔木的特征、树枝的形态、树叶的形状及树冠轮廓等特征得到更好的表现。

在立面图上,乔木既可用实物为对象用写生法画出;也可采用图案法,只强调树冠轮廓,省

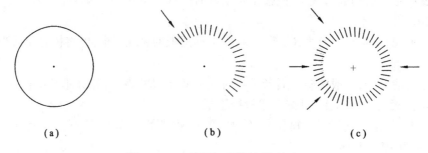

图 9-49　树冠平面图图例的绘法

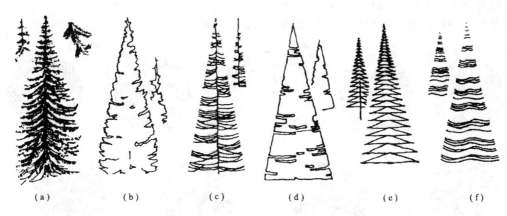

图 9-50　树冠立面图图例表示法

略细部或在细部位置以一些装饰性线条表示。如图 9-50 所示,其中图 a 所示为用写生法描绘的针叶树,其他图例以图案法表示。

采用写生法描绘,从实际出发较精确地表现出树木的树形、枝干、叶形、质感等特点。这种描绘方法在种植工程施工图中较多使用。

1. 树木枝干形态及树冠形状

采用写生法描绘,首先必须学会观察树木枝干形态及树冠形状。

图 9-51 所示为树木枝干形态。

图 9-52 所示为树木树冠形状。

图 9-53 所示为树冠形态示例,左侧数字为成年树高(m)。

图 9-54 所示为园林树木的高度参考图表。

2. 树木的抽象简化表示

(1)树木的枝干形态和树冠形态

表 9-5 所示,为树木枝干形态。

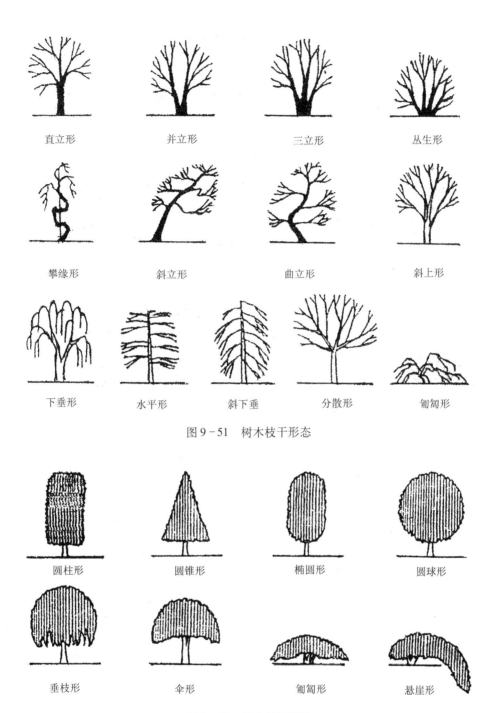

图 9-51　树木枝干形态

直立形　　并立形　　三立形　　丛生形

攀缘形　　斜立形　　曲立形　　斜上形

下垂形　　水平形　　斜下垂　　分散形　　匍匐形

圆柱形　　圆锥形　　椭圆形　　圆球形

垂枝形　　伞形　　匍匐形　　悬崖形

图 9-52　树木树冠形状

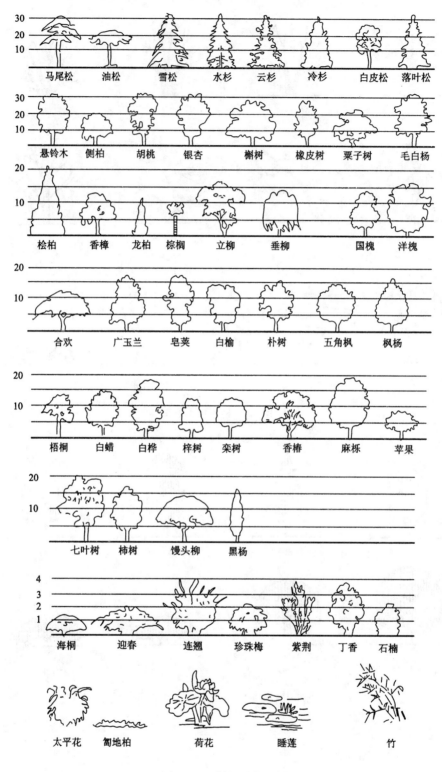

图 9-53　树冠形态示例

248

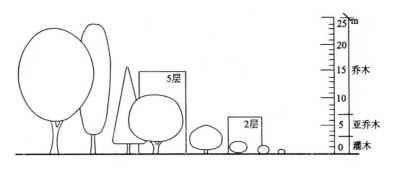

图9-54 园林树木高度参考图表

表9-5 枝干形态(摘自 CJJ 67—95)

序 号	名 称	图 例	序 号	名 称	图 例
1	主轴干侧分枝形		3	无主轴干多枝形	
			4	无主轴干垂枝形	
2	主轴干无分枝形		5	无主轴干丛生形	
			6	无主轴干匍匐形	

表9-6 所示,为树木树冠形态。

表9-6 树冠形态(摘自 CJJ 67—95)

序 号	名 称	图 例	序 号	名 称	图 例
1	圆锥形		4	垂枝形	
2	椭圆形		5	伞形	
3	圆球形		6	匍匐形	

说明:树冠轮廓线,凡针叶树用锯齿形,凡阔叶树用弧裂形表示。

(2)树叶的抽象简化表示

由繁盛的树枝和茂密的树叶组成树木的体积,由树叶的铺排形成树冠。树叶形状不同,使由它们铺排成的树冠对树木种类的表示具有独特的作用。但由于树叶既形状复杂,且数量又多,因此只能采用夸张的手法、简单的笔法、有限的线条抽象表示。

图9-55 所示为叶形的近似抽象简化绘法。

图9-56 所示为树冠的近似抽象简化绘法。

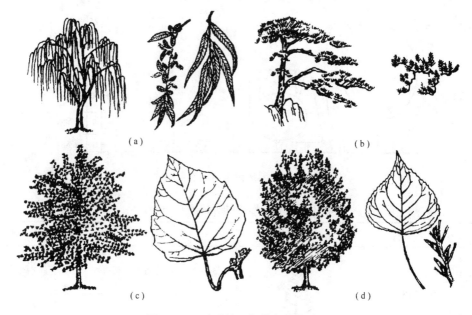

图 9-55　叶形的近似抽象简化绘法

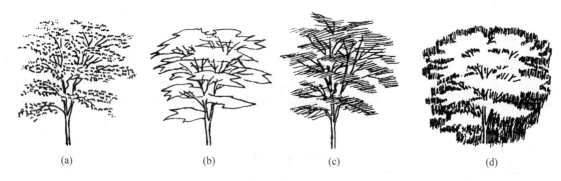

图 9-56　树冠的近似抽象简化绘法

3. 明暗层次的表现

枝叶繁茂的乔木在阳光照射下,就会显示出亮、暗、最暗三个基本层次:迎光的一面亮,背光的一面暗,里层最暗(图 9-57)。

4. 距离不同的树木的表现和刻画

图 9-58 所示,对不同距离的树木的表现和刻画的深度有所不同。在同一画面中,有近景树、中景树、远景树之分。

近景树,应细致地描绘出树木的干、枝、叶的特征;描绘出明暗层次,表现出树木的质感和空间感。

中景树,重点用枝叶特点和树冠轮廓表示树形轮廓,反映不同树种特征。

远景树,只绘树冠轮廓,表现树丛整体轮廓。

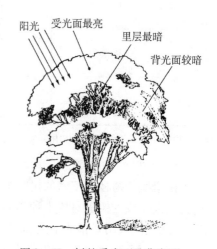

图 9-57　树的受光面及背光面

250

图 9－58　距离不同的树木的表现

9.7.2.3　立面图中乔木的表示方法

在立面图中描绘乔木,其方法与步骤可归纳为:始于干,干生枝,枝添叶,叶铺冠,分明暗。

具体绘图步骤如下:

(1)绘出主干或中心线;

(2)从主干出发绘出大枝,从大枝绘小枝;

(3)从小枝出发绘出叶片,并铺排组合成树冠外轮廓;

(4)根据光影效果,表示出亮、暗、最暗的空间层次,增强树的立体感,完成绘图。

图 9－59 所示为常绿针叶乔木的画法。

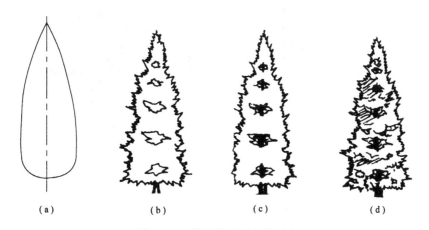

| (a) | (b) | (c) | (d) |

图 9－59　常绿针叶乔木的画法

图 9－60 所示为常绿阔叶乔木的画法。

图 9－61 所示为落叶乔木的画法。

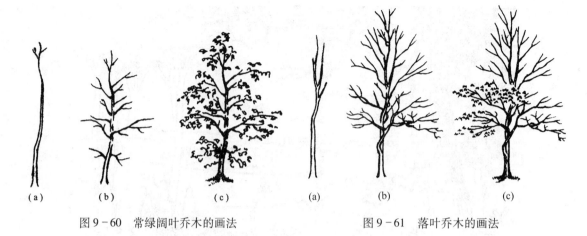

图 9 - 60　常绿阔叶乔木的画法　　　　　图 9 - 61　落叶乔木的画法

图 9 - 62 所示为按成片树叶描绘乔木的画法。

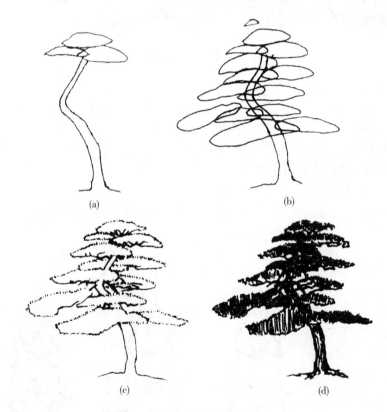

图 9 - 62　按成片树叶描绘树的画法

图 9 - 63 所示为棕榈树的画法。

图 9 - 64 所示为竹的画法。

竹的特征:干木质化,有明显的节,枝干都是直线,主干上的籜叶缩小而无明显的主脉,而普通叶片为短柄,又与叶梢相连成一枝节。具体画法如图 9 - 64 所示。

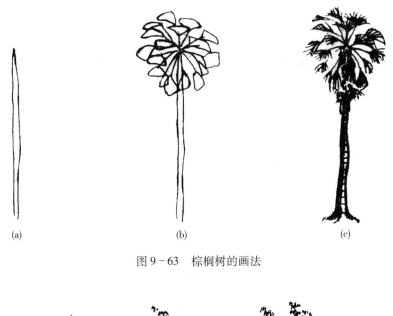

(a)　　　　　　　(b)　　　　　　　(c)

图 9 - 63　棕榈树的画法

(a)　　　　　　　(b)　　　　　　　(c)

图 9 - 64　竹的画法

9.7.2.4　乔木的正投影图表示

　　在正投影图中表示乔木时,同一棵树所用的树冠轮廓线的变化应尽可能一致,且最好采用园林工程图习惯上常用的表示符号来表示,以方便看图,促进技术交流。但树冠外轮廓线的尺寸比例,在立面图上可比平面图略大(图 9 - 65)。

　　图 9 - 66 所示为建筑配景图中树木的表示。

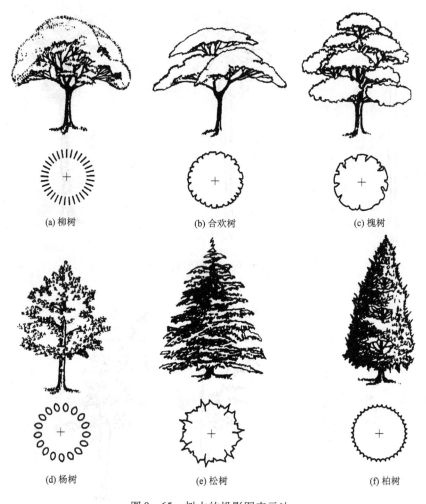

(a) 柳树　　　　　　　　(b) 合欢树　　　　　　　　(c) 槐树

(d) 杨树　　　　　　　　(e) 松树　　　　　　　　(f) 柏树

图 9 - 65　树木的投影图表示法

9.7.3　灌木和花卉的表示

9.7.3.1　灌木的表示

灌木是无明显主干的木本植物,与乔木不同,灌木植株矮小,近地面处枝干丛生,具有体形小、形变多、株植少、片植多等特点。

1. 灌木的平面图表示法

由于灌木具有体形小、形变多、株植少、片植多等特点,在平面图上表示应依据《总图制图标准》GB/T50103—2010 和《风景园林图例图示标准》CJJ 67—95 规定:

(1) 灌木外形成不规则曲线形树冠平面符号图例。

(2) 常绿灌木加画 45°细斜线;落叶灌木均不填斜线。常绿林根据图面表现的需要,加或不加 45°细斜线。

(3) 灌木图例中小圆黑点表示种植位置。凡大片树林,可省略图例中的小圆黑点。

灌木的平面图图例如图 9 - 67 所示。

2. 灌木的立面图表示法

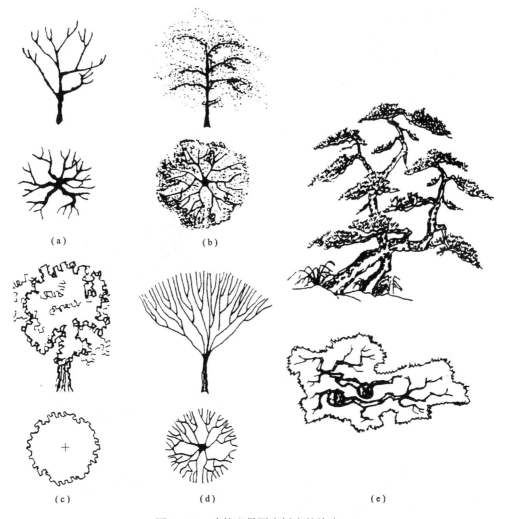

（a）　　　　　（b）　　　　　　（c）　　　　（d）　　　　　（e）

图 9 - 66　建筑配景图中树木的绘法

灌木在立面图上一般只用有一定变化的线、点或简单图形描绘灌木（丛）冠的轮廓线，再在轮廓线内按花叶的排列方向，根据光影效果画出有一定变化的线、点或简单图形，表示出花叶，分出空间层次表示空间感（图 9 - 68、图 9 - 69）。

3. 灌木的正投影表示法

在正投影图中，灌木同样以平面图和立面图表示。具体绘图方法与步骤，如图 9 - 70 所示。

（1）用细实线分别绘出灌木在平面图和立面图上的外形轮廓线（图 9 - 70a）；

（2）用有一定变化的线、点或蠡形描外轮廓线（图 9 - 70b）；

（3）根据光影效果，在轮廓线内绘出一定变化的线、点或简单图形表示叶、花，表现空间层次，体现立体感（图 9 - 70c），完成绘图。

9.7.3.2　花卉的表示方法

1. 花卉的平面图表示法

花卉种类繁多，在平面图中一般可用连续曲线描绘花卉表示花带；也可用自然曲线绘出花卉种植的范围，然后在中间用小圆圈或变化曲线表示花卉；还可采用简单花卉图案表示。如表

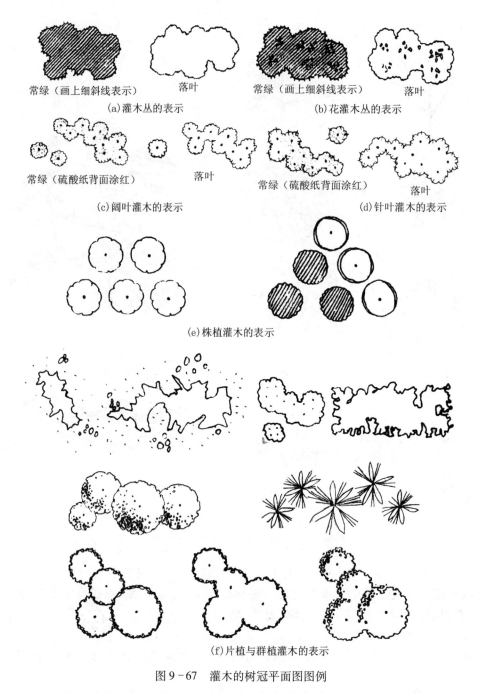

常绿（画上细斜线表示）　　落叶　　　　常绿（画上细斜线表示）　　落叶

(a)灌木丛的表示　　　　　　　　(b)花灌木丛的表示

常绿（硫酸纸背面涂红）　　落叶　　常绿（硫酸纸背面涂红）　　落叶

(c)阔叶灌木的表示　　　　　　　(d)针叶灌木的表示

(e)株植灌木的表示

(f)片植与群植灌木的表示

图9-67　灌木的树冠平面图图例

8-3(第158页)所示"花卉"图例。具体如图9-71所示,为花卉的平面图。

2. 花卉的立面图表示方法

花卉立面图表示方法同灌木的表示方法,如图9-68a所示。

9.7.4　绿篱的表示方法

为了分隔、防护和装饰周围环境,人们将珊瑚树、黄杨、茶树等植物成行密植成绿篱,以代替篱笆、栏杆和墙垣。由于绿篱是成行密植,株多丛小,枝多叶密,一般多用图案法表示。

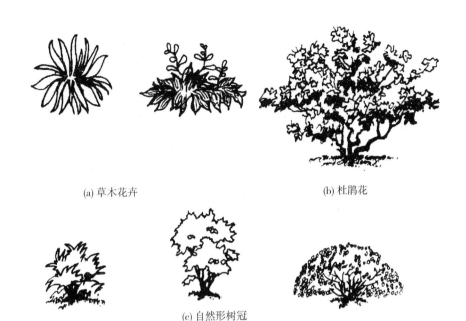

(a) 草木花卉　　　　　　　　　　　　　(b) 杜鹃花

(c) 自然形树冠

图 9-68　灌木的树冠立面图图例

图 9-69　灌木丛的绘法

9.7.4.1　平面图的表示方法

绿篱有常绿绿篱和落叶绿篱。常绿绿篱又分为自然形绿篱与整形绿篱。具体表示如图 9-72所示。

9.7.4.2　立面图的表示方法

绿篱的立面图可用图案法绘出。绘图时,可根据不同的花卉形状,用线、点、自由曲线、圆形曲线等绘出外轮廓线,然后在外轮廓线内用上述几种要素和线条描绘出明暗效果。也可以用竖向线条或竖向交叉线来表示(图 9-73)。

9.7.4.3　绿篱正投影表示法

绿篱正投影图表示法,具体绘图方法与步骤如图 9-74 所示。

(1)用细实线分别绘出平面图与立面图的外轮廓线(图 9-74a)。

(2)用线、点、自由曲线、圆形曲线、竖向线条或竖向交叉线等,绘出外轮廓线(图 9-74b)。

(3)用上述几何要素表示出层次,完成绘图(图 9-74c)。

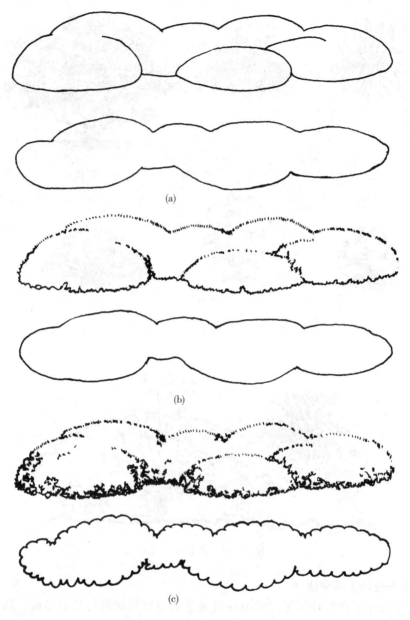

图 9 - 70　灌木的投影图绘法

9.7.5　攀缘植物的表示方法

攀缘植物是靠缠绕或借附着器官攀附他物向上生长的植物,如紫藤、牵牛花、葡萄等。在园林绿化设计中,利用这类植物进行垂直绿化,形成凉棚、花架、走廊等绿色游廊,或攀缘于阳台、栏杆、壁墙等,有遮阳、美化环境、供人们凭眺等作用。

攀缘植物正投影图如图 9 - 75 所示,既可用于写生法,如图 9 - 75a、c 所示;也可用图案法,如图 9 - 75b 所示。用写生描绘,则先绘出攀缘茎,然后顺着攀缘茎,根据植物花、叶、形,用线、点、圆圈、曲线或简单图形表示花叶,并用"黑点"在平面图上表示出种植位置。

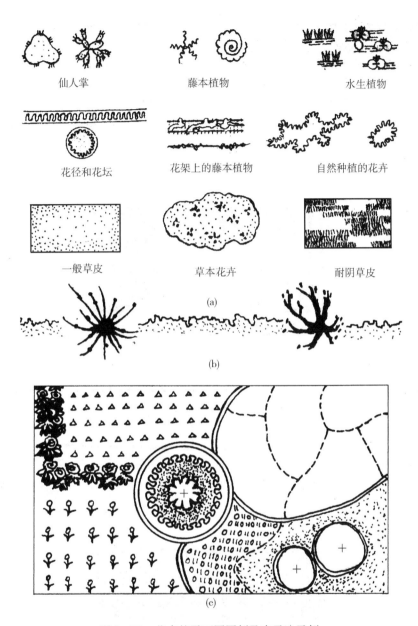

仙人掌　　　　　藤本植物　　　　　水生植物

花径和花坛　　　花架上的藤本植物　　自然种植的花卉

一般草皮　　　　草本花卉　　　　　耐阴草皮

(a)

(b)

(c)

图 9-71　花卉的平面图图例及表示法示例

如图 9-75c 所示。若用图案法表示,则只要用变化线条绘出外轮廓线即可。不管用哪种方法表示,有必要时都必须用文字说明图中图例符号代表的意义。

9.7.6　地被植物的表示方法

园林环境有树木花草的绿化点缀、装饰。因此,一张完整的园林设计图或建筑平面图,常需要绘出花卉及地被植物来点缀。

在平面图中,地被植物如草地等一般用小圆点、小圆圈、线点等图例符号来表示。在表示时,符号应绘得有疏有密。凡在草地、树冠线、建筑物等边缘外应密,然后逐渐稀疏。图 9-76所示为地被植物平面图表示法。

259

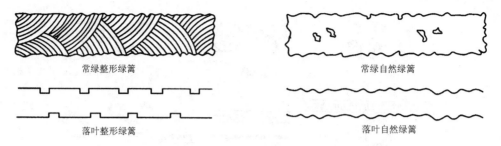

图9－72　绿篱的平面图表示法

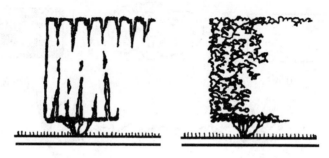

图9－73　绿篱的立面图表示法

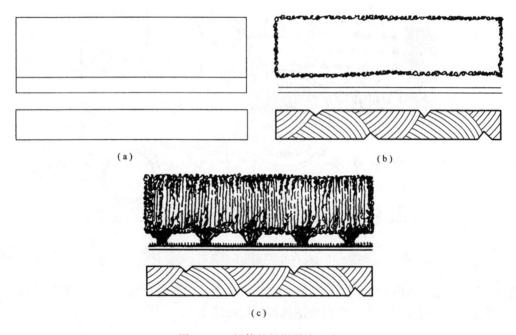

图9－74　绿篱的投影图绘画法

9.7.7　种植工程施工图示例

9.7.7.1　道路绿化工程施工图

　　道路绿化,随着城市道路伸向城市的四面八方,联系着城市中的各种专用绿地和公共绿地,组成城市的绿化系统。

　　道路绿化,即道路广场用地内的绿地,包括:行道树绿带、分车绿带、交通岛绿地、交通广场

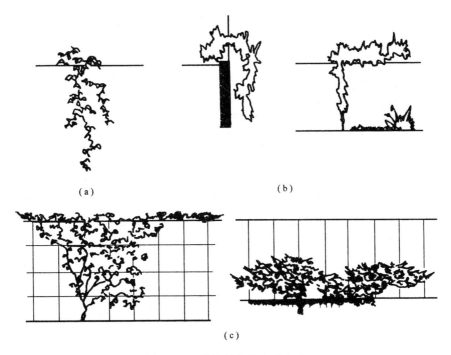

(a)

(b)

(c)

图 9-75　攀缘植物的表示方法

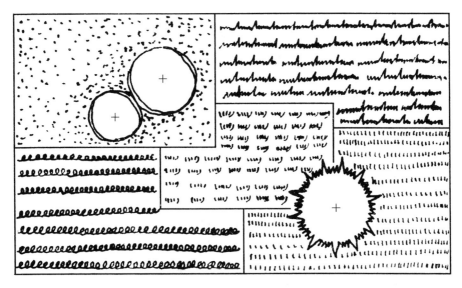

图 9-76　地被植物的表示方法

和停车场绿地及立体交叉绿化等(图 9-77)。

　　城市道路绿化设计是在城市建筑、道路系统及市政各种管线等设计的基础上,进行绿化设计。在设计、绘制绿化种植工程施工图时,应注意处理绿化种植与上述设计设施之间的关系,保证设计的合理性。

　　具体画图方法与步骤如下:

　　(1)根据工程内容和表达要求,选择好绘图比例,确定图纸幅面绘制平面图。

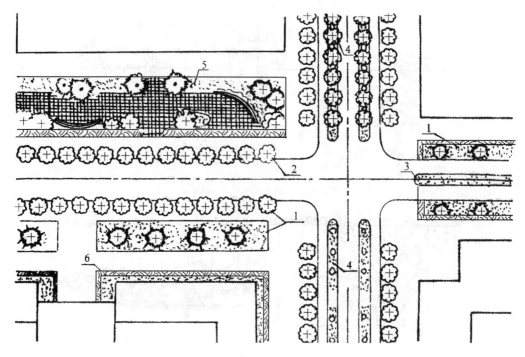

图 9 - 77　街道绿化种植设计施工图

1—行道绿化带;2—行道树;3—中央分车绿地;4—分车绿带;5—街头绿带;6—基础绿带

各种图样常用比例:平面图的比例尺为 1:100 ～ 1:500;立面图、剖面图的比例尺为 1:20 ～ 1:50,也可取与平面图同一比例尺。

(2)绘出街道规划(或保留的现状)(图 9 - 78a)。

在图上绘出建筑物的位置、建筑线路、道路中心线、快慢车道、人行道及市政管线、杆线位置。其中,建筑物的位置用粗实线绘制,建筑红线用细实线绘制,道牙线用中粗实线绘制,其他市政管线按表 1 - 5(第 9 页)规定及有关规范绘制。

(3)根据设计要求,表示设计种植植物的种类、规格及种植位置(图 9 - 78b)。

具体按上述表示方法表示。对同一树种,同一株距、行距的乔木,可用直线上的连续"小圆"或"小十字"表示。

(4)根据设计定位的要求及种植规格,标注出株距、行距(图 9 - 78c)。

①行道树的定位放线尺寸,可以道路中心线、道牙、建筑位置等为基准标注。

②标注出种植规格尺寸(即株距、行距)作为种植定点依据。

(5)绘制立面图、剖面图(图 9 - 78c)。

①根据苗木的种植规格、位置关系及设计意图的表达需要,选择适当的剖切平面绘制剖面图。

②在立面图或剖面图上,从竖向表明各种园林植物之间的位置关系及与周围环境和各种地上地下管线设施的关系。

③表明施工时准备选用的园林植物的高度、体型。

④根据设计要求标注出种植植物的定位尺寸。

⑤表明各种管线的位置及地上高程和地下埋设深度,注意其与种植植物的位置、种植土层厚度及位置关系的设计合理。

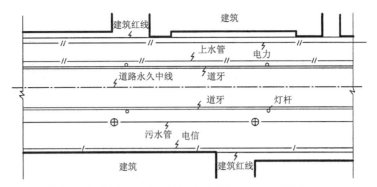

(a)将道路现状(或规划)描绘在图纸上,包括建筑、道路、各种地下管线及杆线

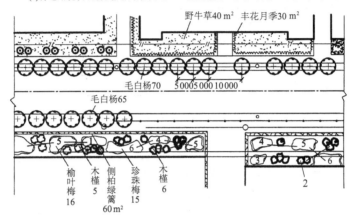

(b) 按株距点上种树位置,并画树冠线。注明树种、数量及株距

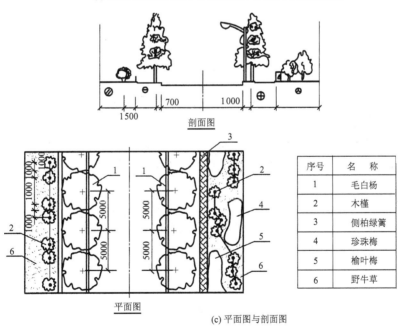

序号	名 称
1	毛白杨
2	木槿
3	侧柏绿篱
4	珍珠梅
5	榆叶梅
6	野牛草

(c) 平面图与剖面图

图 9-78　街道绿化种植设计施工图绘图方法与步骤

(6)制作苗木表(表9-7)。

表9-7　苗木统计表

序　号	树　种	数　量	单位	规　格			备　注
				干径(cm)	高度(m)	冠幅(m)	
1	白杨树	200	株		0.3～0.4		
2	木　槿	100	株		1.0～1.5		
3	侧　柏	2000	株		0.8～1.0		
4	珍珠梅	160	株		0.1～0.15		
5	榆叶梅	50	株		0.8～1.0		
6	野牛草						

采用苗木统计表说明种植植物种类或园艺品种、植物的规格(包括干径、高度、冠径)及各种植物的数量,并在备注栏内标明花类的花色、修剪的形状等要求。

(7)注写做法说明。

①放线依据的说明;

②与各市政设施、管线有关单位的配合情况说明;

③适用苗木的要求(包括品种、修剪方法)的说明;

④对园林植物的栽植方法、要求和管理的有关说明。

(8)绘出指北针表示朝向,注写比例和标题栏。检查并完成全图。

必须指出,若一条道路的各段绿化规则不同,则必须采取"分路段"表示,分别画出平面图和剖面图。对交通岛绿地、交通广场和停车场绿地、立体交叉绿化及街旁绿地等,必要时应画出详图来表示。

9.7.7.2　公共建筑外庭种植工程施工图

街道广场及公共建筑前(广场)的绿化地段是城市街道绿化的重点。人们通过绿化,利用种类繁多、千姿百态、万紫千红、四季景色有别的树木花草,既衬托、点缀建筑物,补充和加强建筑艺术,使不同性质的广场各具风格和特点;又改善了广场的小气候,给城市创造四季景色变化、富有生气的环境。

在进行绿化设计、绘制种植工程施工图之前,应准备好建筑总平面图、市政综合管线图和底层建筑平面图。在明确设计任务、完成工程设计方案后,按下述方法与步骤绘制种植工程图(图9-79)。

(1)根据工程设计要求和内容,确定比例,选择图幅。

(2)绘出建筑底层平面图(外形轮廓线)、道路系统和市政管线设施的平面位置。

(3)用符号表示出植物的种类、规格及种植位置。

对同一树种,排列式种植时可用直线相连表示,对集团式或自然式种植成片状的用树冠的外轮廓线表示范围。

(4)用文字或序号、数字说明植物的名称和数量。

当图形较简单时,可直接在树冠平面符号处就近引出标注植物名称,并在名称后填写数量;当图形复杂时,可在图上将各种植物标注出序号,然后在苗木表里说明序号所表明植物的名称和数量。

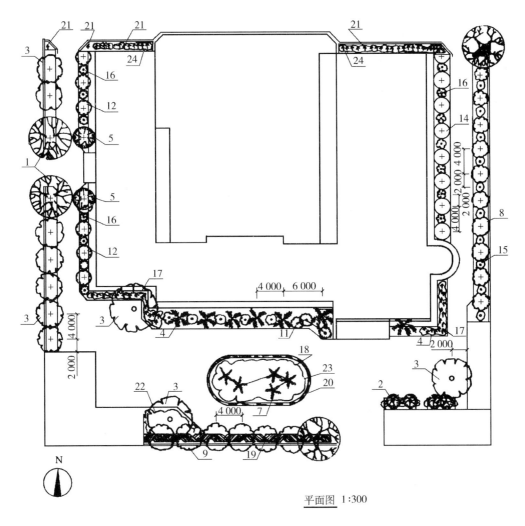

平面图 1:300

图 9-79 外庭园种植设计图

（5）标注出植物种植的规格（如株距、行距）及定位放线尺寸。

（6）注写比例，在图幅的空白处注写出苗木统计表（表9-8），并说明设计和施工要求。

（7）绘出指北针，填写标题栏，完成作图。

表 9-8 苗木统计表

序　号	树　种	数量	单位	规　格			备注
				干径/cm	高度/m	冠幅/m	
1	小叶榕	4	株		4～5		
2	广玉兰	3	株		4～5		
3	白兰花	7	株		4～5		
4	散尾葵	2	株		2～3		
5	鱼尾葵	6	株		2～3		

续表 9-8

序 号	树 种	数量	单位	规 格			备注
				干径/cm	高度/m	冠幅/m	
6	假槟榔	5	株		2～3		
7	南洋杉	5	株		1～3		
8	大叶紫薇	10	株		3～4		
9	四季桂花	6	株		2～3		
10	含笑	5	株		1		
11	茶花	3	株		1～2		红或宫粉
12	九里香	1	株		1		球状
13	米兰	6	株		1		球状
14	海桐	7	株		1～2		丛状
15	梗骨凌霄	10	株		0.5		球状
16	一品红	14	株		2		
17	棕竹	18	株		1～1.5		丛状
18	月季花(各色)	200	株		0.5		株、行距各 50cm
19	长簕杜鹃	60	株		0.5		植双行,株、行距各 50cm
20	天冬草	200	株		0.5		5 斤脱盆
21	竹子	10	丛				每丛 5 株以上
22	夜合	7	株		0.5		
23	杜鹃花	100	株		0.5		
24	爬墙虎	20	株				

注:①月季花坛中心用 5 株南洋杉点缀,南洋杉树高 1～3 m,高低错落,按自然式树丛配植。

②行列式植树,苗木选择大小高矮一致,排列整齐,灌木要求树冠整齐或成球状。

③树下要求不露黄土,铺植草皮(大叶油草)。

9.7.7.3 园林种植工程施工图

"庭园无石则不奇,无花木则无生气",景栽对园林造景的配合作用至关重要。园林景栽的配置,一般有孤植、丛植、群植、带植、花池、草地、蔓生等方法、方式。且为了获得丰富而自然的景观,园林空间多以数种景栽配置方法、方式组合,加上园林还有其他造园要素的表达,这就使园林种植工程施工图要比上述的各种种植工程施工图复杂得多。因此,在绘制园林种植工程施工图之前,首先要将园林规划设计图中有关假山、水体、道路、建筑和有关园林设施、园林小品及市政管线等绘出,再绘种植工程施工图。具体绘图方法和步骤与上述种植工程施工图基本相同。不同的是,由于园林景栽配置方法、方式较多,且同一空间又以数种景栽配置方法、方式组合,故为反映植物的高低配置要求及设计效果,一般需要画出鸟瞰透视(效果图)或立面图。对于个别要素,如花池、花坛等需画出详图(包括平、立、剖面图),以表示其平面形状、构造、剖面尺寸、材料、装饰和施工做法要求。

现将种植工程施工图对各种图样的要求和具体表达内容阐述于下:

1. 园林种植设计平面图

如图 9-80 所示,为园林种植设计平面图,平面图的比例尺一般为 1:100 ～ 1:500。

(1)标明施工放线的基准点、基准线。

(2)表示各种植物的品种、规格、数量,并标明施工放线的依据。

①表示出各种园林植物的品种、规格、数量,图中用序号通过苗木表说明;在施工图中一般直接引出用文字说明。

②标明现状保留树、古树名木。

③标明种植的规格和位置,对自然式种植的植物可以采用直角坐标网格控制距离和位置。

(3)标明与地形、地貌的关系。

①标明与周围环境,如建筑物、构筑物及地上、地下各种管线的尺寸。

②对重点地区的种植设计图,为了表示与地形的关系,可将地形图同时标明。

(4)对以后需调整树木密度的,应注明要移走的植物种类、数量。

2. 立面图与剖面图

立面图与剖面图主要表示的内容有:

(1)在竖向上表明各园林植物之间的关系;园林植物与周围环境,如建筑物、构筑物、山石及各种地上地下管线等设施的位置、距离与高程,园林植物的高度的限制及植物栽植土层厚度等之间的关系。

(2)表明施工时准备选用植物的高度和体型。

立面图与剖面图一般采用的比例尺为 1:20 ～ 1:50。

3. 详图

(1)表示重点树丛、树种的关系;古树、名木周围的处理和覆盖混合种植详细尺寸。

应注意在规划设计中对古树、名木采取有效的工程技术措施进行保护。在其保护范围内,不得设置永久或临时的建筑物、构筑物及架(埋)设各种管线;在其保护范围之外也不得设置影响古树、名木正常生长的各种设施。

(2)表示花池的装饰、花纹及其与山石等的关系。

4. 设置、填写苗木表

苗木表内容见表 9-9。

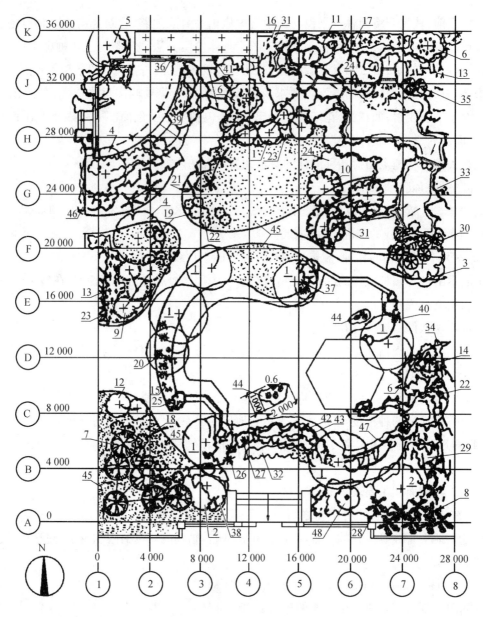

平面图 1:300

图 9-80 庭园绿化种植设计平面图

说明:①池岸铺草皮至池岸线 10 cm 处。

②要求全园不露土,全部乔灌木按设计施工种植完毕后,地面铺种大叶油草。

③方案中设睡莲池二处,1:2 水泥砂浆砌山石植池(台),把种睡莲的缸沉于该处。

④瀑布假山后面种竹子,山前边种杜鹃、蕨类、万年青、兰草和鸭拓草等。

⑤海棠坞前山石花台收集各种海棠花配植(四季海棠、斑叶海棠、重瓣海棠、贴梗海棠等藤、灌、草木)。

表9-9　苗木统计表

编号	树种	数量	单位	干径(cm)	高度(m)	冠幅(m)	备注
1	垂柳	7	株		3～4		
2	丹桂	3	株		2～3		
3	四季桂花	1	株		2～3		5斤脱盆
4	荷花玉兰	2	株		2～3		5斤脱盆
5	刺桐	1	株		3～4		
6	罗汉松	3	株		3～3		树枝苍劲
7	鱼尾葵	6	株		2～3		
8	假槟榔	6	株		2～3		
9	竹柏	4	株		2		
10	红苔	3	株		2		
11	细叶紫薇	5	株		1.5～2		
12	含笑	1	株		1以上	≥1	
13	棕竹	13	丛		1以上		
14	梅花	3	株		1.5～2		或梅树
15	佛肚竹	2	丛		2～3		每丛7株以上
16	黄金间碧玉竹	1	丛		2～3		每丛7株以上
17	散生竹子	10	丛		2～3		每丛5株以上
18	硬骨凌霄	15	株		0.5		
19	山丹	10	株		0.5～1		
20	文珠兰	7	株		0.5		
21	苏铁	5	株		0.5～1		
22	红背桂	10	株		0.5		
23	绣球花	15	株		0.5		
24	杜鹃花	38	株				5斤脱盆 各色品种
25	黄素馨	14	株		0.5		
26	南天竺	5	株		0.5～1		
27	玉簪	50	株				5斤脱盆
28	鸢尾	50	株				5斤脱盆
29	花叶万年青	7	株		0.5		
30	花叶芋	5	株		0.5		各色
31	紫背竹竽	6	株		0.5～1		5斤脱盆
32	老来娇	40	株		0.5		
33	勒杜鹃	14	株		0.5～1		5斤脱盆
34	鸭拓草	50	株				
35	龟背竹	2	株				5斤脱盆 各种品种
36	天冬草	15	株				5斤脱盆 一般品种
37	兰花	20					
38	贴梗海棠	15	株		0.5		
39	海棠花	50	株				藤本
40	秋海棠	10	株				藤本
41	炮仗花	10	株				藤本
42	金银花	10	株				藤本
43	爬墙虎	10	株				
44	睡莲	3	盆				水生植物
45	大叶油草	8	m²				
46	青叶铁树	20	株		0.5		
47	麦冬草	2	m²				
48	茶花	1			1.5～2	≥1	

5. 做法说明

（1）放线依据。

（2）与有关市政设施、管线管理单位的配合情况。

（3）栽植地区客土层的处理，客土或种栽植土的土质成分要求。

（4）苗木的具体要求。

①选用苗木的要求（园艺品种、修剪措施）。

②苗木供应规格发生变动的处理：重点地区用的规格苗木采取号苗措施，即苗木序号与现场定位的办法。

（5）施肥要求。

（6）非植树季节种植的施工要求。

9.7.8　种植工程施工图的读图要则

读种植工程施工图的主要目的是明确工程设计意图，一方面评定设计方案是否合理、表达是否确切，另一方面明确工程性质、范围、任务，为做出预算、为施工过程兑现图示内容和要求提供依据和保证，使工程施工保证设计要求，体现设计意图。

具体从下列几个方面进行分析：

（1）从标题栏明确工程名称、建设单位和设计单位。

（2）根据图示各种植物的图例、文字说明、序号、苗木表等，了解图示植物的种类、规格和数量；检查表达是否正确、明确。

（3）根据图示植物的种类、规格、数量及种植规格、形式和配置方法，分析是否与整体环境协调，是否符合功能要求，有否需要调整，保证园林植物配置有适宜的密度及各种类型植物有良好的群落关系。

（4）根据图示植物种植位置，分析植物栽植位置规划与现有保留或规划的各种建筑物、构筑物和其他地上、地下物与市政管线的配置是否协调、合理，是否矛盾，是否符合有关规范要求。

（5）在上述几方面都明确，并确认工程设计合理、表达确切无误后，就以图样为根据开始施工前的准备，进入施工的过程，并在施工过程中检验工程施工的质量。

本章小结

园林景观是一种有明确构图意识的美的空间造型。园林艺术是空间与时间的艺术，是多种艺术的综合艺术。风景园林规划设计就是指对组成园林整体的山形、水系、植物、建筑、基础设施等造园要素进行综合设计。风景园林设计的结果绘制出的施工图，称为园林工程图。一套园林工程图，根据其内容和作用的不同分类如下。

一、设计施工总说明

总说明包括设计图纸、文件目录及设计总说明。

二、风景园林总体规划设计图

风景园林总体规划设计图，表达园林总体规划设计的内容，简称总平面图。它包括总平面图、总立面图、剖面图及整体或重要景区局部鸟瞰透视图。总平面图表明一个征用地域范围的总体规划设计的内容，是表现工程总体布局的图样，表明各系统工程相互关系及与周围环境的配合关系，提供工程施工放线、土方工程及编制施工规划的依据，并绘有指北针或风向频率玫瑰图表明朝向。

图中应按照国家标准及行业标准规定的有关图例的图线线型要求，描深图线；标注出新设计的建筑场地、道路、其他设施等的定位尺寸和大小尺寸，对圆形建筑物、构筑物要标注出中心坐标或定位尺寸；若采用坐标网格，则以坐标网格作为施工放线的依据。

总平面图中的尺寸和标高以 m（米）为单位，并取小数点后两位，不足两位的以 0 补齐。详图以 mm（毫米）为单位，若不以毫米为单位应加以说明。

三、土方工程施工图

土方工程施工图：包括竖向设计图和土方调配图的平面图及剖面图。主要反映地形设计和竖向设计的内容和要求，确定高程、坡度、朝向、排水方式及工程上的安全要求，环境小气候的形成，以及游人的审美要求等。

竖向设计图：主要表达竖向设计所确定的各种造园要素的坡度和各点高程。它包括平面图和剖面图，必要时还要绘出土方调配图。

土方调配图：主要表明土方调配改造和平面布置的图样。它包括平面图和剖面图。土方调配图采用坐标网格标定工程的土方调配改造的平面布置。

四、筑山工程施工图

筑山工程施工图：包括假山工程施工图和置石工程施工图的平面图、立面图（或透视示意图）、剖面图及详图。

假山是用土、石或人工材料，人工构筑的模仿自然山景的构筑物。在假山工程图中，一般多采用坐标网格来直接确定尺寸，只标注一些设计要求较高的尺寸和必要的标高。

置石是以石材或仿石材料布置成自然露岩景观的造景手法。

假山平面图：是在水平投影面上，按标高投影作图方法绘制，表示假山形状结构的图样。它主要表示：俯视假山形状，特别是底面和顶面的水平面形状特征和相互位置关系；周围的地形、地貌，如构筑物、地下管道、植物和其他造园设施的位置、大小及山石间的距离；假山的占地面积、范围。

假山立面图：是向与假山立面平行的投影面所作的正立面投影图；一般也可绘制出类似造型效果图的示意图或效果图代替。它主要表示假山的整体形状特征、气势和质感，表示假山的峰、峦、洞、壑等各种组合单元变化和相互位置关系及高程，并具体表示山石的形状大小、相互间层次、配置的形式及与植物和其他设施的关系。立面图是表示假山造型及气势最佳的施工图。

假山剖面图：是假想采用剖切平面将假山剖开，将剖切平面后面部分投影到与剖切平面平行的投影面上所得的剖面图。主要表示：假山、置石的断面轮廓及大小；它们内部及基础的结构和构造形式、布置关系、造型尺度及山峰的控制高程；有关管线的位置及管径的大小；植物种植地的尺寸、位置和做法。剖面图的数量及剖切位置的选择，根据假山形状结构和造型复杂程度的具体情况和表达内容的需求决定，必要时对上述内容还可采用详图表达。

五、园路工程施工图

园路工程施工图:主要包括园路工程施工图、广场工程施工图的平面图、剖面图与详图、做法说明及预算等内容。

园路,有主要道路、次要道路、林荫道、滨江道和各种广场、休闲小径、健康步道等几种。按路面材料的不同,园路主要有三类:整体路面;碎石路面;块料路面。

平面图主要表示园路、广场的平面状况(包括形状、线型、大小、位置、铺设状况、高程等内容)及周围的地形地貌,并表明雨水口的形状、大小和位置。

在平面图中,标注具体的尺寸标明路和广场的轮廓,其位置或曲线线型标注出转弯半径或直接用直角坐标网格(或轴线、中心线)控制,并绘出轴线注出编号(注意基准点和基准线的坐标)。平面图的比例尺尽量同总平面图的比例尺。

园路、广场一般用剖面图表示其立面形状。剖面图有:纵剖面图,以其水平方向表示路线的长度,铅垂方向表示地面及设计路基边缘的标高;横剖面图,主要表示路面的面层结构(包括表层、基础做法)、分层情况、分层尺寸、材料、施工要求和施工方法,剖面上标高。

详图,用以表示园路、广场的重点结合部和花纹图案等。

六、理水工程施工图

理水工程施工图包括:驳岸工程施工图,水体工程施工图的平面图、立面图、剖面图、断面图和水体单项土建工程详图,以及综合管网图的平面图与剖面图。

(一)驳岸工程设计图

驳岸工程设计图主要有平面图、断面图,必要时还要采用立面图和详图补充。

驳岸平面图,表示驳岸的平面位置、区段划分及水面的形状、大小等内容。驳岸平面位置的确定:园林内部水体驳岸,根据总体设计确定;若水体与公河连接,则按照城市规划河道系统规定的平面位置确定。在设计平面图中,一般以常水位线显示水面位置:对垂直驳岸,以常水位线为驳岸向水一侧的平面位置;对倾斜驳岸,根据倾斜度和岸顶高程向外推算求得其平面位置,也即驳岸平面投影位置应比水面平面投影位置稍大。图中驳岸的平面位置根据直角坐标网格确定,直角坐标网格尽量选用与确定驳岸的平面位置的规划图样一致。

驳岸的断面图,主要表示驳岸的纵向坡度的形状、结构、大小尺寸和标高,以及驳岸的建造材料、施工方法与要求等,并标注出水体的底部、水位(包括常水位、最高水位、最低水位)和驳岸顶部、底部的位置和标高。对人工水体,则标注出溢水口标高为常水位标高。对整形驳岸,驳岸断面形状、结构尺寸和有关标高均应标注;对自然式驳岸,一般采用直角坐标网格直接确定驳岸,宽度方向(即驳岸的壁厚方向)为横坐标,高程方向为纵坐标。这时设计图中只需注出一些必要的要求较高的尺寸和标高。

(二)水体工程施工图

水体工程设计施工图包括:平面图、立面图、剖面图、管线布置图、详图等。

平面图,用以表达水体平面设计的内容。主要表示水体的平面形状、布局及周围环境、构筑物及地下、地上管线中心的位置;表示进水口、泄水口、溢水口的平面形状、位置和管道走向。若表示喷水池或种植池,则还须表示出喷头和种植植物的平面位置。水池的水面位置,在平面图中按常水位线表示,并标出必要尺寸及标高:标出规则几何图形的轮廓尺寸,自然式水池轮廓可用直角坐标网格表示。对人工水体要标注进水口、泄水口、溢水口等形状和位置的尺寸及标高;对自然水体,则标注出最高水位、常水位、最低水位的标高。还要标注出周围地形的标高和池岸岸顶、岸底、池底转折点、池底中心、池底等处标高及排水方向。

立面图,表示水体立面设计内容,着重反映水池立面的高度变化,水体池壁顶与附近地面高差变化、池壁顶形状及喷水池的喷泉水景立面造型。

剖面图,主要表示水体池壁坡高、池底铺砌及从地基至池壁顶的断面形状、结构、材料及施工方法与要求;表层(防护层)和防水层的施工方法;池岸与山石、绿地、树木结合做法;池底种植水生植物的做法等内容。剖面图的数量及剖切位置,根据表示内容的需要确定。剖面图中主要标注出断面的分层结构尺寸及池岸、池底、进水口、泄水口、溢水口的标高。对与公河连接的园林水体,在剖面图中应标注常水位、最高水位和最低水位的标高。

详图,对水体的一些结构、构造,必要时应绘制出详图表示;对各单项土建工程,如假山及泵房、泵坑、给排水、电气管线、配电装置、控制室等,应绘制出详图表示。

(三)综合管网图

综合管网图,表达管线安装设计的内容,主要表明各种管线的平面位置和管线的中心相距尺寸,如给排水、电气管线、配电装置以及水体的进水口、泄水口、溢水口的平面位置、形状结构、材料及安装要求等。若管线较为简单,也可直接在水池平面图和剖面图中表示。

综合管网图包括平面图和剖面图,必要时还可绘出轴测图和构件详图。

七、种植工程施工图

种植工程施工图,是表示设计植物的种类、数量、规格及种植规格和施工要求的图样,是种植施工、定点放线的主要依据。它包括道路绿化、广场绿化、园林绿化等种植工程施工图的平面图、立面图、剖面图和详图。表示的主要对象是园林植物,包括有乔木、灌木、藤本、草本花卉几大类。主要通过平面图和立面图,采用树冠线符号和文字及苗木表说明:

(1)在图样上用图形、符(代)号和文字表示设计种植植物的种类、数量和规格。

(2)在图样上用图形、符(代)号和文字表示种植植物的种植规格和位置。

在图样中,树冠平面符号图例的说明常采用:在图样中用文字直接注写说明;在图样中对图例标注出编号,然后再用表格对编号和图例加以说明。

园林种植设计平面图,是表示各种植物的品种、规格、数量及种植规格和施工要求的图样,是种植施工、定点放线的主要依据。

立面图与剖面图主要表示的内容有:竖向上表明各园林植物之间的关系;园林植物与周围环境,如建筑物、构筑物、山石以及各种地上地下管线等设施的位置、距离及高程等的限制;植物栽植土层厚度等之间的关系。

详图,表示重点树丛、树种的关系;古树、名木周围的处理和覆盖混合种植详细尺寸;花池的装饰、花纹等及其与山石等的关系。

苗木表:说明种植植物的种类、规格(干径、高度、冠幅)和数量及其他(如标明花类的颜色、植物修剪的形状等)。

第 10 章　透视投影

10.1　概　述

10.1.1　透视形成

用中心投影法将物体投射在单一投影面上所得到的图形,称为透视投影。如图 10 - 1 所示,在人与建筑物之间设立一个透明的铅垂面 P 作为投影面(画面),人的视线穿过画面并与画面相交。透视投影简称透视图或透视。

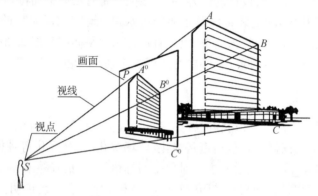

图 10 - 1　透视图的投影过程

透视投影与轴测投影一样,都是一种单面投影;不同的是,轴测投影用平行投影画出,而透视投影则用中心投影画出。透视投影是以人的眼睛为中心的中心投影,所以符合人们的视觉印象。透视投影空间立体感强,形象生动逼真,故在科学、艺术、工程技术、广告、展览画中被广泛应用。在工程设计中,通常在方案设计和初步设计中根据正投影设计图绘制透视图,以供讨论、评判、比较、审批之用,并供人们对工程设计进行评价和品鉴。

视点、画面、物体是形成透视投影的三要素。画面可以是平面、曲面和球面。下面只介绍平面上的透视投影。

10.1.2　透视投影基本术语和符号

如图 10 -2,空间点 A 与视点 S 的连线称为视线,视线 SA 与画面 P 相交,交点 A^0 就是点 A 的透视。

透视投影中的基本术语(图 10 - 2):

基面:观察者所站立的水平面,即建筑物所坐落的地平面,用字母 H 表示。

画面:绘制透视图的投影面,通常用与基面垂直相交的平面,用字母 P 表示。

基线:基面 H 与画面 P 的交线,用 $p—p$ 表示。

视点:观察者单眼所在的位置,即投射中心,用字母 S 表示。

站点:视点 S 在基面 H 上的正投影,以 s 表示。

主点:视点 S 在画面 P 上的正投影,以 s' 表示。

视高:视点 S 与站点 s 间的距离,用 Ss 表示。

视距:视点 S 与主点 s' 之间的距离,用 Ss' 表示。

视平面:通过视点 S 的水平面称为视平面,用 hSh 表示。

视平线:视平面 hSh 与画面 P 的交线称为视平线,用 $h—h$ 表示。

视线:通过视点 S 射向空间点 A 的直线,用 SA 表示。

主视线:通过视点且垂直于画面的视线,用 Ss' 表示。

透视:视线 SA 与画面 P 的交点,用与空间点相同的字母,于右上角加符号"^{0}"表示,如图示"A^0"。

基透视:基点 a(基点,空间点 A 在基面 H 上的正投影)的透视,称为点 A 的基透视。用与空间点的基面投影相同的小写字母,于右上角加符号"^{0}"表示,如图 10-2 所示"a^0"。空间点的透视与其基透视必位于基线的同一垂直线上。

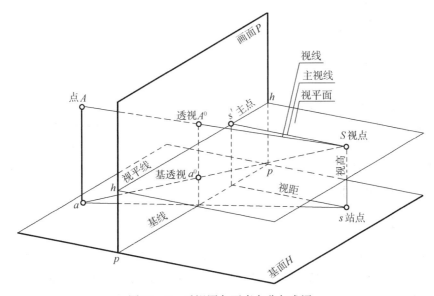

图 10-2　透视图各要素名称与术语

10.1.3　点的透视

空间点的透视,就是过该点的视线与画面的交点。点的透视仍是一点。如图 10-3a 所示,通过空间点 A 的视线 SA 与画面 P 相交,交点 A^0 就是点 A 的透视。

a 是点 A 在基面 H 上的正投影,通过点 a 的视线 Sa 与画面的交点 a^0,称为 A 点的基透视或透视次投影。由于 Aa 垂直于基面,平面 SAa 是一铅垂面,该面与画面 P 的交线 A^0a^0 必为铅垂线,即它垂直于基线 $p—p$。所以,点的透视及其基透视位于基线的同一条垂直线上。

点的透视,可采用正投影法求作过该点的视线与画面的交点而得。视线与画面的交点就是视线的画面迹点,所以这种画法称为视线迹点法。

在具体画图时为了清晰起见,通常将画面 P 与基面 H 分开画出,画面 P 上的 OX 线与基面上的 $p—p$ 线是同一条线,基面 H 可以画在画面 P 的正上方或正下方,且基面 H 与画面 P 一般可不画边框(图 10-3c)。基线在基面和画面中各出现一次:在基面 H 中以 $p—p$ 表示,可理解为画面 P 在基面 H 中的积聚性投影;在画面 P 中以 OX 表示,可理解为基面 H 在画面 P 中的积聚性投影。

具体作图如图 $10-3c$ 所示,于画面 P 中连 $s'a'$、$s'a_x$,它们是视线 SA、Sa 在画面上的正投影;于基面上连 sa,它是视线 SA、Sa 在基面上的正投影,过 sa 与 $p-p$ 的交点 a_p 引竖线分别与 $s'a'$、$s'a_x$ 相交,即得 A 点的透视与基透视 A^0、a^0。

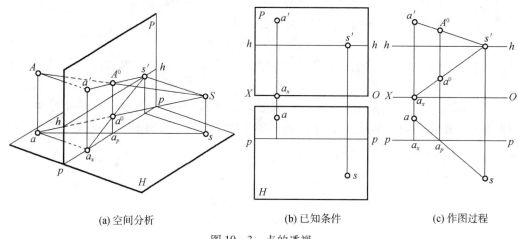

(a) 空间分析　　　　　(b) 已知条件　　　　　(c) 作图过程

图 $10-3$　点的透视

空间点的位置由该点的透视和基透视确定。空间每一个点都有唯一对应的透视和基透视。点的透视特征有:若空间点位于画面之后,则其基透视位于基线和视平线之间;若空间点位于画面之前,则其基透视位于基线之下;若空间点位于画面上,则其透视与自身重合,其基透视位于基线上,与点在基面上的正投影重合;若空间点位于基面上,点与它在基面上的正投影重合,其透视与基透视也重合。

10.1.4　直线的透视

一般直线的透视仍为直线。如图 $10-4$ 所示,AB 线段的透视为 A^0B^0,由于点 B 在画面 P 上,其透视 B^0 就是 B 本身。线段 AB 的基透视为 a^0b^0。若直线通过视点,则其透视积聚为一点。如图 $10-5$ 所示,直线 AB 通过视点 S,它的透视 A^0B^0 积聚为一点,它的基透视为一竖直线 a^0b^0。

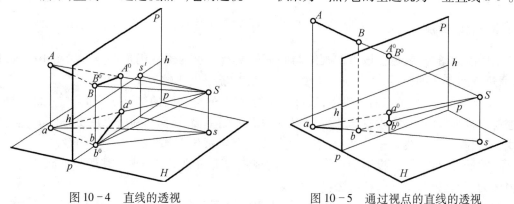

图 $10-4$　直线的透视　　　　　图 $10-5$　通过视点的直线的透视

10.1.4.1　直线的迹点和灭点

直线与画面的交点,称为直线的画面迹点,简称迹点。迹点的透视就是它本身。如图 $10-6$ 所示,直线 AB 向画面方向延长,与画面相交于一点 N,交点 N 称为直线 AB 的迹点。

276

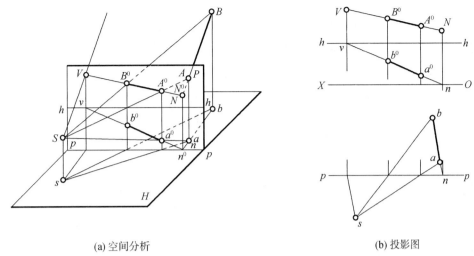

<table>
<tr><td>(a) 空间分析</td><td>(b) 投影图</td></tr>
</table>

图 10-6　直线的迹点和灭点

直线上无限远点的透视,称为直线的灭点。从几何学可知,两平行直线相交于无穷远点。因此,通过一条直线上无穷远点的视线,必与该直线平行。如图 10-6 所示,过视点 S 作平行于直线 AB 的视线,该视线交画面于点 V,则 V 就是 AB 直线上无穷远点的透视,称之为 AB 直线的灭点。迹点和灭点之间的连线 NV,称为直线 AB 的全长透视。

直线的灭点,实际上是一条由视点引出的与已知直线平行的视线与画面的交点。求直线的灭点,应过视点作一条与已知直线平行的视线,求得所作视线与画面的交点,即为所求直线的灭点。

从上述可得:

(1)空间一组互相平行而与画面相交的直线,它们的透视和基透视必交汇于它们共同的一个灭点及其基灭点。如图 10-7 所示,AB 平行于 CD 而与画面 P 相交,它们的透视 A^0B^0 与 C^0D^0 交汇于一个灭点 V;它们的基透视 a^0b^0 与 c^0d^0 交汇于一个基灭点 v。灭点与迹点的连线,就确定了该直线的透视方向,其基透视则位于视平线的下方,且与视平线斜交于基灭点 v。

(2)一切与画面相交的水平线,其灭点均在视平线 $h—h$ 上。如图 10-8 所示,水平线 AB(与画面 P 相交,与基面 H 平行)的灭点 V 在视平线 $h—h$ 上;由于一切水平线都与其基面投影平行,所以水平线 AB 的灭点 V 同时也是其基投影 ab 的灭点。

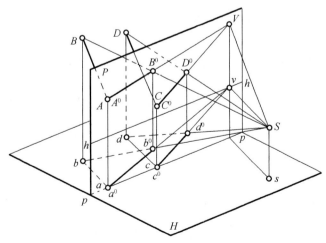

图 10-7　平行线有共同的灭点

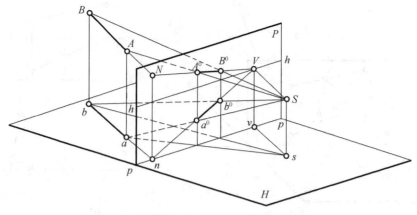

图 10－8 水平线的透视

10.1.4.2 基面上与画面相交的直线的透视

1. 基面上与画面斜交的直线

如图 10－9a 所示，直线 AB 在基面上，在画面上迹点为 M，点 M 在基线 p—p 上。过视点 S 作平行于直线 AB 的视线，它与画面交于点 V，就是直线 AB 的灭点。该灭点在视平线 p—p 上。由此可得，一切平行于基面的直线，其灭点均应在视平线上。图 10－9b 所示为直线 AB 的透视图作图。

2. 基面上与画面垂直的直线

如图 10－9a 所示，直线 CD 在基面上且垂直于画面，其迹点为 N。过视点 S 作平行于直线 CD 的视线，它恰是主视线，主点 s′ 就是 CD 的灭点。由此可得，一切垂直于画面的直线，其灭点就是主点。图 10－9b 所示为直线 CD 的透视图作图。

3. 基面上过站点的直线的透视

如图 10－10 所示，直线 AB 在基面上且通过站点，它的透视为一竖直线。基面上过站点的直线常作为求点的透视的重要辅助线。即求作点的透视时，常通过基面上站点作与已知点于基面上的正投影的连接线，作为求点的透视的辅助线。

10.1.4.3 画面平行线的透视

1. 画面平行线的透视

与画面平行的直线，在画面上没有迹点和灭点。这是因为由视点所引出的与画面平行直线相平行的视线也平行于画面，或者说交于画面的无限远点，所以没有灭点（图 10－11）。

画面平行线的透视与线段本身平行（图 10－11），其透视的特性是距画面近的长、远的短，符合近大远小的规律。

由于直线平行于画面，它的基面投影也就平行于基线，所以，它的基透视也就平行于基线与视平线（图 10－11）。画面平行线的透视图绘图，如图 10－11b 所示。

位于画面上的直线，其透视就是它本身。如图 10－12 所示，在画面 P 上铅垂线 AB 的透视是 A^0B^0（与 AB 重合）。

2. 铅垂线的透视

铅垂线是画面平行线的一种特殊情况，其透视与直线本身平行，仍为铅垂线（图 10－12），且透视的特性同样符合近大远小的规律。如图 10－12 所示，直线 AB 为位于画面上的铅垂线，沿着垂直于画面的方向离开画面还有 1、2、3、4、5 等五条与直线 AB 等高且间隔相等的铅垂

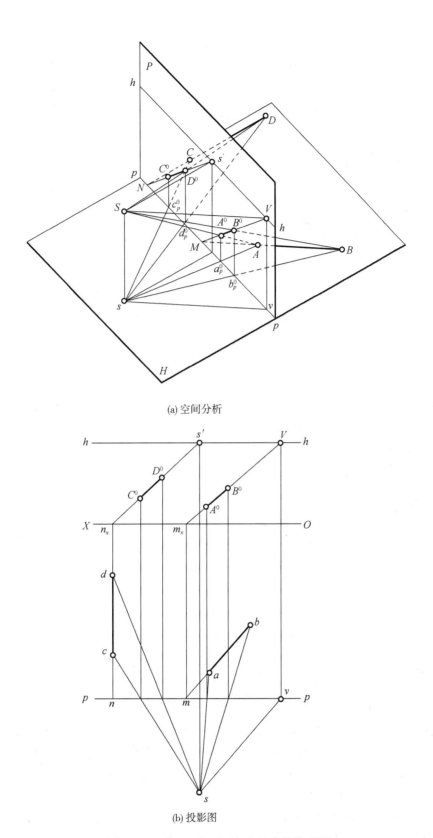

(a) 空间分析

(b) 投影图

图 10-9 基面上与画面相交的直线的透视

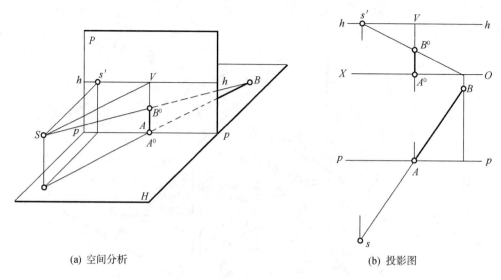

(a) 空间分析　　　　　　　　　　　　　(b) 投影图

图 10 – 10　基面上过站点直线的透视

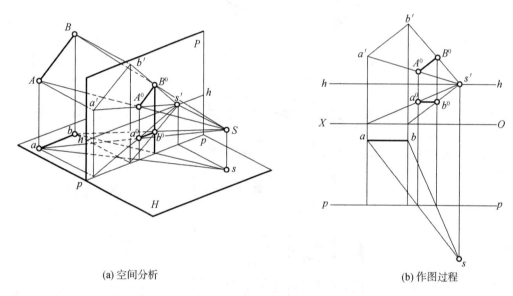

(a) 空间分析　　　　　　　　　　　　　(b) 作图过程

图 10 – 11　画面平行线的透视

线。直线 AB 位于画面上，其透视 A^0B^0 就是它本身。为求 1、2、3、4、5 等五条铅垂线的透视，首先要在画面上过端点透视 A^0 和 B^0 连接主点 s'（该组等高铅垂线上下端点的连接线垂直于画面，灭点为主点 s'），作为该组等高铅垂线上下端点的连接线的全长透视，再利用通过站点 s 的直线作为求铅垂线端点透视的辅助线，分别过这些辅助线与基线 p—p 的交点作铅垂线与该组等高铅垂线上下端点的连接线的全长透视相交，就得铅垂线组各直线的透视：1^0、2^0、3^0、4^0、5^0。由于铅垂线组各直线的透视是画在两条逐渐相交于主点的直线之间，所以其透视长度逐渐缩短，间隔也愈远愈窄（图 10 – 12）。

　　由于直线 AB 位于画面上，其透视 A^0B^0 真实反映了铅垂线自身的实际高度，如此位于画面上的铅垂线就称之为真高线。在绘制透视时，通常要借助于能反映线段真实高度的真高线这种透视特征，来解决透视高度的量取和确定的作图问题。

280

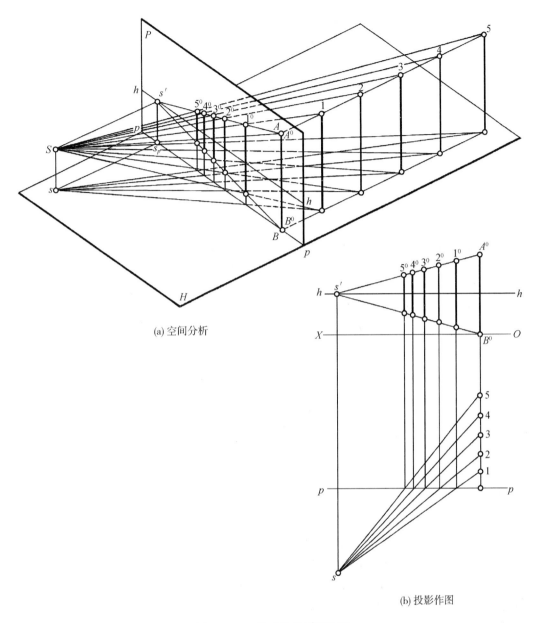

(a) 空间分析

(b) 投影作图

图 10-12　铅垂线的透视作图

10.1.4.4　真高线

如前所述,位于画面上的铅垂线,称为真高线。距画面不同远近的铅垂线的透视高度,可通过真高线来量取和确定。

如图 10-13 所示,已知直立于基面上且实高为 H 的铅垂线的基透视 a^0,试求该铅垂线的透视。可采用下面两种方法先确定真高线后作图。

(1)可先在视平线上任取一点 V 作为灭点(若图中已知灭点,可直接采用原灭点,方便作图);然后连直线 Va^0 并延长与基线 OX 交于 a 点,自 a 点铅垂向上量取实高 H,得真高线 Aa;联结 VA,再过 a^0 点作竖直线交 VA 于 A^0,则 A^0a^0 即为所求(图 10-13)。

(2)可先在画面作一实高为 H 的铅垂线 Aa,然后连 aa^0 并延长与视平线相交,得灭点 V,

281

则 AV 和 aV 就为两平行线的全长透视。过 a^0 点作一铅垂线与 AV 相交于 A^0 点,则 A^0a^0 即为实高等于 H 的铅垂线的透视(图 10-13)。

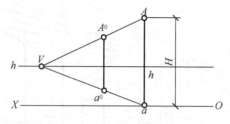

图 10-13　利用真高线作透视高度

10.1.5　透视特性

透视投影与平行投影的本质区别,就在于直线和平面的透视具有消失特性。这个基本特性,在人们的视觉印象中反映为视觉的"近高远低"、"近疏远密"、"近大远小"。

就建筑物上等高的墙或柱子看,距离画面近的高,远的低,越远越低,简述为"近高远低";建筑物上等间距、等宽度的窗子或窗间墙,距离画面近的疏、宽,远的则密、窄,简述为"近疏远密";等体量的建筑物,距离画面近的体量大,远的则小,简述为"近大远小"。

10.2　合理选择视点、画面和物体的相对位置

视点、画面和物体三者之间的相对位置关系决定了透视图的形象,要使画出的透视符合人们在处于最适宜位置时观察物体所获得的最清晰的视觉印象,必须正确选择视点、画面和物体三者之间的相对位置。

10.2.1　视点位置的选择

10.2.1.1　视角的选择

视角是眼睛所见外界景物范围的角度(图 10-14)。视点的选择必须考虑视角。

用眼睛凝视前方景象时所能看到的范围,也就是从瞳孔这一中心点放射出去的无数视线所笼罩的空间范围,这个以瞳孔为顶点的椭圆形的视锥,其顶角称为视锥角,也称视角;视锥面与画面的交线,称视域。视锥角的范围最大约140°。通常人们在平视状况下,在垂直视角为 26°~30°、水平视角为 19°~50°范围内视物清楚,最清晰的水平视角为 28°~37°。所以,水平视角一般不宜超过60°;画室内透视,可稍大于60°角,但不宜超过90°角,否则容易失真。

如图 10-15 所示,绘室外透视一般采用30°视角,可使用30°三角板选定站点 s。依此以 ss_p 为对称轴,将30°角的斜边和所夹30°角的直角边靠住建筑平面图的最左与最右边角点,这时30°三角板顶点位置即为理想站点 s 的位置。

10.2.1.2　视距的选择

水平视角的大小由画面宽度 B 与视距 D 的比值来确定。所以,可以用相对视距的数值来表示视角的大小,从而确定视点的位置。如图 10-16 所示,一般在绘制外景透视时应选 $D = (1.5 \sim 2.0)B$;绘室内透视可选择 $D < 1.5B$;画规划透视可选择 $D > 2.0B$。

10.2.1.3　主视线的位置

视点位置的选择应保证透视有一定的立体感,若物体与画面位置已定,视角也已定,还需

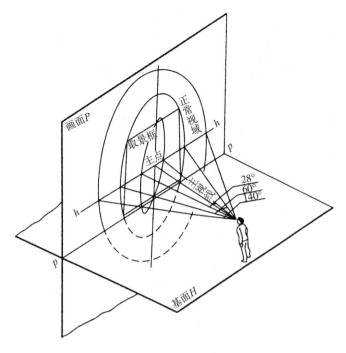

图 10 - 14　视锥角

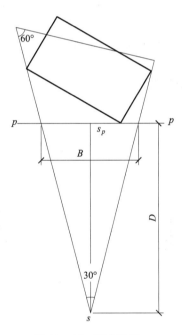

图 10 - 15　视角选择

要考虑站点的左右位置,其位置选择应保证能看到一个长方体的两个面,可通过左右移动来获得。也就是使主视线相对于画面宽 B 偏移,偏移的范围应保证不超出宽度 B 的范围,否则会严重失真,使形体不完整。如图 10 - 17 所示,图 10 - 17a 中 s 的位置在画面宽度 B 的中间,所绘透视可以看到组成形体的 3 个体块;而图 10 - 17b 的位置超出画面宽度 B 的范围,所绘的透视只能看到组成形体 3 个体块中的两个,严重失真。主视线 ss_p 在画面宽度 B 的中心位置附近

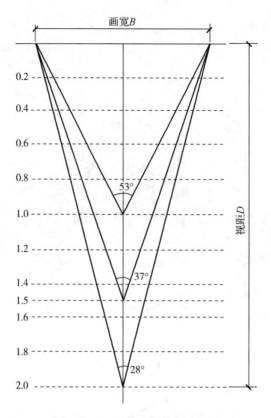

图 10 - 16　可供选择的相对视距

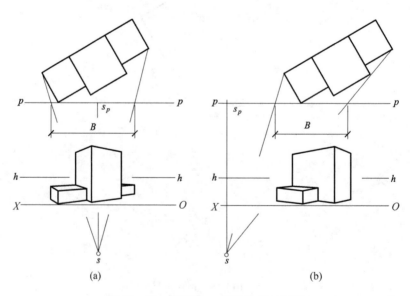

图 10 - 17　主视线 ss_p 选择的相对视距

时效果较好;按建筑物立面的具体情况,也允许在画面中点位置 $B/3$ 的范围内选择。

10. 2. 1. 4　视高的选择

　　视高的选择,即视平线高度的确定。在室外透视中,按一般人的眼睛高度,为 1. 5 ～ 1. 8 m;绘鸟瞰透视和室内透视时,视平线应升高,以获得舒展、开阔、居高临下的俯视效果;为获得

284

建筑物高耸、雄伟、挺拔的效果,也可将视平线降低;切忌选在房屋的正中,以避免呆板。注意视点的升高或降低都必须符合上面所述对视角大小的要求。

在不同视高下透视的变化情况(图10-18):

(1)视平线取在接近房屋的墙脚线,则两边墙脚向灭点的消失较平缓,而屋檐的消失则陡变,适宜于画平房(图10-18a);

(2)视平线取在屋高的中间,上下消失的程度一样,透视显得呆板,一般不采用(图10-18b);

(3)视平线取在接近房屋的屋檐,消失的情况与图10-18a所示相反,适宜于画平房(图10-18c);

(4)视平线与地平线重合,则两边墙脚线的透视与地平线重合,屋檐的透视陡变更甚,适宜于绘制雄伟的建筑物(图10-18d);

(5)视平线取在高出建筑物处,画出鸟瞰透视,有利于表示群体景物间的相互关系,适宜于画区域规划的全貌和室内透视(图10-18e);

(6)视平线取在低于建筑物处,这样画出的透视称仰观透视(蛙眼透视),透视图给人以高耸、雄伟、挺拔感觉。适宜于画高山上建筑物的透视和高层建筑檐口的局部透视(图10-18f)。

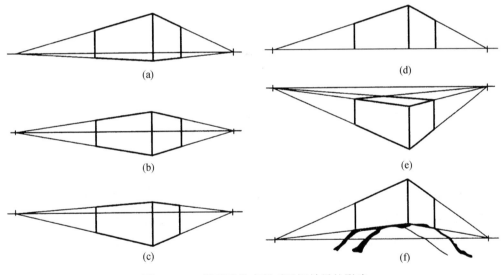

图10-18 视平线的高低对透视效果的影响

10.2.2 画面与建筑物相对位置的选择

画面位置的确定,是指画面与建筑形体相对位置的选择。主要是画面与拟着重表现的建筑立面的夹角及画面与建筑物的远近的选择。

如图10-19所示,建筑物拟着重表现的立面与画面的夹角通常取较小值,一般取30°角左右,这时透视现象平缓,符合建筑物的实际尺度,且主要面、次要面分明,透视效果好;反之,该立面将收敛得很明显。所以,选择画面位置时,应使拟着重表现的立面,其偏角适当取小些,或将视点位置选择偏向着重表现的立面一侧。

画面与建筑物的夹角确定后,画面可位于建筑物之前,可穿过建筑物或位于建筑物之后,其远近位置不同得到的透视图形的大小改变而形状不变。将建筑物的一角放在画面上，这样便于利用真高线确定透视高度。如果将画面放于建筑物之前，就获得缩小透视；若将画面放于建筑物中间或之后，则将获得放大透视。所以，画面与建筑物的远近相对位置可根据需要选择。

另外，在画面的布局上，着重表现立面的前面，必须有足够的画面，使空间可以向外延伸，以布置建筑物周围的环境。

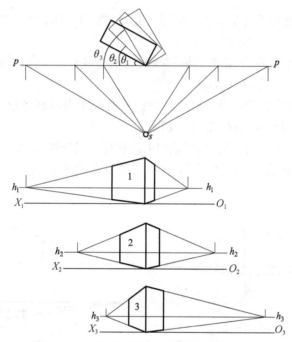

图 10-19　不同画面偏角对形体透视的影响

10.2.3　透视分类

建筑物具有长、宽、高三个基本方向的轮廓线，三个基本方向的灭点称为主向灭点。画面与建筑物的偏角关系将影响透视图的表达效果。建筑物与画面的相对位置的不同，主向灭点的数量也有所不同，因此透视图一般按照画面上主向灭点的多少，分为以下三种。

10.2.3.1　一点透视（正面透视）

建筑体有一个主要表面与画面平行，只有一组主向轮廓线与画面相交，即只有一主向灭点，所得的透视图称一点透视。一点透视也称正面透视。

如图 10-20 所示，长方体的宽方向轮廓线垂直于画面，它的灭点即主点 s'，而高和长方向轮廓线平行画面没有灭点，所得透视称为一点透视。它适用于横向场面宽阔，能显示纵向深度的建筑群和室内透视。

10.2.3.2　两点透视（成角透视）

建筑物有两个主要表面与画面相交，即有两组主向轮廓线与画面相交，有两个主向灭点，另一主要表面仍平行于基面，所得的透视图称两点透视。

如图 10-21 所示，长方形有两个主要表面与画面倾斜，有长、宽两组主向轮廓线与画面相交，即有两个主向灭点；而另一主要表面，即高向表面平行于基面，其主向轮廓线垂直于基面而

286

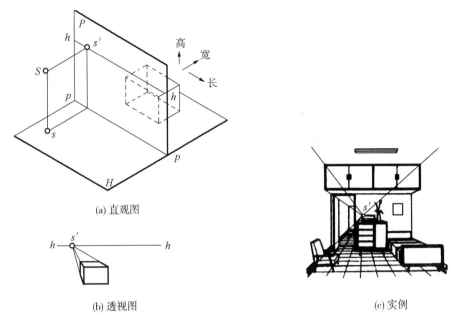

(a) 直观图

(b) 透视图

(c) 实例

图 10-20　一点透视

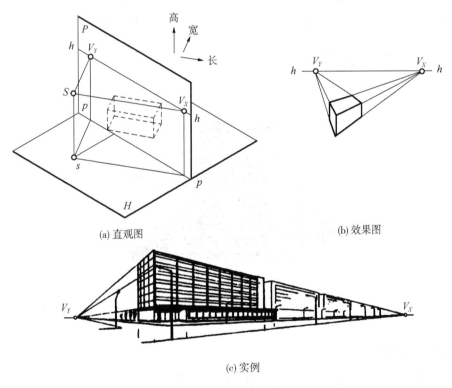

(a) 直观图

(b) 效果图

(c) 实例

图 10-21　两点透视

与画面平行,没有灭点,故称为两点透视。在此情况下,因为两个表面均与画面成倾斜角度,故又称成角透视。两点透视的透视效果真实自然,是人们常用的一种透视。

10.2.3.3 三点透视(斜透视)

建筑物三个主要表面均与画面相交,也即三组主向轮廓线均与画面相交,有三个主向灭点,所得的透视图称三点透视。

如图 10-22 所示,当画面与基面倾斜时,长方体三个主要表面均与画面倾斜相交,其三组主向轮廓线均与画面相交,因而有三个主向灭点,称为三点透视。在此情况下,由于三个主要表面均与画面成倾斜角度,故又称斜透视。三点透视具有三度空间表现力强、竖向高度感突出的特点。一般用来画大型高层建筑透视,对鸟瞰透视尤其适用。

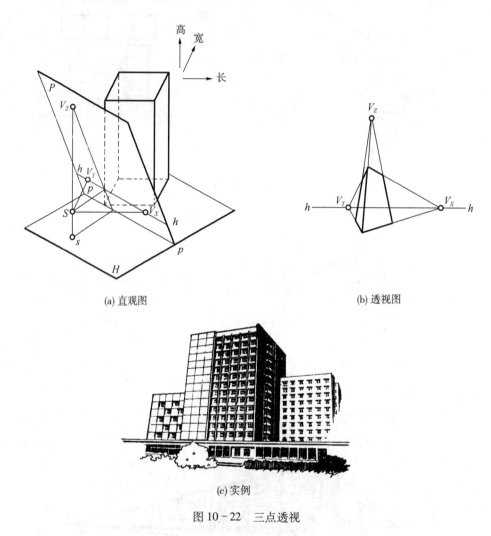

(a) 直观图   (b) 透视图

(c) 实例

图 10-22 三点透视

10.2.4 透视绘图步骤

透视作图的步骤可概括说明如下(图 10-23):

(1)确定图形大小,选用适当的图幅。

(2)确定视点、画面及建筑物间的相互位置。

(3)求出灭点;绘出基透视。

(4)确定透视高度。利用"真高线"求出透视高度,绘制物体主要轮廓线的透视。

288

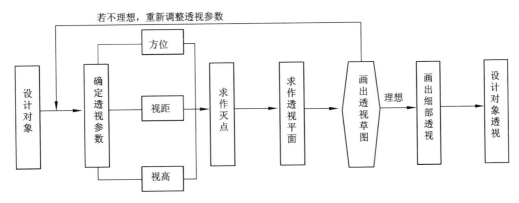

图 10-23 透视绘图步骤

（5）绘制各细部透视。

（6）采用中实线加深可见轮廓线（一般不绘出不可见轮廓线），完成透视作图。

10.3 作透视的基本方法

绘制透视图，一般先作基透视（称为透视平面图），再根据真高线定出各部分透视高度。根据求作透视平面图的不同画法，透视图作图方法有建筑师法、量点法、网格法和距点法等。下面主要介绍建筑师法、量点法和网格法。

10.3.1 建筑师法绘透视

建筑师法是求作透视的基本方法之一。在建筑师法中，透视平面图上的每个点是用位于基面上的两条直线的透视相交确定的，其中的一条是在基面上通过站点 s 的辅助直线。作出基透视后，采用前述利用真高线作出透视高度的方法求得透视高度，完成透视作图。具体作图如图 10-24 所示。

如图 10-24a 所示，已知基面上的矩形 $ABCD$，基线 $p—p$，站点 s，求作其透视图。采用建筑师法，如图 10-24b 所示，首先设定视平线 $h—h$，求出灭点 V_X、V_Y；由于点 A 在基线上，其透视 A^0 就是本身，分别连接 $V_X A^0$、$V_Y A^0$，它们分别为 $A^0 B$ 与 $A^0 D$ 的全长透视；最后，在基面上以过站点 s 的辅助直线，在基线 $p—p$ 上分别求得交点 B_p、D_p，过交点 B_p、D_p 引竖直线分别以全长透视 $V_X A^0$、$V_Y A^0$ 相交，即得透视点 B^0、D^0；用同样方法可以求得透视点 C^0；最后将所得透视点 A^0、B^0、C^0、D^0 顺序连接，就得基面上的矩形 $ABCD$ 的透视 $A^0 B^0 C^0 D^0$。

如图 10-25 所示，作基面上平面图形的透视时，为了增高作透视平面图的区域，以便清晰准确作图，在实际作图时可通过适当升降基面，即适当降低或升高 OX 线与视平线 $h—h$ 间的距离，以保证作图精度。因为，正如图示，不论是按原位置还是升降基面作图，所得透视平面图中各相应顶点在画面上的位置是处于同一竖直线上，所以这种升降不会影响各竖直线在透视图中的位置。

例 10-1 用建筑师法绘制图 10-26 所示平顶房屋的一点透视。

1. 分析

如图 10-26 所示，为方便作图，取其前墙面平行于画面，即长、高方向轮廓线平行于画面，没有灭点（或灭点在无穷远点）；左前墙面靠于画面（图示房屋左面前墙脚线的 H 面正投影 ab

289

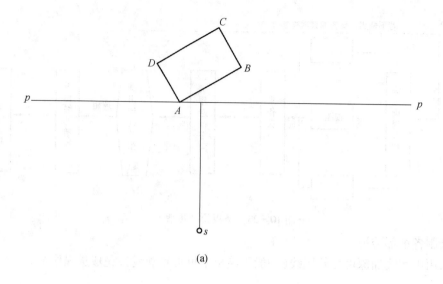

(a)

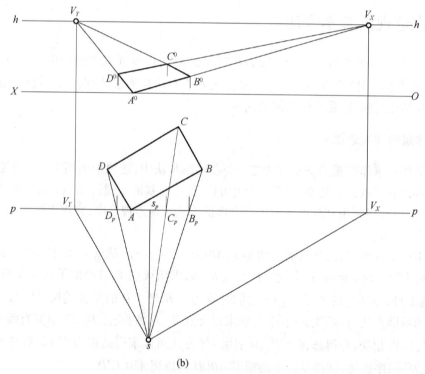

(b)

图 10-24　基面上矩形的透视作图

重合于基线 p—p),其透视即为它本身,反映实形和真高。宽方向墙角棱线垂直于画面,其主灭点就是主点 s' ,分别求作出它们的全长透视,并在基面上通过站点 s 作辅助直线,过辅助直线与 p—p 交点引铅垂线对应与全长透视相交,求得基面上各点的透视。2 点的透视 2^0 可由过 $s2$ 与 p—p 的交点 2_p 作铅垂线使与 $s'g^0$ 相交得出,同样作图可求出其他点透视。由此作出平顶房屋的一点透视。

2. 作图

（1）选好视点 $S(s,s')$:视平线距基面 H 一般为 $1.5 \sim 1.8$ m(人站于 H 面上的眼睛高度),

290

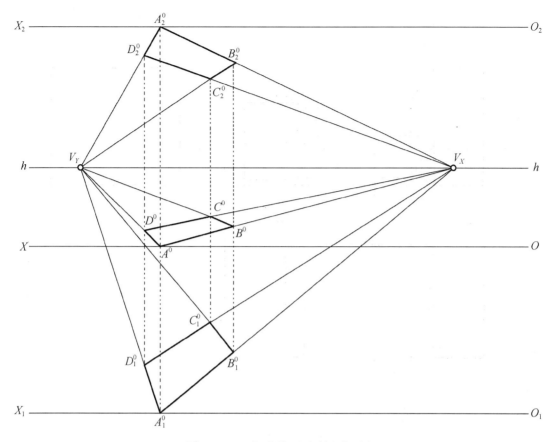

图 10-25　升、降基面画透视平面图

图示取 1.7 m；视角（视平线上画面宽与视点连线的夹角）控制在 60° 以内；并根据建筑的形状特点和表现需要，将主点 s' 定在画宽的正中偏左少许。

（2）在画面上连主点 s' 和各真高线的端点，得到一组与宽度方向平行的直线的全长透视线束。除左前墙面的高度方向直轮廓线靠于画面，其高度等于真高外，中间前墙面真高为 $b^0 e^0$；右前墙面真高为 $c^0 f^0$（图 10-26）。

（3）由站点 s 向房屋平面图各角点作辅助直线，分别与基线 $p—p$ 相交得交点 $1_p, 2_p, \cdots,$ 6_p，过交点引 $p—p$ 的铅垂线与画面上相应的直线的全长透视线相交，得 $1^0, 2^0, \cdots, 6^0$。

（4）最后，根据所求出的 $1^0, 2^0, \cdots, 6^0$，配合真高线，完成房屋的透视。

（5）采用中实线加深可见轮廓线，完成作图。

例 10-2　已知一座坡顶房屋的平面图和立面图，采用建筑师法求作房屋的两点透视（图 10-27）。

1. 分析

如图 10-27 所示，首先确定视点、房屋与画面的关系：为了让房屋的正立面收敛慢，右立面收敛快，以分清主次关系，可根据具体条件和要求确定它与画面的偏角。一般取房屋的正立图与画面的偏角等于 30° 角，即房屋的长方向直线与画面倾角为 30°，宽方向直线与画面倾角为 60°，故有两个灭点 V_X 和 V_Y。将一墙角点（图示 $B(b, b')$）靠于基线 $p—p$ 线，即该墙角靠于画面反映真高。视平线距基面为 $1.5 \sim 1.8$ m，图示取 1.7 m。水平视角控制在 $28° \sim 37°$ 角，图示定为 30° 角。

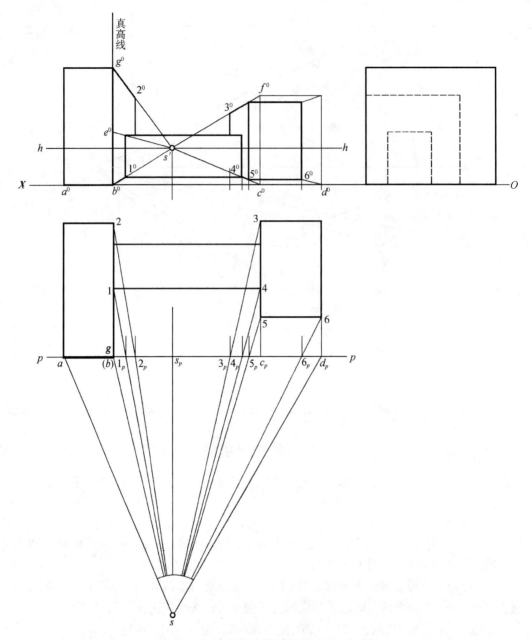

图 10-26　建筑师法作平顶房屋的一点透视

2. 作图

（1）求主向灭点 V_X、V_Y：过站点 s 作 $sv_x /\!/ ab$ 与基线 p—p 交于 v_x；作 $sv_y /\!/ bc$ 与基线 p—p 交于 v_y。过 v_x、v_y 点引铅垂线与视平线 h—h 相交，交点即为主向灭点 V_X、V_Y。

（2）求长、宽方向两直线 AB、BC 线的迹点：由于 B 在画面上，故 $B(b,b')$ 即为 AB、BC 的迹点。

（3）求长、宽方向两直线 AB、BC 线的全长透视：为此，连接 $V_X b'$ 和 $V_Y b'$，即为长、宽方向两直线 AB、BC 线的全长透视。

（4）求基透视 $a^0 b^0 c^0 d^0$（图中未表示）：由站点 s 向房屋平面图各角点作辅助直线 sa、sb、sc，分别与基线 p—p 相交得交点 a_p、b_p、c_p，分别过 a_p、b_p、c_p 引铅垂线，与画面所示长、宽方向两

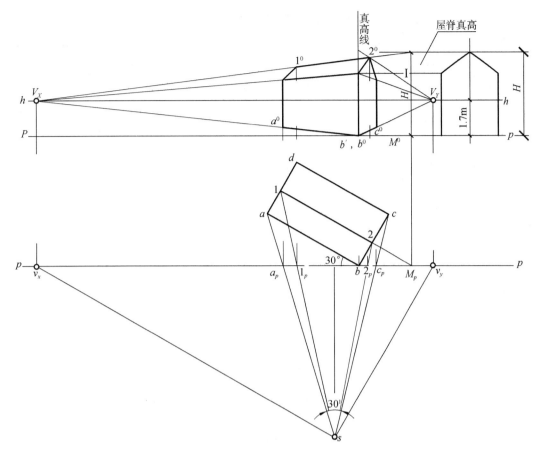

图 10 - 27 建筑师法作坡顶房屋的两点透视

直线 AB、BC 线的全长透视相交,就得 a^0、b^0、c^0;连接 $V_X c^0$ 与 $V_Y a^0$,交点即为 d^0(图中未表示)。

(5)求各墙角棱线的透视:过画面上点 b^0 作真高线,求得各墙角棱线的透视高度。

(6)求屋脊线的透视:延长屋脊线 I II 与画面相交得迹点 M_p,自 M_p 作铅垂线延伸到画面上,并在画面上截取屋脊线 I II 的真实高度(H),与 V_X 相连,就得屋脊线 I II 的全长透视。再利用过站点和屋脊两端点 1、2 的辅助线与基线 $p—p$ 的交点 1_p、2_p 引铅垂线,与屋脊线 I II 的全长透视相交,即得屋脊两端点 1、2 的透视 1^0、2^0。

(7)用中实线加深可见轮廓线,完成透视作图。

10.3.2 量点法

量点法是利用辅助直线的灭点,求已知线段透视的方法。

作图原理:如图 10 - 28a 所示,作基面 H 上的线段 AC(点 C 在画面上)的透视,可过点 A 作辅助线 AD,使 AD 与已知直线 AC 的夹角等于 AD 与基线 $p—p$ 的夹角,即 $\angle CAD = \angle CDA$。AC 的灭点为 V,AD 的灭点为 M,则 $\angle MSV = \angle VMS$。在画面 P 上,全长透视 $C^0 V$ 与 MD 的交点 A^0,即为点 A 的透视;$A^0 C^0$ 则为 AC 的透视。因 $\triangle ACD$ 是以 AD 为底的等腰三角形,所以 $AC = CD$。也就是说,可以在基线 $p—p$ 上量取基面上直线 AC 的实长,通过辅助直线 AD 的灭点 M 画出该直线的透视。故此,点 M 称为直线 AC 的量点。利用量点画出基面上各点的透视,从而画出物体的透视的方法,称为量点法。

采用量点法作图的关键,是如何在作透视作图时确定量点。从图 10 - 28a 可知 $MV = m_p v$ $= sv = SV$,即量点 M 到某直线灭点 V 的距离等于视点 S 到该直线灭点 V 的距离。由此可得在透视中作出量点的作图方法,用量点法画基面上直线的透视如图 10 - 28c 所示:

(1)求作直线灭点:自站点 s 作直线平行于直线 AC,交基线 p—p 于 v,过 v 作铅垂线交画面上视平线 h—h 于 V。

(2)求作量点 M:在基线 p—p 上量取 $vm_p = vs$,得点 m_p,过 m_p 作铅垂线与 h—h 相交于 M,M 即为量点。

(3)求作基面上直线 AC 的端点 A 的透视 A^0:在基线 p—p 上量取 $C^0 D_p = AC^0$,得点 D_p,过点 D_p 作铅垂线与 OX 相交于 D_X,连 MD_X,MD_X 与直线 AC 全长透视 VC^0 的交点 A^0,A^0 即为直线 AB 端点 A 的透视。

(4)连接直线 AB 两端点的透视 A^0、C^0,所得透视 $A^0 C^0$ 即为基面上直线 AC 的透视。

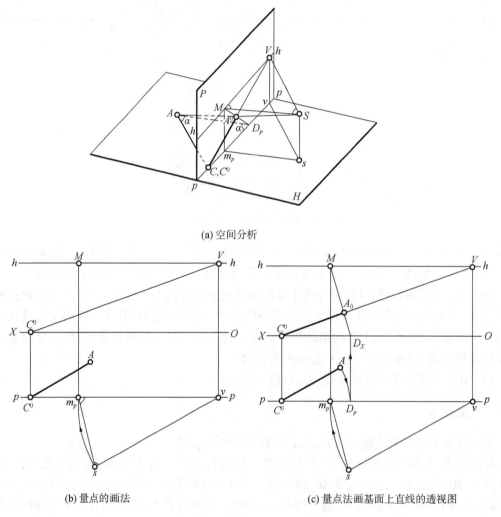

(a) 空间分析

(b) 量点的画法 (c) 量点法画基面上直线的透视图

图 10 - 28 量点法画透视图

例 10 - 3 如图 10 - 29 所示,已知建筑形体的平面图和立面图,用量点法求作该形体的透视。

1. 分析

如图 10-29a 所示,选定站点 s 和视平线高度及建筑形体主立面与画面的倾角。用量点法求作基透视,然后采用真高线求透视高度,完成作图。

2. 作图(图 10-29b)

(1)布置画面,确定视点(图 10-29a):

①确定画面经过两形体交角线,建筑形体立面与画面倾角为30°;

②选定站点 s 和视平线 h—h 的高度。

(2)求作基透视(图 10-29b):

①求作该形体上两个主方向水平直线的灭点 V_X、V_Y 及相应的量点 M_1、M_2。

②在基线 p—p 上标出直线 ab、cd 的迹点 O_p。

③由在基面迹线 OX 上得 O_X^0,分别连 $O_X^0 V_X$、$O_X^0 V_Y$,得直线 ab、cd 的全长透视。

④确定平面各顶点的透视:先用量点法求出 a、b、c、d 的透视 A^0、B^0、C^0、D^0。其中如点 c 透视 C^0 的作法如下:在基面迹线 OX 上向右量取 $O_X^0 C_1 = oc$,连 $C_1 M_1$ 与 $O_X^0 V_Y$ 相交于点 C^0。同理,可求得 B^0、D^0。

⑤连接 $A^0 V_X$、$B^0 V_X$、$D^0 V_Y$、$C^0 V_Y$,并延长相交,即得平面图的透视。

(3)以真高线求作透视高度,完成形体透视作图(图 10-29c)。

10.3.3 网格法

曲线的透视一般仍为曲线。当平面曲线与画面重合时,其透视即为本身;不重合而与画面平行时,其透视的形状不变,仅大小发生变化;所在平面通过视点时,其透视为一直线。

当建筑物或区域规划的平面形状复杂或为曲线曲面形状时,采用网格法绘制透视较为方便。尤其在区域规划或风景园林设计中,包括建筑物、道路、广场、植物、水体及构筑物、小品等,表达内容较多,透视轮廓复杂,通常采用网格法绘制鸟瞰透视表达。

在建筑物或区域规划的平面图中,按一定比例画出由小方格组成的网格,网格大小视平面图的复杂程度而定,网格愈密,精度愈高,然后画出该网格的透视;再根据平面图的布局位置,在透视网格中画出基透视;再采用集中真高线的方法量取透视高度,完成透视。这种绘制透视的方法,称为网格法。网格法也可用于立面,作法与作平面图的透视相同。

采用网格法绘制鸟瞰透视,首要的是绘出网格的透视。

10.3.3.1 一点透视的网格法绘法

当建筑物轮廓线或区域规划布置不规则时,宜用一点透视网格。作图时,首先要绘出一点透视网格。具体做法例示如下。

例 10-4 如图 10-30 所示,画一点透视网格。

1. 分析

如图 10-30 所示,取 Y 向格子线垂直于画面,其灭点即主点 s';X 向格子线平行于画面,其透视平行于视平线,是过平面网格对角线的透视与 Y 向格子线透视的交点所作的画面平行线组。为方便作图,一般将画面设置于某一 X 向网格线上,作图时在基线上直接按格子的实际大小截取,可直接在其上确定格子线对应点。

2. 作图

(1)在平面网格中一条 X 向格子线,画出基线 p—p,然后确定站点 s。

(2)画出基面迹线 OX,选定视平线 h—h,作出主点 s'。

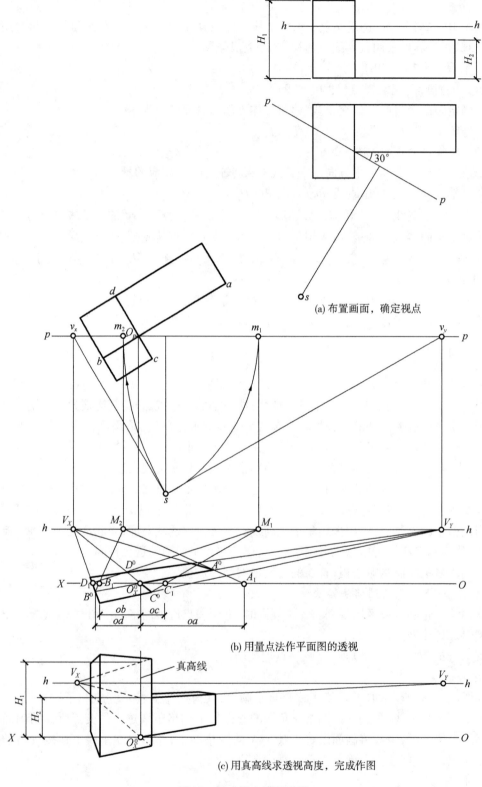

(a) 布置画面，确定视点

(b) 用量点法作平面图的透视

(c) 用真高线求透视高度，完成作图

图 10 - 29　量点法画透视

（3）过 0_p、1_p、2_p、3_p 引基线 p—p 的铅垂线交于 OX，得 0^0、1^0、2^0、3^0 各点，将它们与主点 s' 相连。

（4）以方格网的对角线为辅助线，作出对角线之灭点 V；因为对角线与画面成 $45°$ 角，故其灭点 V 到主点作距离等于视距，即 $s'V = ss_p$。

（5）连 0^0V 交 $s'1^0$、$s'2^0$、$s'3^0$ 于对应点 a^0、b^0、c^0，过各交点作基线平行线，即得方格网的透视。

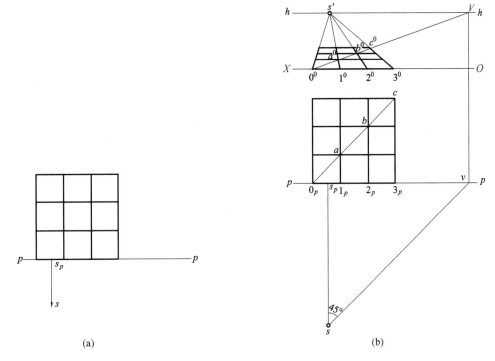

(a)　　　　　　　　　　(b)

图 10－30　方格网的一点透视

10.3.3.2　两点透视的网格法绘法

当区域规划平面中建筑群较规则布局时，则正方形网格的格线应与建筑物平面的两主方向平行，这时宜采用两点透视网格。

例 10－5　如图 10－31 所示，画两点透视网格。

1. 分析

根据图 10－31a 确定的视点位置和网格对画面的位置，作基线 p—p，视平线 h—h，站点 s。图示方格网按 X 向与画面成 $30°$ 角，Y 向与画面成 $60°$ 角，角点 O 靠于画面放置。

2. 作图

如图 10－31b 所示：

（1）求灭点：过站点 s 作平行于方格网两个方向的直线交基线 p—p 于 v_x、v_y，然后求得在视平线 h—h 上的灭点 V_X、V_Y；

（2）连接迹点与灭点，得直线 0^0V_X、0^0V_Y；

（3）分别沿 Y 方向与 X 方向延长方格网两组线与基线 p—p 相交于 1_p、2_p、$\cdots$、6_p；

（4）过 1_p、2_p、$\cdots$、6_p 引基线 p—p 的铅垂线交于 OX，过 OX 上所得各点与对应方向的灭点相连，就得方格网的透视（图 10－31b）。

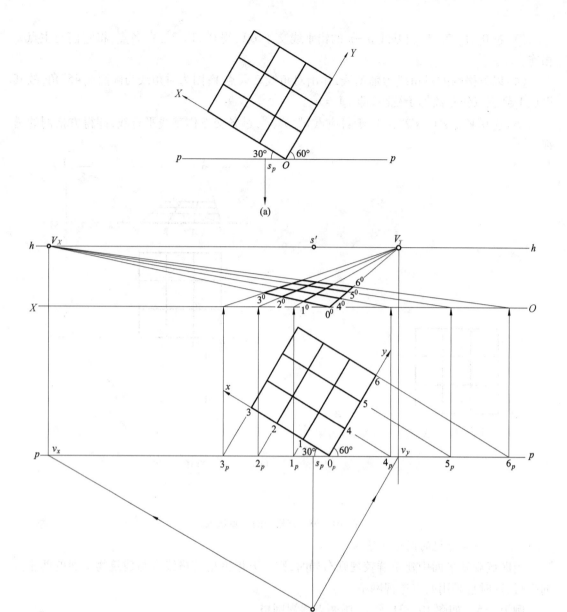

图 10-31　方格网的透视

10.3.3.3　用量点法求网格透视

例 10-6　如图 10-32 所示,用量点法画两点鸟瞰透视网格。

1. 分析

如图 10-32a 所示,方网格的两方向均不平行于画面,透视网格有两个灭点即 V_X、V_Y。用量点法画出两点鸟瞰透视网格。

2. 作图

(1)自站点 s 作直线分别平行方网格 X 向和 Y 向格子线,分别交基线 p—p 于 v_x、v_y(图 10-32a)。

(2)分别以 v_x、v_y 为圆心,$v_x s$、$v_y s$ 为半径画圆弧,交基线 p—p 于 m_1、m_2。

298

（3）过 v_x、v_y、m_1、m_2 和 O 作基线 p—p 的铅垂线交视平线 h—h 于 V_X、V_Y（V_Y 在图形外）、M_1、M_2，交 OX 于 O^0（图 10-32b）。

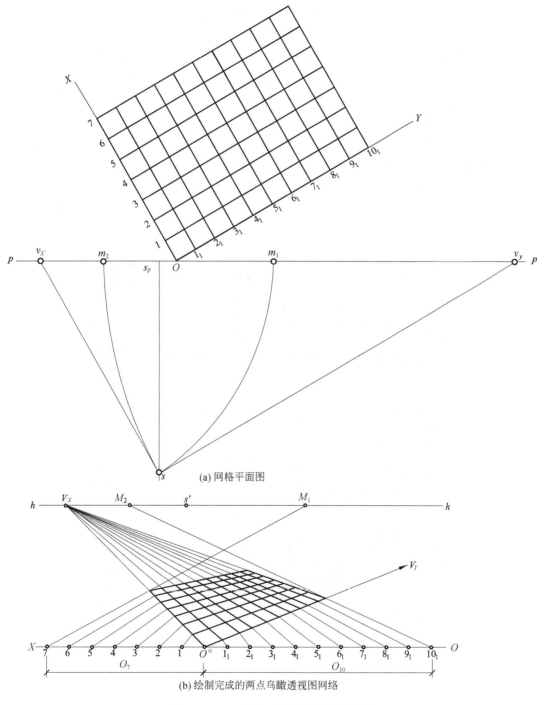

(a) 网格平面图

(b) 绘制完成的两点鸟瞰透视图网络

图 10-32　两点鸟瞰透视图网格的绘制

（4）联结 $V_X O^0$、$V_Y O^0$，得网格与画面相交的两条邻边的全透视。

（5）于基线自 O^0 点分别向左量取 X 向方格线各等分点 $1,2,\cdots,7$；再向右量取 Y 向方格线

各等分点 $1_1, 2_1, \cdots, 10_1$。

（6）依次将 X 向方格线各等分点与量点 M_1 连接，与全透视 $V_X O^0$ 相交，再将所得交点逐一与 V_Y 连接，即求出 X 向方格线的全透视。

（7）同理，可求出 Y 向方格线的全透视，并完成两点鸟瞰透视网格作图（图 10－32b）。

3. 讨论

从以上作图可见，用量点作水平面网格的两点透视，可以把平面网格和基线 $p-p$ 上的点按线段的实际长度移到画面的视平线 $h-h$ 和 OX 上，即可作出网格的透视。这时可按平面图 1:1 绘图，也可适当的比例放大或缩小画出网格的透视。这就是量点法作透视图的优点。

常用的方格网有三种方式：

（1）绘制建筑物外形用的方格网；

（2）绘制室内透视用的方格网；

（3）绘制总平面透视用的方格网。

以上三种，每一种又可分为一点透视方格网和两点透视方格网。图 10－33 为两点透视方格网。

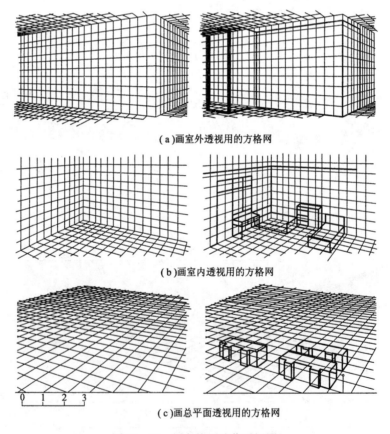

（a）画室外透视用的方格网

（b）画室内透视用的方格网

（c）画总平面透视用的方格网

图 10－33　用方格网法作透视图

采用方格网作透视图时，先按平面图的尺寸画出基透视，然后再竖高。竖高时，当图中有高度方格时，则应沿方格线移到有高度的地方去量取实际尺寸后，再移回原处。如第三种形式没有高度方格网的透视，则应根据比例，按下述在透视中高度的确定方法作图。

10.3.4 网格法作透视中高度的确定

10.3.4.1 利用集中真高线法求作透视高度

在作图过程中,集中利用一条真高线定出图中所有的透视高度,这样的真高线称之为集中真高线。

用集中真高线法量取透视高度的原理是:只要空间点在移动中保持和画面与基面的距离都不变,则其透视高度不变。如图 10−38b 所示,在画面的左侧(或右侧,图示在 OX 上点 O_1)作一铅垂线 O_1A 为真高线,把各部分高度 A、B、C 量取到真高线上。再在视平线 $h—h$ 上任取一点作为灭点 V,连接 VO_1、VA、VB、VC。其中,VO_1 是所取铅垂面(即灭点 V 与真高线 O_1A 形成的平面)与基面的交线,A、B、C 的透视高度均在全长透视 VA、VB、VC 上。如为求点 A^0,可过 a^0 点作基线 $p—p$ 的平行线与 VO_1 相交得 a_1^0,过 a_1^0 作铅垂线与 VA 相交得 A_1^0,再过 A_1^0 作水平直线与过 a^0 的铅垂线相交,所得交点即为透视 A^0。同理,可求得透视 B^0、C^0。

利用集中真高线量取透视高度误差较大。

10.3.4.2 平行鸟瞰透视的透视高度量取

平行鸟瞰透视的透视高度量取,可采用画面平行线的透视成同一比例的原理作图。

如图 10−34 所示,平行于画面的铅垂电线杆,如果将它旋转成仍平行于画面的水平直线,它的透视比例不变。所以,要确定物体某点透视高度,可在水平方向按比例直接量取,再将其旋转为铅垂方向的透视高度,如图中 $M^0N^0 = MN^0$。

10.3.4.3 成角鸟瞰透视的透视高度量取

1. 利用过网格线迹点真高线求作透视高度

如图 10−38b 所示,在过网格线迹点 O_2 的真高线(O_2Z 轴)上,直接量取 A、B、D 各点高度,再应用原灭点 V_x、V_y 求作各点的透视高度。如求作点 A 透视高度:连接 V_yA,过其基透视 a^0 作铅垂线与 V_yA 相交,即得 Aa 的透视高度 A^0a^0。

2. 利用截距值求作透视高度

如采用现成的透视网格作图,就必须利用截距值求作透视高度,也即采用透视高度比例尺作图。其原理是:在透视平面任一位置上,一个网格单位的透视高度与该点水平方向上一个网格单位的透视长度之间有比例关系。利用现成透视网格纸附有的对应截距值,就可以进行复杂的透视高度量取。

如图 10−35 所示,已知方格为 25 m×25 m,透视网格的截距值为 1.2,作出点 K 的透视高度。为此,过点 K_0 作水平线与网格线交于点 F_0,则线段 $K_0F_0 = 25$ m×1.2 = 30 m,将 K_0F_0 旋转到铅垂位置,并按比例均分就是透视高度比例尺,即可利用此比例尺进行透视高度量取。对如图所示不重合于方格网线的点 P,则可用临近点 P 处的透视高度,按透视趋势引申作图确定(图 10−35)。

10.3.5 鸟瞰透视的作图方法(网格法)

例 10−7 如图 10−36 ~ 图 10−38 所示,作景物的鸟瞰透视。

1. 分析

由于景物布局较为规则,故采用两点透视网格作图。

2. 作图

(1)在已知平面图上画出正方形方格网定位(图 10−36)。

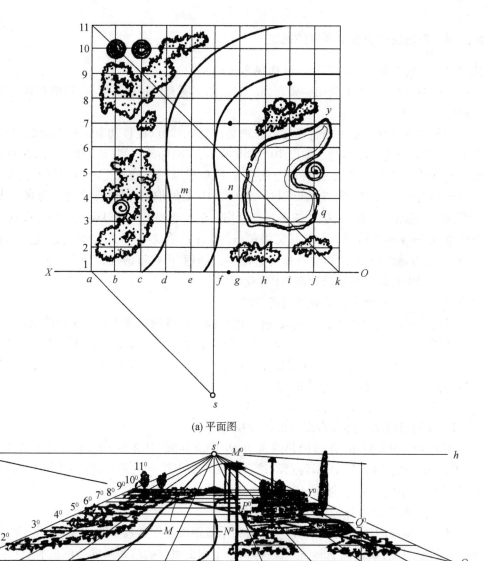

(a) 平面图

(b) 透视图

图 10-34 曲线的透视

（2）画出网格透视，可用以下两种方法（图 10-37）：

①采用建筑师法求作两点透视网格（图 10-37a）；

②采用量点法求作两点透视网格（图 10-37b）。

（3）按平面图中景物与网格的相对位置，画出各景物的透视平面图（图 10-38a）。

（4）利用集中真高线，求出各景物的透视高度（图 10-38b）。

（5）画细部，并用中实线画出各景物的可见轮廓线，完成全图（图 10-38b）。

10.4 圆的透视

当圆所在平面平行于画面时，则圆的透视仍然是圆。其作图应先找出圆心的透视位置和

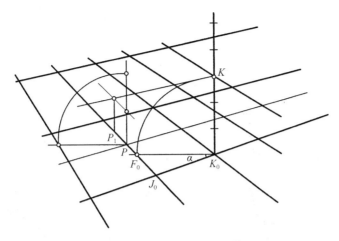

图 10 - 35 透视高度比例尺作图

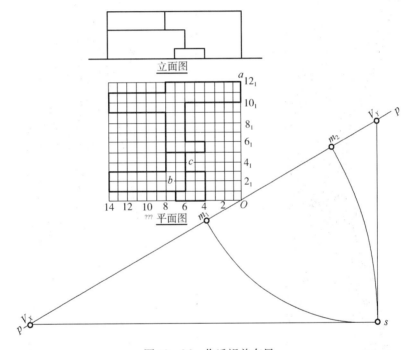

图 10 - 36 作透视前布局

半径的透视长度,再用圆规作图。

当圆所在平面不平行于画面时,圆的透视一般是椭圆。其作图应先作圆的外切四边形的透视,然后找出圆上的八个点,再用曲线板连成椭圆。

10.4.1 水平位置圆的透视

画水平位置圆的透视,具体作图方法与步骤如下(图 10 - 39):

(1)在平面图上,画出外切四边形。

(2)作外切四边形的透视,然后画对角线和中线的透视(外切四边形对角线的交点是四边形的中点,四边形透视的对角线就是四边形对角线的透视,其交点就是四边形中点的透视。四

303

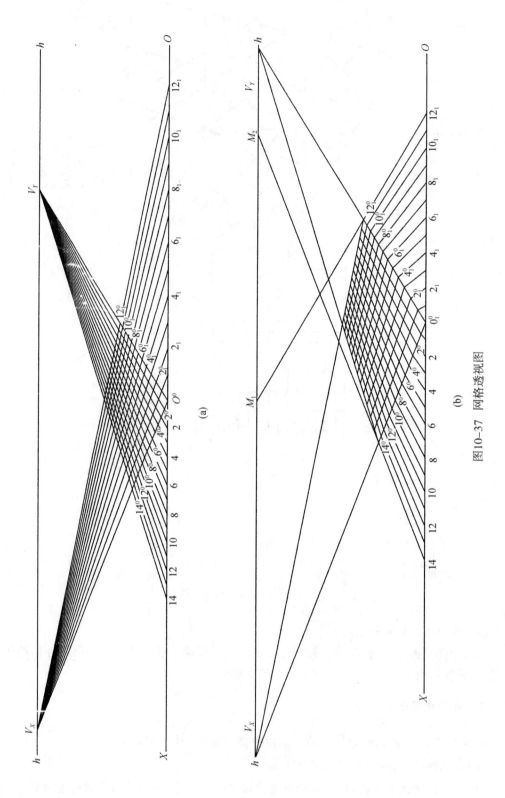

图10-37 网格透视图

(a)

(b)

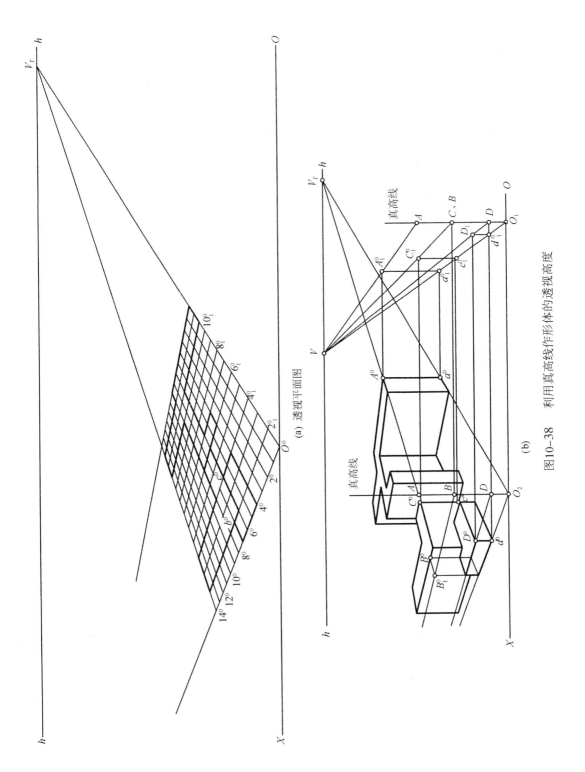

(a) 透视平面图

(b)

图10-38 利用真高线作形体的透视高度

305

边形中线的透视必在中点透视线上），得圆上四个切点的透视 A^0、B^0、C^0、D^0。

（3）求对角线上四个点的透视。

当作两点透视时，如图 10 - 39a 所示，应延长 $V_Y D^0$ 交 OX 于点 3，然后以 13 为斜边作等腰直角三角形。以直角边 35 为半径，点 3 为圆心，作圆弧交 OX 于点 2 和 4，连 $2V_Y$ 和 $4V_Y$，交对角线于点 J^0、I^0、G^0、E^0。

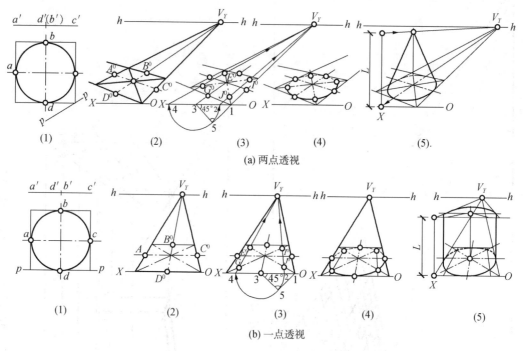

图 10 - 39　画水平位置圆的透视

当作一点透视时，如图 10 - 39b 所示，由于四边形的一条边与 OX 重合，则可直接在 OX 或平行于画面的边上作图，求 J^0、I^0、G^0、E^0。

（4）用曲线板连八个点，所得椭圆即为所求。

10.4.2　垂直于地面的圆的透视

当圆周的所在平面垂直于地面，但不平行于画面时，其作图方法与上述类似（图 10 - 40a）。

当圆周所在平面平行于画面时，先求出圆心 O 的透视 O^0（图示 H 为原圆心高度），然后以半径 oa 的透视长度 $o_p a_p$ 为半径，以 O^0 为圆心，用圆规画圆（图 10 - 40b）。图 10 - 40a、b 左图分别表示不平行于画面和平行画面的拱门透视图。

10.4.3　作图示例

如图 10 - 41 所示，为蘑菇亭的透视作图。蘑菇亭的形体属于回转体一类。其中，亭的圆柱部分先画上、下底面圆的透视。再画出圆柱的透视轮廓素线，即可完成圆柱的透视。蘑菇曲面部分是一曲线回转面。其透视画法的实质是求出回转面上若干个纬圆的透视（椭圆），这些

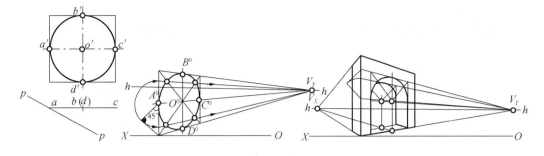

(a) 不平行于画面

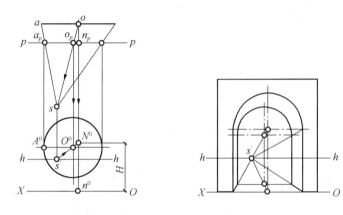

(b) 平行于画面

图 10－40　画垂直于地面的圆的透视

透视椭圆的包络图形就是蘑菇曲面的透视。图 10－41 是表示纬圆 P_0 和 P_1 的作图方法及蘑菇曲面的透视。

10.5　透视的简捷作图法

在求得建筑物的透视图以后,其细部可不必一一用平面投影法去求作,而可在建筑物的轮廓透视图上直接用简捷作图法添加。下面介绍几种常用的简捷作图方法。

10.5.1　在矩形的透视图上求其等分中线

已作出的建筑物矩形立面的透视,如图 10－42 所示:

(1)在已作出的矩形透视 $abcd$ 上,作对角线 ac、bd,得 m 为矩形透视中点;

(2)过 m 作 ab 的平行线 gh,则 gh 即为该矩形的竖向透视中线;

(3)同理可求作得 $abfe$、$abgh$ 的竖向透视中线。

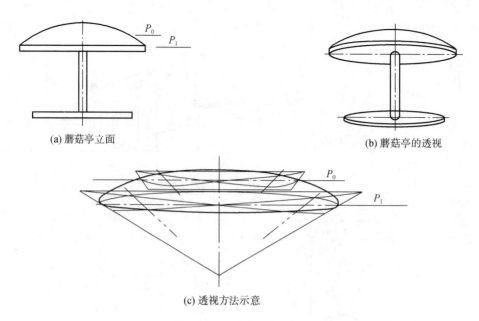

(a) 蘑菇亭立面

(b) 蘑菇亭的透视

(c) 透视方法示意

图 10-41 蘑菇亭的透视

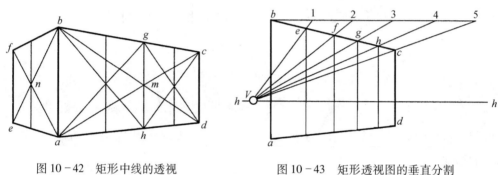

图 10-42 矩形中线的透视   图 10-43 矩形透视图的垂直分割

10.5.2 矩形透视图的垂直分割

已知 $abcd$ 为一矩形的透视图，ab 为其真高，如图 10-43 所示：

（1）在 ab 两端点的任一点上作水平直线，并使其长度等于立面的实际长度，按实际长度分割，并作标记 $1,2,\cdots,5$。

（2）连 $5c$，延长交视平线于点 V。

（3）自 V 作 1、2、3、4 各点的连线，交 bc 于 e、f、g、h 各点，过各点作 h—h 的垂线，即为透视垂直等分分割线。

例 10-8   已知建筑主要透视的轮廓线，试根据立面图的门窗大小和位置（图 10-44a）画出门窗的透视。

1. 分析

如图 10-44b 所示，已知建筑主要透视的轮廓线，采用上述简捷作图方法，根据立面图的门窗大小和位置画出门窗的透视。

2. 作图

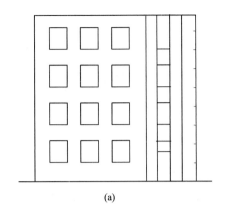

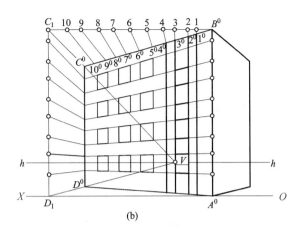

图 10－44　门窗透视实例

（1）过 B^0 点作水平直线,并在其上截取立面图上所给出的各部分宽度尺寸,得 $1,2,3,\cdots$, C_1 各点；

（2）连接 C_1C^0,并延长与视平线 $h—h$ 相交于点 V；

（3）连接 $V1$、$V2$、$V3\cdots$ 分别与 B^0C^0 相交得 $1^0,2^0,3^0,\cdots$,自所得点作 OX 的垂直线,即得门窗的透视宽度；

（4）由于 A^0B^0 是真高线,在 A^0B^0 上截取各层门窗的高度,并向灭点作直线,就得门窗上下边线的透视。

3. 讨论

若灭点位置较远,不方便作图,则可通过点 C_1 作竖直线 C_1D_1,C_1D_1 即真高线,在 C_1D_1 上截取门窗高度,然后向灭点 V 引直线与 C^0D^0 交得各点,再与 A^0B^0 上各高度点相连,也即求出了门窗上、下边线的透视。

10.5.3　在透视图上利用中线作与已知矩形相等的连续矩形

已知矩形透视图 $abcd$,e 为 ab 之中点,如图 10－45 所示：

（1）自 e 连消失点 s',与 cd 交于 f；

（2）自 b 连 f,并与 ad 之延长线交于 g；

（3）过 g 作 cd 之平行线 gh,则 $cdgh$ 即为所求；

（4）同法,可作出一系列的连续相等矩形的透视。

10.5.4　辅助灭点法

10.5.4.1　利用一个灭点求作两点透视

如图 10－46 所示,作图方法如下：

（1）作 CD 方向直线的灭点 V；

（2）在平面图上分别过 a、b 等点作平行于 CD 的辅助线分别与基线 $p—p$ 相交,得 $a1$、$b2$ 等,这些直线有共同的灭点 V；

（3）过 1 点作 p—p 垂直线，与 OX 交于 1^0，再过 1^0 作真高线 $1^0 G^0$，连 $1^0 V$ 和 $G^0 V$；

（4）用建筑师法求得画面迹点 a_p^0，由 a_p^0 作铅垂线与 $1^0 V$、$G^0 V$ 交于 a^0 和 A^0，连 $A^0 a^0$，即为 Aa 棱线的透视；

（5）同理可求出 $B^0 b^0$、$E^0 e^0$、$C^0 c^0$ 和 $D^0 d^0$ 各棱线的透视，再画出其他细部，即完成建筑物的透视。

10.5.4.2 利用主点为辅助灭点求作两点透视

如图 10-47 所示，作图方法如下：

（1）要求得建筑物墙角棱线 cC_1' 的透视，先

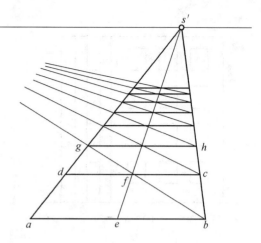

图 10-45 利用中线作与已知矩形相等的矩形

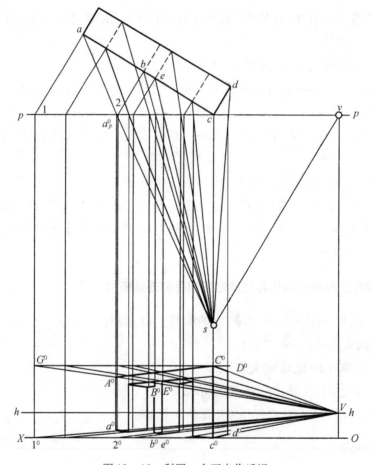

图 10-46 利用一个灭点作透视

过 c 作垂直于基线 p—p 的辅助线 cC_1'，该辅助线的灭点即是主点 s'；

（2）再在 cC_1' 线上取真高线 $C'C_1'$，并连接 $C's'$，然后连接 cs，交基线 p—p 于 c_p，过 c_p 引基线 p—p 的垂直线与 $C's'$、$C_1's'$ 相交于 C^0、C_1^0，即为 cC_1 墙角棱线的透视；

（3）连 $C^0 B^0$、$C_1^0 b^0$，至此墙面透视完成；

310

（4）同理可求出水平勾缝线等分点的透视 $C_8^0, C_7^0, C_6^0, \cdots, C_2^0$。

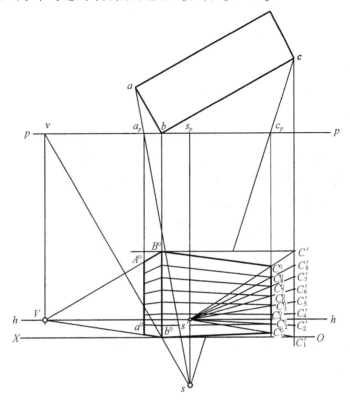

图 10-47　用主点为辅助灭点作图

本章小结

1. 掌握透视的基本语与符号

基面：建筑物所坐落的地平面，用字母 H 表示。

画面：绘制透视图的投影面，与基面 H 垂直相交，用字母 P 表示。

基线：基面 H 与画面 P 的交线，用 $p-p$ 表示。

视点：投射中心，用字母 S 表示。

站点：视点 S 在基面 H 上的正投影，以 s 表示。

主点：视点 S 在画面 P 上的正投影，以 s' 表示。

视平面：通过视点 S 的水平面称为视平面，用 hSh 表示。

视平线：视平面 hSh 与画面 P 的交线称为视平线，用 $h-h$ 表示。

视高：视平线 $h-h$ 到基线 $p-p$ 的距离，即视点 S 与站点 s 之间的距离，用 Ss 表示。

视距：站点 s 到基线 $p-p$ 的距离，即视点 S 与主点 s' 之间的距离，用 Ss' 表示。

视线：通过视点 S 射向空间点 A 的直线，用 SA 表示。

311

主视线:通过视点且垂直于画面的视线,用 Ss' 表示。

透视:视线 SA 与画面 P 的交点。用与空间点相同的字母,于右上角加符号"^{0}"表示,如图示"A^0"

2. 点的透视

点的透视与其基透视必位于基线的同一垂直线上。

3. 直线的透视

(1)灭点

直线上无限远点的透视,称为直线的灭点。求直线的灭点方法是:过视点作一条与已知直线平行的视线,求得所作视线与画面的交点,即为所求直线的灭点。

(2)基面上与画面相交的直线的透视

一切平行于基面的直线,其灭点均应在视平线上;一切垂直于画面的直线,其灭点就是主点。

基面上过站点的直线的透视为一竖直线。基面上过站点的直线常作为求点的透视的重要辅助线。

(3)画面平行线的透视

画面平行线,在画面上没有迹点和灭点。

画面平行线的透视与线段本身平行,它的基透视也平行于基线与视平线。位于画面上的直线,其透视就是它本身。

(4)真高线

位于画面上的铅垂线,其透视反映真实高度,称为真高线。在绘制透视时,为了确定各处的透视高度,常常要借助于能反映线段真实高度的真高线。

4. 影响透视参数取值的因素

视点的选择和确定画面、物体及视点的相互位置,是绘制透视图的关键。

(1)视点的选择

①视角、视距和主视线位置的选择

视点的选择应尽可能使水平视角 θ 在 $19°\sim50°$ 之间,一般不宜超过 $60°$,以 $28°\sim37°$ 为最佳;画室内透视,可稍大于 $60°$。一般在绘制外景透视时画面宽度 B 与视距 D 的比值应选 $D/B=1.5\sim2.0$;绘室内透视可选择到 $D/B<1.5$;画规划透视可选择 $D/B>2.0$。一般可取主视线在画面宽的中间 1/3 的任一位置。

②视高的选择

视高的选择,即视平线高度的确定,在室外透视中,按一般人的眼睛高度为 $1.5\sim1.8$ m;绘鸟瞰透视和室内透视时视平线应升高;为获得仰视效果,也可将视平线降低。

(2)画面位置的确定

画面位置的确定,主要是确定建筑物的主要立面与画面的夹角,通常取 $30°$ 左右。

5. 建筑师法的作图原理

在建筑师法中,透视平面图上的每个点是通过位于基面上的两条直线的透视相交确定的,其中的一条是在基面上通过站点 s 的辅助直线。

绘图时先画出基透视(透视平面图),再利用真高线求出透视高度,完成透视。

6. 网格法绘透视

在建筑物或区域规划的平面图中,按一定比例画出网格,然后画出该网格的透视,再根据平面图的布局位置,在透视网格中画出基透视,最后利用真高线求出透视高度,完成透视。

第11章 阴 影

11.1 概 述

11.1.1 阴与影

如图 11-1 所示,设在 P 面上方有一长方体,被平行光线 L 照射,形成受光面和背光面。被直接照射的受光面,称为阳面(如图 11-1 所示长方体表面 $ABFE$、$ADHE$ 和 $ABCD$);光线照射不到的背光面,称为阴面(如图 11-1 所示长方体表面 $BCGF$、$CDHG$ 和 $EFGH$),简称阴。阴面和阳面的分界线,称为阴线(如图 11-1 所示长方体上的封闭折线 $BCDHEFB$),阴线上的点称为阴点;受光面由其他物体阻挡而产生的暗面,称为影子,简称影。影的轮廓线,称为影线(如图 11-1 所示的 $B_0C_0D_0H_0E_0F_0B_0$),影线上的点称为影点。影子所在的面,称为承影面。物体在承影面上的影子又称为落影。从图 11-1 可见,通过阴点所引出的假想的光线与承影面相交,其交点正是影点,所以影线就是阴线的影。

从上述可知,阴影应该是阴与影的合称,产生阴影的要素是:光线、物体、承影面。

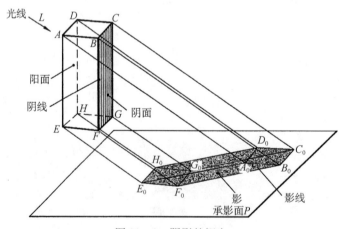

图 11-1 阴影的概念

11.1.2 阴影的作用

在建筑图样中,对所描绘的建筑物的立面图加绘阴影,就会增强图形的立体感、真实感和层次感,对研究建筑物造型是否优美、立面是否美观、比例是否恰当有很大的帮助。所以,在建筑设计时,常在研究设计方案时在立面图上绘出阴影。

11.1.3 常用光线

在建筑立面图中,习惯采用正立方体对角线方向(从左前上方到右后下方)的平行光线作为产生阴影的光线(图 11-2)。这种光线对 H、V、W 投影面的倾角 a 均等于 $35°15'53''$,在 H、V、W 三个面上的投影均为 $45°$,这种特定方向的平行光线,称为常用光线。采用常用光线作阴影,作图简捷方便,且能直接反映阴线距承影面的距离和建筑物某些部位的深度。如图 11-19 所示,阳台在墙面上的落影,反映阳台距离墙面的深度;墙面在另一墙面上的落影,反映墙面至另一墙面的距离……

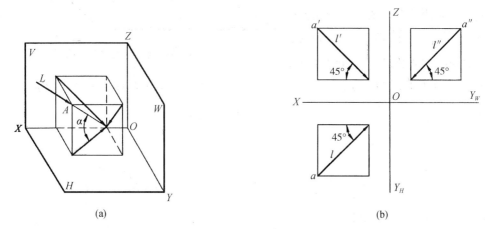

图 11-2 常用光线的指向

11.1.4 阴影作图的步骤

从上述可知,阴影的作图,实质上是求物体的阴线与影线;由光线与物体表面相切求作阴线,由光线通过阴点与承影面相交求影点,影点集合得影线(图 11-1)。

具体作图步骤可归纳为:

(1)根据常用光线的投射方向,确定物体的阳面与阴面,并确定阴线;

(2)分别求出阴线各端点落在承影面上的影;

(3)连接各阴线端点的影,即得出阴线的影(影线),也就是该物体在承影面上的影。

11.2 阴影的基本作图方法

11.2.1 点的阴影

求作空间一点在承影面上的落影,实质上就是求取过该点的光线与承影面的交点。当点位于承影面上时,则其影与自身重合。

如图 11-3 所示,过空间点 E 的常用光线 L 与投影面 V 的交点 $E_V(e_V, e'_V)$,即为点 E 在 V 面上的落影(真影)。而交于 H 面上的点 $E_H(e_H, e'_H)$,称为虚影,用括弧表示。具体作图方法如下。

11.2.1.1　光线迹点法

当以投影面为承影面时,点的落影就是通过该点的光线对投影面的迹点(图11-4a)。

(1)分别过 e、e' 作45°方向的直线(指向从左上前向右下后),此即为过点 E 光线的 H 面和 V 面投影 l 和 l'。

(2)如图11-4a所示,l 先于 l' 与 OX 轴相交,则交点 e_V 就是落影 E_V 的 H 面投影。由 e_V 作 OX 轴垂直线与 l' 相交,即得 e_V',也就是点 E 在 V 面上的落影 E_V(e_V' 与其重合);l' 后于 l 与 OX 相交,则交点 e_H' 就是落影(E_H)的 V 面投

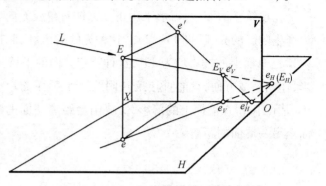

图11-3　点落于投影面上的影

影,由 e_H' 作 OX 垂直线与 l 的延长线相交,即得 e_H,也就是点 E 在 H 面上的虚影(E_H)。

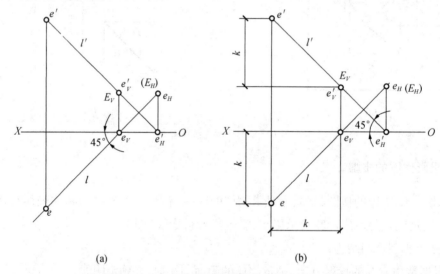

(a)　　　　　　　　　　　(b)

图11-4　点在投影面上落影的作图方法与步骤

11.2.1.2　度量法

如图10-4b所示,由于光线的投影与投影轴的夹角为45°,因此,e' 与 e_V' 形成的三角形两直角边(E 与 E_V 的 X 方向和 Y 方向坐标差)均等于 k,即等于点 E 到 V 面的距离 k。

因此,求点 E 在 V 面上的落影 E_V 时,可根据点 E 到 V 面的距离(e 到 OX 轴的距离)k,在 V 面上直接量取作图。

在常用光线下,一个点只能在一个承影面上有落影(真影),以下均以点的字母加下标"0"标记,如点 A,其落影不论承影面是何位置,均标记为 A_0,若 A_0 落在 V 面上,则标记其 V 面投影 a_0' 或 A_0,落在 OX 轴上的 H 面投影一般不标记;若 A_0 落在 H 面上,则标记其 H 面投影 a_0 或 A_0,落在 OX 轴上的 V 面投影不标记。

11.2.2　直线的落影

直线在投影面上的落影是直线段上各点的光线所组成的光平面与承影面的交线。如图

11 -5 所示,一般情况下,直线在平面承影面上的落影仍是直线,如图示直线 AB;若直线与常用光线平行,则其落影积聚为一点,如图示直线 CD。

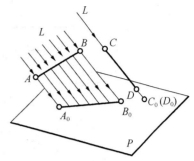

因此,求直线在投影面上的落影,只需求出直线两端点在同一投影面上的落影,然后连接两端点的落影,即为所求。具体作图方法如下。

图 11 -5 直线的落影

11.2.2.1 正垂线的落影

如图 10 -6a 所示,AB 为正垂线,端点 B 在承影面 V 上。在承影面上的点,其落影与它本身重合,即 $B \cong B_0 \cong b' \cong b_0'$
($\cong$ 表示"重合")。因此,只需求出点 A 的落影 $A_0 \cong a_0'$,连接 $A_0 B_0$ 即为该正垂线的 V 面落影。此时,B_0 和 b_0'(落在 OX 轴上)不标记。

采用常用光线,正垂线的落影是一段45°斜线。采用度量法,根据点 A 到 V 面的距离 k,在 V 面上直接量取作图(图 11 -6b)。

若点 B 离开 V 面,且与 V 面相距为 k_1 时,则点 B 在 V 面上的落影离开 b',点 B 的落影 B_0 用度量法可求得 $B_0 \cong b_0'$(图 11 -6c)。

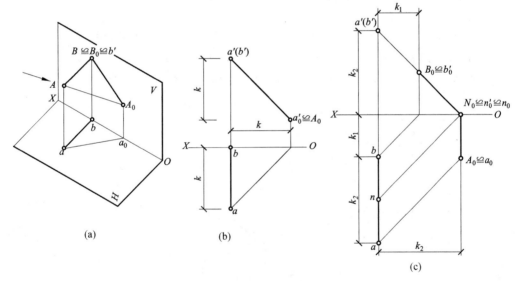

图 11 -6 正垂线的落影

图 11 -6c 所示直线 AB 的另一端点 A,其落影 A_0 在 H 面上,也可用度量法求得,$A_0 \cong a_0$。正垂线平行于 H 面,它在 H 面上的落影必与直线的同面投影平行,即有 $A_0 N_0 /\!/ ab$,也就是直线 AB 的 AN 段的 H 面落影为 $A_0 N_0$。显然,直线 AB 的 BN 段的 V 面落影为 $B_0 N_0$。N_0 就是直线 AB 在两投影面落影的折点。在 V 面上,$B_0 N_0$ 必为45°斜线(平行于 l'),因此,折点 N_0 也可通过 B_0 作45°线求得。

11.2.2.2 侧垂线的落影

如图 11 -7a 所示,EF 为侧垂线。

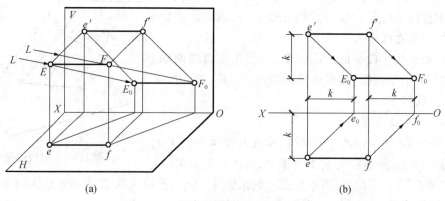

图 11-7 侧垂线落在正平面上的落影

采用常用光线,分别求出两端点 E、F 的落影,然后连线即得。作图时同样可采用度量法,在 V 面上直接量取作图(图 11-7b)。

显然,侧垂线 EF 在 V 面上的落影 E_0F_0 与该线的 V 面投影 $e'f'$ 平行且相等。该落影与侧垂线的 V 面投影之间的距离等于侧垂线与 V 面间的距离(ef 到 OX 轴的距离)。

11.2.2.3 铅垂线的落影

如图 11-8a 所示,AB 为铅垂线,端点 B 在 H 面上。其落影 B_0 和落影的 H 面投影 b_0 重合于 b,故在 H 面上落影从 b 开始(B_0 和 b_0 不标记)。作图方法与正垂线类同(图 11-8b)。

当端点 B 离开 H 面,与 H 面相距为 k 时,则在 H 面上的落影离开 b(图 11-8c)。

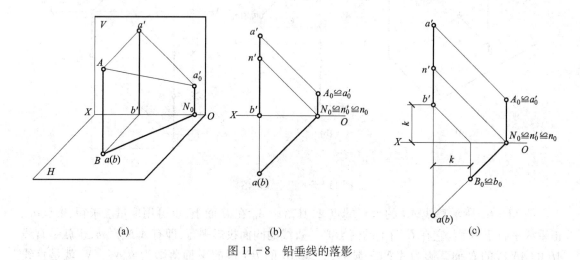

图 11-8 铅垂线的落影

11.2.2.4 一般位置直线的落影

一般位置直线在承影面上的落影,存在两种情况:

(1)一般位置直线段的影全部落在同一承影面上,则只要连接两端点的同面落影即为该直线段的落影。如图 10-9a 所示,连接直线 AB 段两端点的落影 $a_0'b_0'$,即该直线在 V 面上的落影。

(2)如果直线段的影分别落在两个不同的承影面上,则两段落影必交于两个承影面的交线上,该交点称为折影点,如图 11-9b、c、d 所示 l_0 点。采用三种方法可求出折影点 l_0。

318

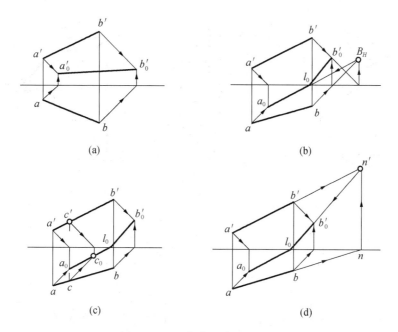

图 11-9　一般位置直线的落影

方法一:如图 11-9b 所示,采用虚影法,利用端点 B 的虚影 B_H 取得折影点 l_0 ;

方法二:如图 11-9c 所示,采用辅助点法,利用直线上落影在同一承影面的直线段 AC ,求出其落影后,延长与两承影面交线相交,得折影点 l_0 ;

方法三:如图 11-9d 所示,采用迹点法,通过直线与承影面的交点 N ,求出在同一承影面上的一段影后,延长与两承影面交线相交,交点即为折影点 l_0 。

11.2.3　平面图形的落影

11.2.3.1　多边形的落影

平面图形的落影是由平面图形各边线的影所围成。平面图形为多边形时,只要作出多边形各顶点在同一承影面上的落影,并依次以直线连接,即为所求的落影,如图 11-10a、b、c、d 所示。如平面多边形的影落在两相交的承影面时,其落影就会出现折影线,需利用前述求折影点的方法求出折影点,再完成多边形的落影。

11.2.3.2　圆的落影

若平面图形为平面曲线所围成时,则可先作出曲线上一系列点的影,然后以圆滑曲线顺次连接起来,即为所求的落影。

1. 当圆平行于承影面时,在该承影面上的落影仍是一个同等大小的圆,具体作图如图 11-11 所示:

(1)先求出圆心 O 的落影。为此,过 o 、o' 分别作 45°线;求得 o'_0 或 o_0 。

(2)以 o'_0 (或 o_0)为圆心、原半径为半径作圆,即得圆的落影。

2. 当圆不平行于承影面时,它在该承影面上的落影为一椭圆

如图 11-12 所示,水平圆在 V 面上的落影为椭圆。这里宜用八点法作椭圆,作图步骤如下:

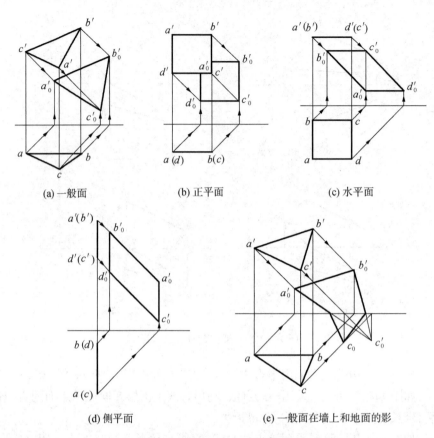

(a) 一般面   (b) 正平面   (c) 水平面

(d) 侧平面   (e) 一般面在墙上和地面的影

图 11 – 10　各种平面的落影

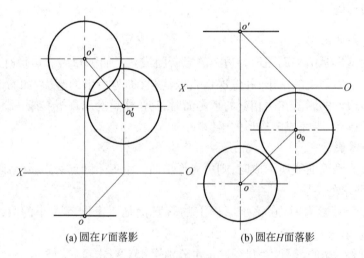

(a) 圆在 V 面落影   (b) 圆在 H 面落影

图 11 – 11　圆在其平行的投影面上的落影

（1）在 H 面上作圆的外切正方形 1234，并求作其在 V 面的落影 $1'_0 2'_0 3'_0 4'_0$。

（2）连接正方形落影的对角线 $2'_0 4'_0$ 和 $1'_0 3'_0$，对角线交点 o'_0 即为圆心 O 的落影，正垂和侧垂直径端点的落影为 a'_0、b'_0 和 c'_0、d'_0。

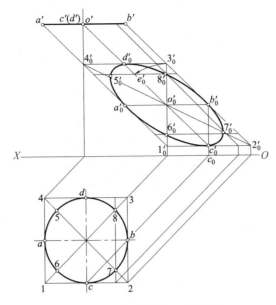

图 11-12　水平圆在 V 面的落影

（3）求作出圆在正方形对角线上点Ⅴ、Ⅵ、Ⅶ、Ⅷ的落影 $5'_0$、$6'_0$、$7'_0$、$8'_0$，可采用下述两种方法之一作图：

①先求出正垂弦Ⅶ、Ⅷ的落影，它与对角线分别交于 $7'_0$、$8'_0$，过 $7'_0$、$8'_0$ 作水平直线与相应对角线相交得 $5'_0$、$6'_0$。

②以 o'_0 为圆心，以 $o'_0 3'_0$ 为半径作弧与 $c'_0 d'_0$ 交于 e'_0，过 e'_0 作水平直线与对角线相交得 $5'_0$、$8'_0$。同理求得 $6'_0$、$7'_0$。

（4）光滑连接 $a'_0 6'_0 c'_0 7'_0 b'_0 8'_0 d'_0 5'_0 a'_0$，即得圆在 V 面落影的椭圆。

3. 依附于 V 面（墙面）的水平半圆的落影——半个椭圆

其作图方法如图 11-13 所示：

从图 11-13a 可见，关键是解决半圆上的 5 个特殊点：正垂和侧垂直径端点 A、B、C 和外切正方形对角线上的Ⅵ、Ⅶ的落影，然后用光滑的曲线连接。由于点 A、B 在 V 面上，其落影 a'_0、b'_0 分别与其投影 a'、b' 重合；点 C 的落影 c'_0 在过 $c'(o')$ 的45°线上，在 b' 的正下方；点Ⅵ的落影 $6'_0$ 在中线上；点Ⅶ的落影 $7'_0$ 与中线之距离等于 $7'$ 与中线之距离的 2 倍，或过 $7'$ 作45°线与过 $6'_0$ 的水平线相交就得 $7'_0$。光滑连接 $a'_0 6'_0 c'_0 7'_0 b'_0$，就是半圆的落影——半个椭圆。

根据上述可见，依附于 V 面（墙面）的水平半圆的落影——半个椭圆上的 5 个特殊点的落影均在特殊位置，故利用上述几何条件即可在 V 面投影上直接作图，见图 11-13b。

11.3　基本形体的阴影

11.3.1　平面立体的阴影

在投影图上绘制平面立体的一般步骤：

（1）根据光线方向和形体各棱面的积聚性投影，判别阴面和阴线；

（2）依据前述直线落影规律，作出阴线的落影；

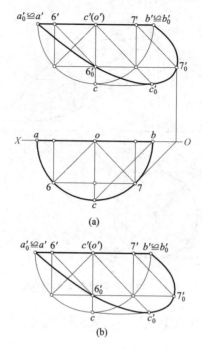

图 11-13　半圆在 V 面上的落影

（3）对可见的阴和影的投影以灰色表示，或画淡细线、淡黑点、涂色彩（影与物体投影重合部分不涂色），轮廓线画成细实线。

11.3.1.1　棱柱的阴影

图 11-14 所示为一个置于 H 面上的正四棱柱，求作其落于 H 面及 V 面上的影的投影图。

1. 分析

如图 11-14a 所示，正四棱柱的前面、左面和顶面受光是阳面，而右面、后面及底面背光是阴面，故阴线为图示棱线 BA、AC、CD 和 DE。因 AC 垂直于 V 面，故 C_0A_0 成 45°方向；水平的阴线 CD 平行于 V 面，故 C_0D_0 与 $c'd'$ 平行且等长，仍为水平方向。

2. 作图

如图 11-14b 所示：

（1）采用常用光线，应用上述基本方法求出各端点的落影，如 D_0、C_0、A_0；

（2）再利用投影面的垂直线的落影特性，直接画出四棱柱的落影。

11.3.1.2　棱锥的阴影

如图 11-15 所示，求作三棱锥 $S-ABC$ 的阴影的投影图。

1. 分析

如图 11-15a 所示，三棱锥的左前侧面 $\triangle SAB$ 受光，另外两个侧面与底面背光是阴面。由于三棱锥各棱面均不是投影面垂直面，故不能直接从投影图中判断出阴面和阴线，可先求其落影，再反过来确定其阴线和阴面。

2. 作图

如图 11-15b 所示：

322

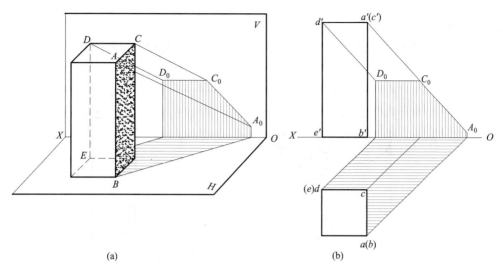

图 11-14 四棱柱的阴影

（1）采用常用光线，求出顶点 S 在 H 面上的落影 s_0；

（2）画出棱线 SA、SB 和 SC 的落影 s_0a、s_0b 和 s_0c；

（3）由作出的棱线落影判断，三棱锥棱面 $\triangle SAC$、$\triangle SBC$ 和底面 $\triangle ABC$ 为阴面，棱线 SA、SB 和底边 AB 为阴线，对阴和影的表示如图 11-15 所示。

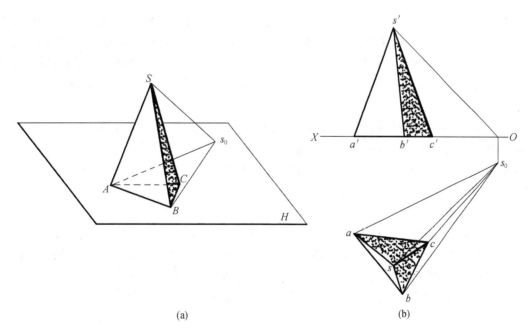

图 11-15 三棱锥的阴影

323

11.3.2 曲面立体的阴影

11.3.2.1 圆柱的阴影

图 11-16 所示为一底面在 H 面上的正圆柱在 H 面和 V 面的阴影的作图。

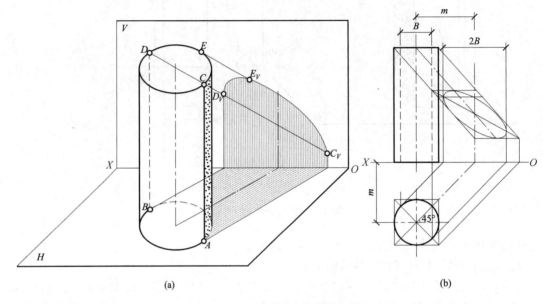

图 11-16　圆柱的阴影

如图 11-16a 所示,在常用光线照射下,光平面(在同一平面上的一系列光线)与圆柱侧面相切于 AC、BD 两素线即为阴线。以两条阴线为界,圆柱侧面的左前方半个圆柱面为阳面,右后方半个圆柱面为阴面;圆柱的上底面为阳面,下底面为阴面。因此,圆柱顶圆的右后半圆圆弧和底圆的左前半圆圆弧为阴面。两圆弧与两素线组成的闭合空间折线 $ABDCA$ 为正圆柱的阴线。

底圆在 H 面上落影与圆柱的 H 面投影重合;顶圆落影在 V 面上是椭圆;两直素线阴线的落影于 H 面上部分与 OX 轴成45°斜线,落影于 V 面部分与 OX 轴垂直。轴线在 V 面的落影到圆柱轴线 V 面投影的距离等于轴线 H 面投影到 V 面的距离 m;V 面上两阴线落影间的距离两倍于两阴线 V 面投影的距离 B,见图 11-16b。

11.3.2.2 圆锥的阴影

图 11-17 所示为一底面在 H 面上的正圆锥阴影的投影作图。

如图 11-17 所示,圆锥面上的阴线是锥面和光线平面相切的两条素线 SA、SB;锥面的素线通过锥顶,与圆锥面相切的光线平面必然包含通过锥顶的光线。因此,光平面与圆锥相切于圆锥的两条素线,就是圆锥面阴线——素线 SA、SB,其落影必然通过锥顶 S 在锥底所在平面(H 面)上的落影 s_0,并与底圆相切。将切点与锥顶相连所得素线,即为锥面的阴线。具体作图如图 11-17b 所示:

(1)求出锥顶在 H 面上的落影 s_0:

(2)由 s_0 向底圆的 H 面投影引切线,得切点 a、b,连 sa、sb 即得阴线的 H 面投影;

(3)由 a、b 求出阴线的 V 面投影 $s'a'$、$s'b'$;

(4)s_0a、s_0b 为阴线 SA、SB 在 H 面上的落影。

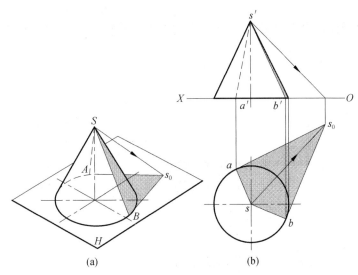

图 11 - 17　圆锥的阴影

11.3.3　台阶的落影

如图 11 - 18 所示,台阶左右两侧矩形横板的影,落在地面、踏面、踢面和墙面等水平面和正平面上。左侧横板的阴线 BA 是正垂线,在 V 面投影中,它在踢面和墙面上的落影为 45°斜线 $b'b_0'$;在 H 面投影中,它在踏面上的落影平行于 ba,并反映阴线 BA 对踏面的距离。另一阴线 BC 为铅垂线,它在 H 面的落影为 45°斜线 bb_0;在 V 面投影中,它在踢面上的落影平行于 $b'c'$,并反映阴线 BC 对踢面的距离。两条影线的交点 $B_0(b_0,b'_0)$ 为两条阴线的交点 B 的落影(从 W 面投影可得点 B_0 落在第一级踏面上)。

同理,台阶的右侧横板的阴线 ED,在墙面(V 面)上的落影为 45°斜线。在 H 面投影中,于地面的落影平行于 ed,并反映阴线 ED 对地面的距离;因阴线 EF 为铅垂线,故在地面上的落影为 45°斜线 ee_0。

具体作图如图 11 - 18 所示,可用交点法或度量法确定。

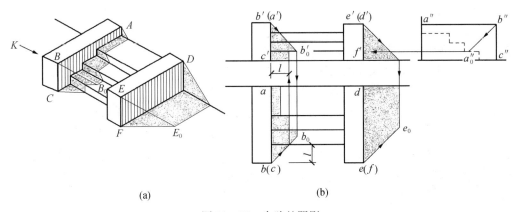

图 11 - 18　台阶的阴影

11.4　建筑立面阴影作图示例

如图 11－19 所示,采用常用光线,运用上述求阴影的基本方法,就可以求出一般建筑的立面阴影。

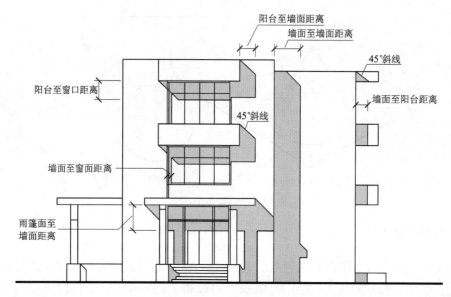

图 11－19　建筑立面阴影示例

11.5　透视阴影

绘制透视阴影是指在已画的透视中,按指定的光线直接求作阴影的透视。

在透视中直接求作落影所采用的光线有两种,即平行光线和辐射光线。而平行光线又根据它与画面的相对位置不同,分为两种:一种是与画面平行的光线,称为无灭光线(即光线平行于画面,没有灭点);另一种是与画面相交的光线,称为有灭光线(光线与画面相交,有灭点)。下面分别简单介绍画面平行光线和与画面相交的光线的透视阴影的作图。

11.5.1　透视阴影的光线

11.5.1.1　画面平行光线

采用与画面平行的光线作透视阴影,因光线的透视与其本身平行,光线的基透视与基线、视平线平行,没有灭点,故称为无灭光线,如图 11－20 所示。

如图 11－20 所示,光线 L 平行于画面 P,光线在基面上的正投影 l 平行于基线 $p—p$。光线的透视 L^0 与光线本身平行,反映了光线对基面的实际倾角。光线的基透视 l^0 平行于基线 $p—p$,也就平行于视平线 $h—h$。光线可从右上方射向左下方,也可从左上方射向右下方,其倾角大小可根据需要选定,在实际应用中一般取 45°角。

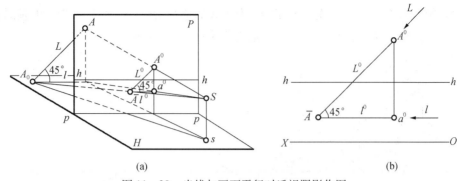

图 11-20 光线与画面平行时透视阴影作图

透视阴影作图方法:过空间点 A 的透视 A^0 作光线透视 L^0 (与基面倾角 $45°$),过基透视 a^0 作光线基透视 l^0 ($//h—h$),两线交点 $\overline{A}$,即为点 A 的透视阴影(图 11-20b)。

下文中涉及的空间点的符号与透视图上的符号相对应,如空间点为 A,点的透视标记为 A^0;点的落影在透视图中的标记为 $\overline{A}$,在空间承影面的落影为 A_0。

11.5.1.2 光线与画面相交

采用与画面相交的光线作透视阴影,光线的透视汇交于光线的灭点 V_L,光线的基透视汇交于视平线 $h—h$ 上的基灭点 V_l,这种光线称为有灭光线,如图 11-21 所示。有两种不同的情况:

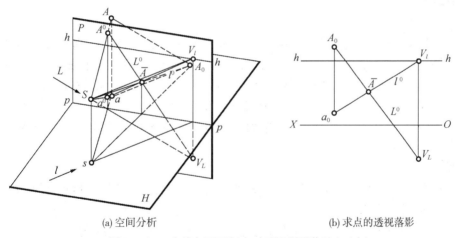

(a) 空间分析   (b) 求点的透视落影

图 11-21 光线与画面相交时透视阴影作法(正光)

1. 光线照向画面的正面,称为正光

正光的光线自观者的左后上(或右后上)射向画面。这时光线透视 L^0 的灭点 V_L 在视平线 $h—h$ 之下,光线的基透视 l^0 的灭点 V_l 在视平线 $h—h$ 上,$V_L V_l \perp h—h$(图 11-21a)。

透视阴影作图方法:过空间点 A 的透视 A^0 与 V_L 相连,连线 $A^0 V_L$ 即 L^0 为光线的透视,过基透视 a^0 与 V_l 相连,连线 $a^0 V_l$ 即 l^0 为光线的基透视。$A^0 V_L$ 与 $a^0 V_l$ 相交,交点 $\overline{A}$ 即为点 A 的透视阴影(图 11-21b)。

2. 光线照向画面的背面,称为逆光

逆光的光线自观者的前右上(或前左上)射向画面。这时光线透视 L^0 的灭点 V_L 在视平线

$h-h$ 之上,光线的基透视 l^0 的灭点 V_l 在视平线 $h-h$ 上,$V_LV_l \perp h-h$(图 11-22b)。

　　透视阴影作图方法:同样,连 A^0V_l 即 L^0 为光线的透视,连 a^0V_l 即 l^0 为光线的基透视。延长 A^0V_L 与 a^0V_l 相交得交点 $\overline{A}$,即为点 A 的透视阴影(图 11-22b)。

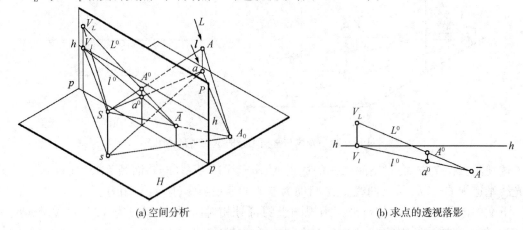

(a) 空间分析　　　　　　　　　　　　　　(b) 求点的透视落影

图 11-22　光线与画面相交时透视阴影作法(逆光)

11.5.2　实例

11.5.2.1　画面平行光线

　　例 11-1　如图 11-23 所示,倾斜面 $CDEK$ 的一边 CD 在基面上,求作铅垂线 AB 在倾斜面上的透视落影。

　　1. 分析

　　倾斜面一边 CD 在基面上,过铅垂线 AB 作辅助光平面,光平面分别与基面和斜面相交,光平面与斜面的交线,即为铅垂线在倾斜面的落影方向线,铅垂线 AB 在倾斜面上的透视落影必在光平面与斜面的交线上。作图时,过铅垂线 AB 的光线透视 L^0 与交线透视的交点 $\overline{A}$,即铅垂线 AB 的端点 A 在斜面的透视落影。由于交线不垂直于基面,为求另一端点,需借助于包含斜面的另一边 DE 的该形体另一平面 Dee(铅垂面)与辅助光平面的交线(铅垂线),该交线在 DE 上获得另一个端点 II。

　　2 作图

　　(1)过铅垂线 A^0a^0 作光平面(铅垂面),求光平面与倾斜面的交线 。过点 A^0 作光线透视 L^0(45°线),过 a^0 作光线基透视 l^0($/\!/ h-h$)与 C^0D^0 交于点 $\overline{B}$,并与 D^0e^0 交于点 I,过点 I 作垂直线($\perp h-h$)交 D^0E^0 于点 II,则 $\overline{A}\text{II}$ 即为辅助光平面与斜面的交线的透视。

　　(2)求点 A^0 的光线透视落影 $\overline{A}$。点 A^0 的光线透视 L^0 与 $\overline{B}\text{II}$ 的交点 $\overline{A}$,即为 A^0 在倾斜面上的透视落影。

　　(3)连 $\overline{A}\,\overline{B}$ 即得 A^0a^0 在斜面上的一段透视落影。过 $\overline{B}$ 作 L 平行线,即用反射光线法求得 $\overline{B}$ 的空间位置 B^0。

　　(4)求 A^0a^0 上 B^0a^0 一段的透视落影。连 $a\overline{B}$ 即为所求,$a\overline{B}$ 透视落影在基面且平行于视平线 $h-h$。

　　(5)求 D^0E^0 和 K^0E^0 在基面上的透视落影。Dee 平面为阴面,求出点 E^0 于基面的落影 $\overline{E}$,连 $\overline{D}\,\overline{E}$ 即 D^0E^0 的透视落影;K^0E^0 在基面上的落影 $\overline{K}\,\overline{E}$ 与 K^0E^0 消失于同一灭点 V_x,故连 $\overline{E}V_x$,由 K^0 作 L 的平行线交 $\overline{E}V_x$ 于 $\overline{K}$,$\overline{K}\,\overline{E}$ 即为 K^0E^0 的透视落影。

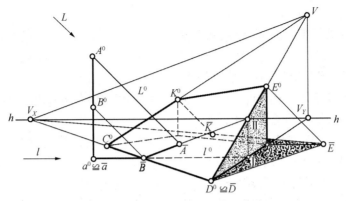

图 11 - 23　铅垂线在斜面上的落影

从上例可得在无灭光线照射下透视落影的特性：

(1)在承影面上的点,其透视落影与自身的透视重合。

(2)铅垂线的在基面上的透视落影与光线的基透视平行(即平行于基线与视平线)。

(3)画面平行线,不论是在水平面、铅垂面,还是在倾斜面上的透视落影,都必定是一条画面平行线。

(4)平行于承影面的直线,在该面上的落影与空间直线平行,即其落影的透视与空间直线的透视具有公共的灭点。

例 11 - 2　如图 11 - 24 所示,已知建筑形体的透视、光线 L^0(45°线)及其基透视 l^0($/\!/h—h$),求形体的透视阴影。

1. 分析

该形体由大小两长方体组成。光线平行画面,从右上方(45°)射来,形体的左侧面为阴面。要求出其透视落影,可先分析得阴线,再求出阴点的透视落影,然后连线。图 11 - 24 所示大的长方体为墙身,其阴线为 $eEFHh$(Hh 为右后棱线,图中未注明),它在地面(基面)上会有落影,作图时只要求出点 E、F、H 的透视落影,即可求得大的长方体透视阴影;小的长方体为雨篷,其阴线为 $GABCD$,它在墙面上会有落影,作图时只要求出 A、B、C 三点的落影,即可求得雨篷在墙面上的透视阴影。

2. 作图

(1)求墙身在地面上的透视落影。

分别过点 E^0、F^0 作光线透视(45°线),过 e^0、f^0 作光线的基透视($/\!/h—h$),对应的两线相交得点 E、F 的透视落影 $\overline{E}$、$\overline{F}$。其中,水平线 EF 的透视落影 $\overline{E}\,\overline{F}$ 消失于灭点 V_X,另一方向水平线 FH 的透视落影 $\overline{F}\,\overline{H}$($\overline{H}$ 不可见,未标出)则消失于灭点 V_Y。

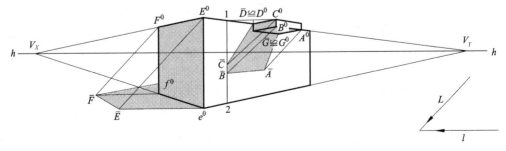

图 11 - 24　建筑形体的透视阴影

（2）求雨篷在墙面上的落影。

①求 CB 的透视落影。过 C^0 作光线基透视（$/\!/h\!-\!h$）交 E^0D^0 于点 1，过点 1 作视平线 $h\!-\!h$ 的垂直线 12，再过 C^0、B^0 作光线透视（45°线），交 12（光平面与墙面交线的透视）得点 C、B 的透视落影 $\overline{B}$、$\overline{C}$。$\overline{B}\,\overline{C}$ 即为 CB 在墙面的透视落影。

②求点 A 的透视落影。连 $\overline{B}V_Y$，过 A^0 作光线透视（45°线）与 $\overline{B}V_Y$ 相交得 $\overline{A}$。

③完成雨篷在墙面上的透视落影作图。

因 D、G 在墙面上，其在墙面上的落影的透视与它本身重合，故连 $\overline{D}\,\overline{C}$、$\overline{G}\,\overline{A}$ 即可。由此得 $\overline{D}\,\overline{C}\,\overline{B}\,\overline{A}\,\overline{G}$，即为雨篷在墙面上的透视落影。

应该指出，上述两例其光线投射方向都是选定的。在实际作图中，往往不是先选定光线的投射方向，而是根据画面构图和建筑物的特点，选定某一"特征点"的透视落影位置，以便控制阴影的形态和大小，使获得较好的透视阴影效果。然后，根据"特征点"的透视落影，反求光线的投射方向（确定光线的水平倾角）。最后在光线条件下完成透视阴影。具体如下例。

例 11-3 如图 11-25 所示，在图示成角鸟瞰透视中加绘阴影。

1. 分析

根据图给条件，先任意选定"特征点"的透视落影，反求光线的投射方向，再在此光线条件下，完成透视阴影。

2. 作图

（1）任意选定"特征点"的透视落影，确定光线的透视和基透视。

在过 a^0 的光线基透视（$/\!/h\!-\!h$）上选 $\overline{A}$ 为点 A 的透视落影，连接 $A^0\overline{A}$ 即确定了无灭光线的投射方向的透视 L，$L/\!/A^0\overline{A}$。墙线 Aa 的透视落影为 $\overline{A}a^0$。

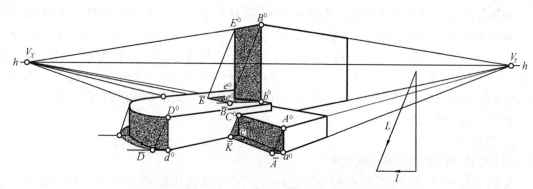

图 11-25　鸟瞰图中透视落影作图

（2）求 AC 于地面和墙面及 Bb、BE 于屋面上的透视落影。

因为 AC 为水平线，所以它在地面上的透视落影 $\overline{K}\,\overline{A}$ 与 A^0C^0 平行，同消失于灭点 V_X。$\overline{A}\,\overline{K}$ 与墙面的交点 $\overline{K}$ 为透视落影的转折点，$C^0\overline{K}$ 即为 A^0C^0 在墙面上的透视落影。同理可求出 Bb、BE 在屋面上的透视落影 $b^0\overline{B}$、$\overline{E}e^0$。形体上交汇于角点 E 的另一水平线，其透视落影在 $\overline{E}V_Y$ 连线上。

（3）建筑物左边半圆形面的透视落影。

建筑物左边部分为一半圆形的形体，其透视表现为椭圆形，与光线相切的素线 Dd 为阴线。由于建筑物的半圆面平行于承影面（地面），它在地面上的落影仍为一半圆周，其透视落影表现为一椭圆。具体作图如图 11-25 所示。

11.5.2.2　光线与画面相交

如前所述,采用与画面相交的光线作透视阴影,光线的透视交于光线的灭点 V_L,光线的基透视交于视平线 h—h 上的基灭点 V_l,V_L 与 V_l 的连线垂直于视平线 h—h。

例 11 - 4　如图 11 - 26 所示为足球门架的透视图,求在给定光线 L 下门架在基面上的透视落影。

1. 分析

如图 11 - 26 所示,由于门架立柱 AB 垂直于基面,它的端点 A 在基面上,其透视落影 $\overline{A}$ 与它的透视 A^0 重合,A^0 也是点 B 的基透视。同时,图中已给出光线的透视 L^0 与基透视 l^0,它们相交得交点 $\overline{B}$ 就是点 B 的透视落影。根据图中给出的光线的透视 L^0 与基透视 l^0,即可作出光线的灭点 V_L 与光线的基灭点 V_l。同理,可作出垂直于基面的立柱 CD 的两端点 C、D 的透视落影 $\overline{C}$ 和 $\overline{D}$(重合于 D^0)。门架横梁 BC 与基面平行,故其落影的透视方向通过 BC 的灭点 V。

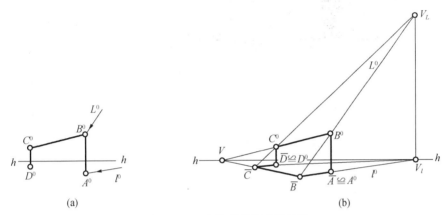

图 11 - 26　求作直线的透视落影

2. 作图

(1)求作光线的灭点 V_L 与基灭点 V_l。

①过 A^0 作直线平行于 l^0,并延长与视平线 h—h 相交于 V_l,即为光线的基灭点。

②过 B^0 作直线平行于 L^0,并延长与过基灭点 V_l 所作铅垂线相交于 V_L,即为光线的灭点。

(2)求作点 B 的透视落影 $\overline{B}$ 及立柱 AB 透视落影。

①将光线透视 L^0 和基透视 l^0 延长相交于 $\overline{B}$,$\overline{B}$ 即为 B 点的透视落影。

②连接 $\overline{A}\,\overline{B}$ 即为立柱 AB 在基面上的透视落影。

(3)求作点 C 的透视落影 $\overline{C}$ 及立柱 CD。

①分别连接 $\overline{B}V$ 和 $V_l\overline{D}$,相交于点 $\overline{C}$,即为 C 点的透视落影。

②连接 $\overline{D}\,\overline{C}$,即为立柱 CD 的透视落影。

(4)求作横梁 BC 的透视落影。

连接 $\overline{B}\,\overline{C}$,即为横梁 BC 的透视落影。

例 11 - 5　如图 11 - 27 所示,已知建筑形体的透视,求透视落影。

1. 分析

如图 11 - 27 所示,设定建筑形体在正左侧光照射下,阴线 $B^0A^0a^0$ 在地面上有透视落影,阴线 $D^0C^0d^0$ 在地面和墙面 $A^0D^0d^0a^0$ 上有透视落影。为使透视阴影效果较好,先根据最适宜位置选定点 C 在墙面的透视落影 $\overline{C}$,通过反求作出光线的灭点与光线的基灭点,最后求出各点透视落影,完成作图。

2. 作图

(1)求作光线的灭点 V_L 与基灭点 V_l。设定点 C 的透视落影 $\overline{C}$,过 $\overline{C}$ 作铅垂线与墙脚线 d^0a^0 交于 $\overline{1}$,连 $\overline{C}\,\overline{1}$ 即为 C^0c^0 光平面与墙面 $A^0D^0d^0a^0$ 交线,连 $c^0\overline{1}$ 与视平线 $h—h$ 交于 V_l,即为光线的基灭点。连 $C^0\overline{C}$ 与过 V_l 的铅垂线相交得 V_L,即为光线的灭点。

(2)连 $\overline{C}\,\overline{D}$($\overline{D}$ 与点 D 的透视 D^0 重合),即得 C^0D^0 于墙面上的透视落影。

(3)求 A^0B^0 于基面的透视落影 $\overline{A}\,\overline{B}$。连 A^0V_L、a^0V_l,两线相交得 $\overline{A}$,连 $\overline{A}V_Y$ 与过 B^0 的光线 B^0V_L 相交得 $\overline{B}$。

(4)连 $\overline{B}V_X$,完成建筑形体的透视落影。

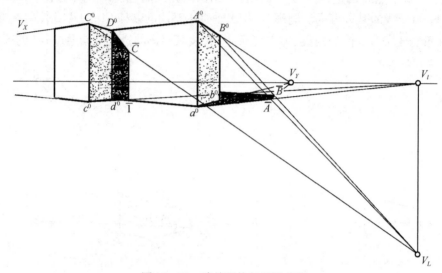

图 11 - 27   建筑形体的透视落影

例 11 - 6   如图 11 - 28 所示,已知柱头的透视,求方盖在圆柱面上的透视阴影。

1. 分析

如图 11 - 28 所示,设光线从观者的右后上射来,这时方盖阴线 $E^0A^0F^0$ 将落影于圆柱面上。为使透视阴影效果较好,可先选择最适宜的位置,设定控制点 A 在圆柱面的透视落影 $\overline{A}$,以求得合适的光线的灭点 V_L 和基灭点 V_l。然后完成柱头的透视落影。

2. 作图

(1)求作光线的灭点 V_L 与基灭点 V_l。设定点 A 的透视落影 $\overline{A}$,过 $\overline{A}$ 作铅垂线与圆柱身在方盖底面交线椭圆相交得点 a_0,连 $\overline{A}^0a_0$ 并延长与视平线 $h—h$ 交于 V_l,V_l 即为光线的基灭点。连 $A^0\overline{A}$ 并延长与过 V_l 的铅垂线相交得 V_L,V_L 即为光线灭点。

(2)求阴线 A^0F^0 在圆柱面阴线上的落影。过 V_l 作直线与圆柱身在方盖底面交线椭圆相切于点 b_0,延长直线 V_lb_0 与 A^0F^0 交于 B^0,连 V_LB^0 与过切点 b_0 的铅垂线交于 $\overline{B}$,此铅垂线即为圆柱的阴线,点 $\overline{B}$ 即为阴线 A^0F^0 在圆柱面阴线上的透视落影。

(3)求方盖阴线落影的最右点。过 V_l 作直线与圆柱身在方盖底面交线椭圆最右点 c_0 相连,与方盖阴线 A^0E^0 交于 C^0,连 V_LC^0 与圆柱右轮廓线交于 $\overline{C}$。$\overline{C}$ 即为方盖阴线 A^0E^0 在圆柱上落影的起点。

(4)求阴线在圆柱面上其他位置的落影,如求阴线 A^0D^0 在圆柱面上的透视落影 $\overline{D}$。

为此,在阴线 A^0E^0 上任选一点 D^0,连线 D^0V_l(即过点 D^0 的光线基透视)与圆柱身在方盖底面交线椭圆交于 d_0。再连线 D^0V_L(即过点 D^0 的光线透视),与过点 d_0 所作的圆柱素线交于

点 $\overline{D},\overline{D}$ 即为点在圆柱面上的透视落影。

采用同样方法求出 $E^0A^0F^0$ 阴线上若干个点在圆柱面上的透视落影。

(5)以光滑曲线连接 $\overline{B}\,\overline{A}\,\overline{D}\,\overline{C}$ 等透视落影点,即得阴线 $E^0\,A^0F^0$ 在圆柱面上的透视落影。

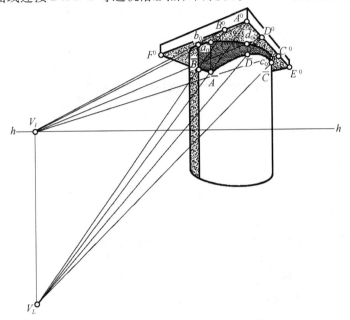

图 11－28　方盖和圆柱的透视落影作图

11.6　倒影与虚像

在水面上可以看到景物的倒影,在镜面中可以看到景物的虚像。水面和镜面为反射平面。当反射平面为水面时,反射平面的图像称为倒影;当反射平面为镜面时,镜面中的图像称为虚像。在透视中,特别在鸟瞰透视中,需画出这种倒影与虚像,以增强图像的真实感。

倒影与虚像的形成原理,就是物理上光的镜面成像的原理,即景物与反射平面中的图像的大小相等,互相对称。

对称的图形,具有如下特点:

(1)对称点的连线垂直于对称面——水面或镜面。

(2)对称点到对称面的距离相等。

在透视图中,求作景物的倒影或虚像,实质上就是画出该物体对称于反射平面的对称图形。

11.6.1　水中倒影

如图 11－29 所示,河岸右边竖一电杆 Aa,当人站在河岸左边观看电杆 Aa 时,同时又能看到水中的倒影 $\overline{A}a$。连视点 S 与倒影 $\overline{A}$,$\overline{S}\,\overline{A}$ 与水面交于点 B,过点 B 作水面垂线,称为水面法线,AB 称入射线,AB 与法线的夹角 α_1 称为入射角,SB 称反射线,反射线与法线的夹角 α_2 称为反射角。直角三角形 $\triangle AaB \cong \triangle \overline{A}aB$,即 $Aa = \overline{A}a$,并同在一垂直于水面的直线上,a 为对称点。具体作图步骤如下:

(1)过点 A 作 Aa 垂直于水面,并求得点 A 在水面上的正投影 a;

(2)在 Aa 的延长线上取 $\overline{A}a = Aa$,得点 $\overline{A}$,即为点 A 在水中的倒影。

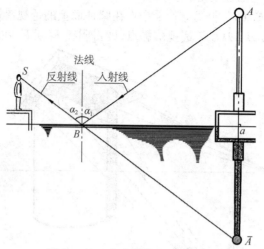

图 11 - 29　水中倒影的基本作图

因此,求作空间点在水中的倒影,须先将该点垂直投射到水面上,然后从所得投影点沿投射方向向下截取等于空间点到投影点的距离,所截得的点即为所求的倒影。若求作景物的倒影,只需求得景物上各点的倒影,然后依次连接,即可得景物在水中的倒影。

例 11 - 7　如图 11 - 30 所示,已知长方体的成角透视,求其水中倒影。

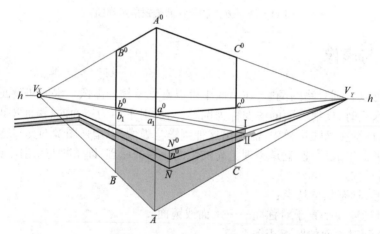

图 11 - 30　长方体在水中的倒影

1. 分析

长方体是成角透视,其倒影也为成角透视,且是以水面为对称面的对称图形。同时,它们有共同的消失规律,即原空间直线的透视灭点,也应是该直线透视倒影的灭点。

2. 作图

(1)求作角点 A 在水面的投影 a_1。连 $V_X a^0$,并延长交 $V_Y N^0$ 于点 I,过点 I 作水面垂直线与 $V_Y n^0$ 交于点 II,连 $V_X \mathrm{II}$ 与 $A^0 a^0$ 延长线交于 a_1。点 a_1 所在平面即为对称面。

(2)求作角点 A 的透视倒影 $\overline{A}$。连接并延长 $A^0 a_1$,在其上截取 $a_1 \overline{A} = A^0 a_1$,所得点 $\overline{A}$ 即为所求。

(3)分别求作 B、C 两点透视倒影 $\overline{B}$、$\overline{C}$。连接 $V_X \overline{A}$、$V_Y \overline{A}$,连接并延长 $B^0 b^0$、$C^0 c^0$,则 $B^0 b^0$ 与 $V_X \overline{A}$ 相交得 $\overline{B}$;$C^0 c^0$ 与 $V_Y \overline{A}$ 相交得 $\overline{C}$。

(4)求作河岸透视倒影,并完成作图。延长 $N^0 n^0$,并截取 $N^0 n^0 = \overline{N} n^0$,得点 $\overline{N}$。连接 $\overline{N} V_X$、

$\overline{NV_Y}$，即为所求。

11.6.2 镜中虚像

11.6.2.1 镜面既垂直于画面又垂直于基面

如图 11-31 所示,镜面既垂直于画面又垂直于基面,求作铅垂线 Aa 在镜面中的透视虚像 $\overline{A}\,\overline{a}$。
作图:

(1)求镜面上的透视对称线 $A_1 a_1$。过 a^0 作平行于视平线 h—h 的直线,该直线与镜面所在的基面透视迹线相交得点 a_1,过点 a_1 作视平线 h—h 的垂直线,并截取 $A_1 a_1 = A^0 a^0$ 为镜面上的透视对称轴线。

(2)求作铅垂线 Aa 在镜面中的透视虚像 $\overline{A}\,\overline{a}$。延长 $a^0 a_1$,并截取 $a_1 \overline{a} = a^0 a_1$。过 $\overline{a}$ 点向上作视平线 h—h 的铅垂线,截取 $\overline{A}\,\overline{a} = A^0 a^0$,则所得 $\overline{A}\,\overline{a}$ 即为所求。

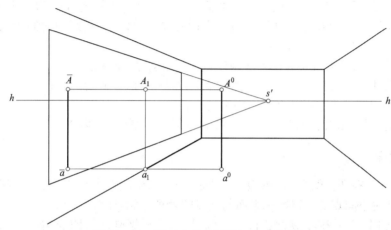

图 11-31　镜面垂直于画面与基面的虚像

11.6.2.2 镜面倾斜于画面而垂直于基面

如图 11-32 所示,镜面为铅垂面,其上、下边为水平线,其透视的灭点 V_X 在视平线上。铅垂线 Aa 与其虚像 $\overline{A}\,\overline{a}$ 组成的平面垂直于镜面,但倾斜于画面,透视对称线 $A_1 a_1$ 为铅垂线。可根据矩形对角线交点仍为透视矩形对角线的交点,求作 $A_1 a_1$。

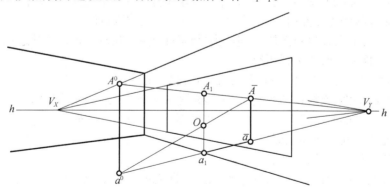

图 11-32　镜面倾斜于画面垂直于基面的虚像

作图:

(1)求镜面上的透视对称线 $A_1 a_1$。连 $a^0 V_Y$,与镜面所在的地面迹线相交得点 a_1,过点 a_1

作视平线 h—h 的垂直线与 A^0V_Y 相交点于 A_1，则 A_1a_1 为镜面上的透视对称线。

（2）求作铅垂线 Aa 在镜面中的透视虚像 $\overline{A}\,\overline{a}$。根据矩形对角线交点仍为透视矩形对角线的交点，求出 A_1a_1 中点 O，连接 a^0O 与 A^0A_1 延长线（即 A^0V_Y）交于 $\overline{A}$，则 $\overline{A}$ 是点 A 在镜中的透视虚像。过 $\overline{A}$ 引平行于 A^0a^0 的直线，交 a^0a_1 延长线（即 a^0V_Y）于 $\overline{a}$，$\overline{A}\,\overline{a}$ 即为所求。

本章小结

一、阴影

阴影应该是阴与影的合称，光线照射不到的背光面称为阴面，简称阴；受光面由其他物体阻挡而产生的暗面称为影子，简称影。产生阴影的要素是：光线、物体、承影面。

采用正立方体对角线方向（从左前上方到右后下方）的平行光线作为产生阴影的光线。这种特定方向的平行光线，称为常用光线。这种光线对 H、V、W 投影面的倾角均等于 $35°15'53''$，在 H、V、W 三个面上的投影均为 $45°$。

阴影的作图方法主要有迹线交点法与度量法，具体作图步骤是：

（1）根据常用光线的投射方向，确定物体的阳面与阴面，并确定阴线；

（2）分别求出阴线各端点落在承影面上的影；

（3）连接各阴线端点的影，即得出阴线的影（影线），也就是该物体的影。

二、透视阴影

透视阴影就是在透视图中加绘阴影，也就是在透视图中作阴影的透视。透视阴影的作图实质是：求作通过空间点的光线与承影面的交点的透视，然后连线。

在实际作图中，为获得较好的透视阴影效果，往往根据画面构图表达需要和建筑物的特点，选定某一"特征点"的透视落影位置，反求光线的投射方向（有灭光线表现为确定光线透视的水平倾角，无灭光线表现为确定光线透视的基灭点和灭点）。最后，在确定光线条件下完成透视阴影。

1. 光线平行于画面时的透视阴影

与画面平行的平行光线，因为无灭点，故称为无灭光线。

采用画面平行光线作图，画面上的立体形象呈侧光效果。在侧光的照射下，立体的两个可见面，一个受到光线的直接照射，光影多变；另一个立面处于阴面。

光线的投射方向可以自由选取，一般选取与基面成 $45°$ 倾角。光线的基透视为水平线。

2. 光线与画面相交时的透视阴影

与画面相交的平行光线，因为有灭点，故称为有灭光线。

采用与画面相交的光线作透视阴影，光线的透视汇交于光线的灭点 V_L，光线的基透视汇交于视平线 h—h 上的基灭点 V_l，V_L 与 V_l 的连线垂直于视平线 h—h。

第一种：光线照向画面的正面，称为正光。也即光线自观者的左后上（或右后上）射向画面。此时，光线的灭点 V_L 在视平线下方。

第二种：光线照向画面的背面，称为逆光。也即光线自观者的前右上（或前左上）射向画面。此时，光线的灭点 V_L 在视平线上方。

三、倒影与虚像

求作空间点在水中的倒影：先求作该点在水面上的正投影（对称点），然后从所得正投影点沿投射方向向下截取等于空间点到对称点的距离,所截得的点即为所求的倒影。若求作景物的倒影,只需求得景物上各点的倒影,然后依次连接,即可得景物在水中的倒影。

求作镜面透视虚像:根据镜面对基面与画面的相对位置,其作图方法有所不同。一般先求透视对称中心,再求镜面透视虚像。

第12章　计算机辅助风景园林设计简介

12.1　亟待发展的计算机辅助风景园林设计

我国人民文化水平和生活水平的提高,促使我国风景园林事业迅速发展,风景园林建设规划的规模、数量、层次、内容和时间的需求日益多样化、个性化、高效化。为满足环保要求,满足美化生活环境的需求,风景园林规划设计应高效率、高速度、高质量,尽快实现其设计方法与设计手段的科学化、系统化和现代化。目前,大部分风景园林工作者,只能利用计算机进行辅助绘图,计算机辅助风景园林设计亟待加强,以尽快扭转计算机辅助风景园林设计发展迟缓的局面,促进计算机辅助风景园林设计的发展。

园林景观是一种有明确构图意识的空间造型;园林艺术是一门时间与空间的艺术;风景园林设计是一门集植物学、建筑学、生态学、美学为一体的综合性的交叉学科,涉及领域广泛,表达对象复杂,处理信息量大,模拟技术困难。尤其如雕塑、置石、假山等多自由曲面的园林小品及各种构筑物材质、质感和造型的表达,种类繁多、姿态万千的园林植物材质、姿态和种类的表现,对实现园林的空间和时间、动态和静态以及光线、色彩的变换模拟等,这一切都对计算机辅助风景园林设计的开发和发展造成极大的困难。

计算机辅助设计就是在进行工程设计时实现人、机结合,人们将设计方案构思拟定,经过综合分析,转换成计算机可以处理的数字模型和解析这些模型的程序输入计算机系统,通过交互式图形显示,在程序运行过程中进行评估、修改、确认,控制设计过程,显示和输出设计结果,由此实现设计方法及设计手段的科学化、系统化和现代化。对计算机辅助风景园林设计来说,应该包括风景园林设计整个过程,即:任务书→基地勘察、分析→总体规划→详细规划→总体设计(方案设计)→施工图设计,直至显示和输出设计结果。设计人员通过交互式图形显示控制设计过程,利用计算机软件,将基本资料输入计算机,让计算机参与分析、计算、设计、绘图,实时进行三维效果图示或三维虚拟,实现与实景环境合成,边观察、评估,边修改、确认,最后输出包括工程图、效果图,直至三维动画虚拟漫游效果。实现计算机辅助风景园林设计参数化、智能化和现代化,使设计与现实更为接近。这就是计算机辅助风景园林设计软件应该具备的基本功能。但由于技术原因,这在目前还只是人们的一种奢望。目前,人们利用计算机只能较好地解决如园林工程预算、古建筑的三维制作、平面图的制作等部分的设计和绘图工作。

目前,国内外常见的计算机辅助风景园林设计软件主要有下面数种。

国内的设计软件主要有 YLHCAD 园林绿化辅助设计绘图系统与 TOSS 园林设计系统。

YLHCAD 园林绿化辅助设计绘图系统,由铁道建筑研究设计院开发,为中文界面。系统由初始化、绘图、三维转换、库维护四大模块组成。初始化模块,自动生成图框、标题栏、指北针、网格、比例尺等;绘图模块,包括各种园林植物、建筑物、构筑物及园林设施及标记用地形、地界与铺装指定等;三维转换模块,可以实现平面图、立体图的自由随意转换;库维护模块,提供增加、删除、修改符号库功能。

TOSS 园林设计系统,由江苏图圣数据艺术工程有限公司出品,为中文界面,可与其他辅助设计软件兼容。TOSS 主要用于绿化及景园建筑规划。支持多形式操作窗口,采用多种参数输入工具;设计人员在采用该软件设计时,可直接面向对象及问题,设计图纸与三维图形更精确、更贴近用户需要,并可实时渲染,产生工程数据文本;系统支持多形式的操作窗口,并采用多种输入工具;BMP图库,可同时切换二维与三维的显示,可通过系统动态生成模式、保持模式引入图库资源或定义新的图库资源;表示种植植物有"点栽""丛植"等模式供选择;建筑物、构筑物及园林小品等也已有参数化,且符合国家行业规范。

国外的计算机辅助园林设计软件主要有LANDCADD园林景观软件,Visual landscaping 2.1实用园林景观设计软件,3Dlandscape家庭庭院园林设计软件和Design ware Landscape等美国产软件及VID Region芬兰产软件。

LANDCADD是目前较好的、最为专业的园林设计软件,功能模块齐全:由数据采集、数据传送、结点定位、测量修正、场地分析、场地规划、场地设计、表面建模、平面设计、景观设计、喷灌设计、详图绘制、数量提取、植物数据库、视觉模拟等功能模块组成。功能模块相对独立又相辅相成,对园林专业不同需求的设计人员提供完整的选择方案,有简体中文版。

国外虽有较好的园林专业设计软件,但由于语言和设计规范、方式及价格等原因,目前并没有在我国得到广泛应用,不再赘述。而国内目前开发出的有关软件,又由于技术原因,功能较为单一,实际应用效果也不理想,还未能成为一个真正意义上的计算机辅助风景园林设计软件。我国风景园林营造事业蓬勃发展,亟待开发、发展模块齐全,符合国家标准、规范及东方园林设计习惯和理念的计算机辅助风景园林设计软件以填补这一空白,提升我国计算机辅助风景园林设计的整体水平。

12.2 计算机辅助风景园林设计软件现阶段的优化配置

当前,我国风景园林事业如火如荼地发展,计算机辅助风景园林设计软件却不尽如人意,现阶段通常采用多套软件组合,扬长避短,优化配置进行辅助风景园林设计和绘图,简单介绍如下。

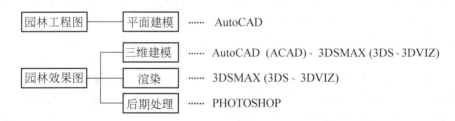

风景园林设计即采用Auto CAD进行工程图平面建模完成绘图;而三维效果图,则由3DS MAX软件进行三维建模和场景渲染,再由PHOTOSHOP进行图像后期处理。

Auto CAD软件:功能齐全、交互性好、运行可靠,其强大的绘图和编辑功能用来进行平面建模,绘制以线条为主的园林工程及建筑施工图,可以帮助设计人员充分表达设计意图。尤其对造园要素的山、水、植物和建筑等,如亭台楼阁、廊、榭、舫、花架、花窗、隔断、小桥、园灯、雕塑及种类繁多的园林植物、草坪、铺装地坪等绘图精度高,数字图形易于修改;在风景园林设计绘图中对如地形、水体、植物及古建筑中的飞檐翘角等线型毫无规律变化的景素可利用软件中的多义线功能,或画徒手线"sketch"来完成绘图;对常重复绘制的图形做成图形块存放进图形数据库,方便重复利用和管理。同时,还可进行三维建模,但三维渲染能力不强。所以,在还未有完善的专用软件的今天,Auto CAD是用来进行辅助风景园林设计和绘图的首选核心软件。

3DS MAX软件:是一套功能强大的三维建模软件,有丰富的材质、贴图、灯光和合成器,具有建模、渲染、动画合成等功能。其功能强大的渲染引擎可进行光影追踪及后期影视合成处理，达到近似照片的真实性效果。

该软件对园林建筑及园林小品，如亭台楼阁、廊、桥、水景、地形、抽象雕塑、各种构筑物及道路等对象的三维建模功能较强，根据模型可以得到任意角度的透视图；渲染过程，选择合适的透视角度，通过"灯光"体现素描关系，赋予模型"材质"，真实地再现材料的质感、光的特性，表现阴影、倒影、高光、反射与折射等渲染效果。软件虽具有很强的建模能力和高品质的渲染功能，但对品种繁多、姿态万千、形体复杂，且表现要求真实可信的园林植物来说，却也难以真实表现。所以若不是因为需要进行动画处理和影视合成必须进行建模，一般不对植物建模，而采取后期处理合成。

PHOTOSHOP 软件：是拥有强大的图像处理功能，应用广泛的图像处理软件。它具有图像缩放、剪辑、镶拼与色彩及亮度调整、滤镜处理等多种功能，能以多种文件格式输入输出。在效果图制作过程中具有两大功能：一是后期处理，包括配景的融合、色调明暗的调整、图像精度的设置和输出等；二是贴图的制作。在贴图制作过程中，人们可充分利用它的分层功能，将通过图库文件、数码相机拍摄、扫描仪扫描、互联网下载、自己制作等所获得的相关配景图像，分别贴放在不同图层上进行修改、调整、合成。调整其大小，调节其色彩的饱和度、明亮度，增加阴影、倒影的透明度，以制作出有现场感的所见即所得的预期效果图。经后期制作输出是最终效果图，其效果不能任意随视点、路线、季节及空间和时间的动态改变而调整变化。

12.3 期望与展望

计算机辅助风景园林设计，一方面，期待在交互处理的基本平台上，更多地引入参数化、智能化技术，以获得更加完善的设计结果。例如在进行园林种植设计时，软件应能提供植物的生活习性、适用范围、生长形态、花、果、叶、香、色彩等信息资料，供计算机进行"景到随机"的分析、选择最佳花木；再由计算机依据本地区的气候、土壤、水文等进行分析，制定出栽植计划，达到适地、适树、适时栽植的设计效果。改变目前软件功能的单一性。另一方面，期待经后期制作输出的是虚拟三维风景园林模型，其效果可以任意随视点、路线、季节及空间和时间的动态改变而调整变化，进行动态的风景园林设计景观模拟，让人们仿佛游览其间，使设计与现实更为接近。

可以相信，通过人们的不断努力，计算机辅助风景园林设计将不仅能独立完成工程图及三维效果图的绘制，且由于虚拟现实技术在园林设计中的开发、应用、发展，设计的结果将完整表现一个充满设计理念，展现不同视点、不同路线、不同季节与动态的流水、多姿的植物、变换的光线的三维风景园林模型。动态的风景园林设计景观模拟将使人们在三维风景园林设计景观现场漫游成为现实。

参考文献

［1］吴机际. 园林工程制图［M］.3 版. 广州:华南理工大学出版社,2009.

［2］吴机际. 画法几何及工程制图［M］. 广州:广东高等教育出版社,2000.

［3］吴机际. 机械制图［M］. 广州:华南理工大学出版社,2002.

［4］阎善民,胡炳智,吴机际,等.画法几何及机械制图教程［M］.北京:中国科学技术出版社, 1999.

［5］朱福熙,何斌主编. 建筑制图［M］.3 版. 北京:高等教育出版社,1992.

［6］吴为廉. 景园建筑工程规划与设计［M］.上海:同济大学出版社,1996.

［7］许松照. 画法几何与阴影透视［M］.北京:中国建筑工业出版社,1979.

［8］乐荷卿. 建筑透视阴影［M］.长沙:湖南大学出版社,1987.

［9］谢培青,建筑阴影与透视［M］.哈尔滨:黑龙江科学技术出版社,1985.